Op het eerste gezicht OCR ISBN

# Op het eerste gezicht
## onmiddellijke waarneming en gelaatsherkenning
### 1974

OCR versie 1.1.2.

G.J.J. Calis

OP HET EERSTE GEZICHT

Promotor:
Prof. Dr. W.J.M. Levelt

Co-referent:
Prof. Dr. N.H. Frijda

# OP HET EERSTE GEZICHT
## onmiddellijke waarneming en gelaatsherkenning

PROEFSCHRIFT

TER VERKRIJGING VAN DE GRAAD VAN DOCTOR IN DE SOCIALE WETEN-
SCHAPPEN AAN DE KATHOLIEKE UNIVERSITEIT TE NIJMEGEN, OP GEZAG VAN DE
RECTOR MAGNIFICUS PROF. MR. F.J.F.M. DUYNSTEE VOLGENS BESLUIT VAN HET
COLLEGE VAN DECANEN IN HET OPENBAAR TE VERDEDIGEN OP VRIJDAG 21 JUNI
1974 DES NAMIDDAGS TE 4.00 UUR

DOOR

GERARDUS JOHANNES JOSEPH CALIS

GEBOREN TE LAREN (N.H.)

1974

DRUK STICHTING STUDENTENPERS NIJMEGEN

# Dankbetuiging

aan de Heren C.P. Nicolasen van "Medische Illustratie" en H.J.M. Spruyt, chef fotolaboratorium Wis- en Natuurkunde voor het tekenen en fotograferen van de figuren.

aan de Heren A.F. Eelants, A.W. Kuhnen, H.P.E.M. Sipman en N.S.T.M. van Rossum voor hun (steeds opnieuw inderhaast gevraagde, maar altijd toch weer vlot verleende) medewerking met betrekking tot apparatuur en materiaal.

aan alle studenten, die in het kader van hun doctoraalopleiding of van het Tweedejaars Praktikum Funktieleer bij de volgende onderzoeken waren betrokken; voor hun inspirerende samenwerking:
(de nummers corresponderen met volgnummers van de onderzoeken onder de figuren) 1 en 2 Martin te Wierik en Martin Brand; 3 Martin Brand samen met Mej. I. van Gaal en Mej. G. Rigaud; 4 t/m 7 Ria Font Freide samen met 73 studenten van de tweedejaarscursus '71-'72; 12 t/m 14 Paul Eling samen met 32 studenten van de tweedejaarscursus '72-'73; 15 t/m 20 Paul Eling.

aan die collega-medewerkers van het Psychologisch laboratorium, die door een juiste dosering van interesse en ongeloof mijn motivatie overeind hielden. In het bijzonder aan mijn collega's van de Vakgroep Funktieleer die daarenboven bereid waren mij meerdere malen onder ongunstige condities hun gezicht te lenen, om dit vervolgens soms urenlang onder nog ongunstiger omstandigheden zelf weer terug te moeten zoeken.

aan Caroline tot slot voor haar optreden als mijn meest geduldige proefpersoon, de verzorging van het manuscript, en het samenstellen van de literatuurlijst.

# - Inhoud -

Samenvatting (tevens algemene inleiding)

Hoofdstuk I start met een bespreking van het begrip "onmiddellijke waarneming", waarbij wordt uitgegaan van de vraag hoe het mogelijk is dat wij, ondanks de veranderlijkheid van ons netvliesbeeld, in zekere zin onveranderlijke dingen kunnen zien (betekenissen kunnen verlenen, patronen kunnen herkennen etc.). Allereerst wordt gerefereerd aan de idee van een onmiddellijke weerspiegeling van een geordende buitenwereld, zoals die voorkomt in alle gedachtengangen, waarin een naïef (dat is niet verder vragend) onderscheid wordt gemaakt tussen geestelijk en zintuigelijk kennen. Via een reflectie op het begrippenpaar bewustzijn en werkelijkheid wordt tegenover de naïeve denkwijze (met betrekking tot de vorming van een beeld dat echter vervolgens toch weer moet worden gezien)het steeds meer postvattende idee gesteld, dat het onmiddellijke bewuste waarnemen in feite bestaat in de perceptuele operaties zelf. Wil men nu nog van een "waarnemingsbeeld" spreken dan is dit niets anders dan een moment in een dialectisch proces. Geconcludeerd wordt vervolgens dat de idee van een dialectiek momenteel een belangrijke rol speelt in perceptie theorieën, waarin de waarnemer wordt opgevat als een zodanig geprogrammeerd informatie-verwerkend systeem, dat dit zichzelf kan her- of verder programmeren (door middel van terugkoppeling, hypothese-toetsing e.d.). Wat vroeger als een min of meer fotografisch proces werd opgevat ziet men nu meer adequaat omschreven als een heuristische activiteit die hiërarchisch georganiseerd is en die in "creatieve" zin objecten classificeert of "constitueert". Het zien blijkt nu steeds meer beschouwd te worden als een kennisproces dat op elk moment is gekenmerkt door een zekere mate van "weet hebben".
De eerste fase in dit proces onmiddellijk na presentatie van een stimulus-object (hierbij heeft het begrip "onmiddellijk" een derde betekenis van "eerste" en "zeer snel") wordt objectidentificatie genoemd.
We vragen ons vervolgens af hoe een dergelijke (zeer snelle) identificatie mogelijk is, gegeven het praktisch onbeperkte aantal mogelijke object configuraties dat op het netvlies kan worden geprojecteerd.
Gezien de astronomische capaciteitsproblemen, die zouden ontstaan bij uitputtende en blinde zoek- en vergelijking strategieën, lijkt het zeer waarschijnlijk, dat er juist hier sprake moet zijn van een hiërarchisch-sequentieel klassifikatieproces.
Met hiërarchisch-sequentieel wordt derhalve meer bedoeld dan een vergelijking van het netvlies-beeld met alle geheugeninformatie, waarna vervolgens een beslissing kan worden genomen over de identiteit van het object. Weliswaar zou men ook een dergelijke procedure al hiërarchisch-sequentieel kunnen noemen; het moge duidelijk zijn, dat ons gebruik van de term een reeks van classificaties impliceert, verlopend van algemeen naar bijzonder: Op elk niveau bepaalt de zojuist gemaakte classificatie dan welke kenmerken nu moeten worden gezocht voor een volgende meer specifieke classificatie.

Het experimenteel aantonen van dergelijke hiërarchisch-sequentiële principes in de onmiddellijke (eerste) objectidentificatie, is de doelstelling van deze studie.

Als waarnemingsmateriaal wordt daarbij gebruik gemaakt van portretfoto's, omdat deze minder snel aanleiding kunnen geven tot verbale redeneeroperaties, waardoor dan weer allerlei procedureartefacten zouden kunnen ontstaan.

In hoofdstuk II wordt verslag uitgebracht van een poging tot demonstratie van hiërarchische principes in de onmiddellijke waarneming met behulp van een aktual-genetische onderzoeksprocedure. Het aktual-genetische onderzoek was immers een van de eerste pogingen om de temporele aard van de onmiddellijke waarneming (in de zin van objectidentificatie) te beschrijven. In onze procedure werden portretten via een tachistoscoop met een steeds langere aanbiedingsduur gepresenteerd, terwijl de steeds genuanceerdere en adequatere waarneming werd geregistreerd. Ondanks vaak interessante observaties (met name in de vorm van mis-percepties) moesten we echter concluderen dat een dergelijke techniek niet geschikt is voor ons doel. Door het onderbreken van de stimuluspresentatie ontstaan steeds specifieke, reeds min of meer verbaliseerbare verwachtingen, die geen rol kunnen spelen in de gewone onmiddellijke waarneming. Bovendien blijkt het niet mogelijk in de registraties te onderscheiden tussen kennisaspekten die de grondslag vormen voor de identificatie, of die juist resultaat daarvan zijn.
Daarom wordt in hoofdstuk III een nieuw paradigma ontwikkeld waarmee de veronderstelde hiërarchische processen rechtstreeks zouden kunnen worden gemanipuleerd. De methode komt er op neer, dat binnen een tijdsbestek van minder dan een-tiende seconde successief twee stimuli (vandaar de term "dubbelstimulatie") worden gepresenteerd. De tweede is daarbij altijd een herkenbaar portret.

De achterliggende redenering is dat tijdens het hiërarchische proces van de onmiddellijke objectidentificatie bepaalde meer algemene classificatiestappen zijn uitgevoerd op de eerste stimulus en dat nu in functie daarvan zal worden gezocht naar aanvullende evidentie in de tweede stimulus. Indien de tweede stimulus nu zeer kort zou worden gepresenteerd zal deze met meer kans op succes kunnen worden geïdentificeerd als de klassifikatiestappen, die reeds werden gezet naar aanleiding van de eerste stimulus, ook adequaat zijn voor de tweede stimulus.

Tegen de achtergrond van bevindingen met andere paradigma's voor dubbelstimulatie uit het onderzoek van de zgn. "subliminale perceptie" en de "visuele maskering" wordt vervolgens gepoogd deze stimuluscombinaties zodanig te kiezen, dat allerlei alternatieve verklaringen voor eventuele resultaten kunnen worden ontzenuwd. Te denken valt vooral aan een onafhankelijke identificatie van de eerste stimulus of aan een identificatie van beide stimuli, doordat deze een dubbelbeeld vormen.

Hoofdstuk IV bevat een reeks van exploraties met dit paradigma. Aanvankelijk kan geen bevestigend resultaat worden gevonden, maar na verschillende aanpassingen van het paradigma lukt dit wel. Tegelijkertijd blijkt echter dat het in hoofdstuk III ontwikkelde paradigma niet waterdicht is, omdat nog steeds alternatieve hypothesen mogelijk zijn. Deze impliceren in de eerste plaats de mogelijkheid dat aspectidentificaties van de eerste stimulus de resultaten kunnen verklaren, zonder dat daarbij sprake hoeft te zijn van enige herkenning van de tweede stimulus. Met name het effect van een verhoging van de aanbiedings-energie van de eerste stimulus zou hierdoor zijn verklaard.

Het effect van deze energieverhoging zou overigens ook kunnen pleiten voor het bestaan van een summatieproces. Deze z.g. "summatiehypothese" stelt, dat bij een dubbelstimulatie met het hier gebruikte ultrakorte tijdsinterval tussen het begin van de eerste en de tweede stimulus (SOA) ook alleen een dubbelbeeld kan worden waargenomen.

Maar dan blijkt in een nieuw experiment dat een verhoging van de relatieve aanbiedingsenergie bij een gelijkblijvend SOA, onder bepaalde omstandigheden een vergelijkbaar effect heeft als een verlenging van het SOA bij een gelijkblijvende aanbiedingsenergie van de eerste stimulus. Deze twee gegevens zijn in tegenspraak bij een poging tot verklaring van de resultaten vanuit de summatiehypothese. Ze zijn daarentegen in overeenstemming indien men uitgaat van de hiërarchiehypothese, omdat immers in beide gevallen de eerste stimulus effectiever kan worden verwerkt. De andere alternatieve hypothese kunnen we pas definitief verwerpen door middel van een statistische correctieprocedure, die wordt ontwikkeld in hoofdstuk V.
In hoofdstuk V worden tot slot op grond van de nu bereikte inzichten meer definitieve experimenten besproken. Daarbij waren allerlei specificaties nodig om te voorkomen, dat een verklaring van de resultaten zou kunnen worden teruggevoerd op conditie-specifieke effecten als gevolg van procedure-artefacten, of op alternatieve hypothesen met betrekking tot het waarnemingsproces.

Te onderscheiden zijn:
1. Zuivere antwoordtendenties (response bias) al dan niet in samenhang met conditie specifieke raadkansen.
2. Antwoordtendenties als gevolg van een geheel- of gedeeltelijk onafhankelijke identificatie van de eerste of de tweede stimulus(in dit hoofdstuk was steeds zowel de eerste als de tweede stimulus een herkenbaar portret).
3. Stimulusinterakties die verklaard kunnen worden op grond van een summatie- of parallelliteitshypothese.
4. Beslissingsinteracties bij een successieve identificatie van zowel het eerste als het tweede gezicht.

Ook na controle van deze alternatieve verklaringen verkregen we overwegende evidentie voor de juistheid van de hiërarchie-hypothese. Met betrekking tot een begrip van de zogenaamde onmiddellijke waarneming is een verklaring in termen van hiërarchisch-successieve processen daarom waarschijnlijker geworden dan de meer alledaagse tegenhanger hiervan: parallelle- of "Gestalt-achtige" processen.

N.B. De lezer, die onmiddellijk kennis wil nemen van de onderzoeksmethode en resultaten, kan zonder meer hoofdstuk V raadplegen. Dit hoofdstuk is uitgewerkt als een relatief zelfstandig gedeelte.

Hoofdstuk I

Het probleem van de visuele objectidentificatie

*"Zien is altijd zien van betekenissen (Buytendijk). Daarbij is dit 'zien van betekenissen' allerminst een denkoperatie, een introjectie of een analogieredenering. Er is wel degelijk sprake van waarneming. Ieder kind is tot een dergelijke waarneming in staat...Waarnemen is voor ons het onmiddellijke communicerende ervaren in tijd en ruimte van een concrete werkelijkheid".*
(Strasser, 1970 p 80 er 79)

## 1.1  INTRODUCTIE

Men kan zich met betrekking tot de visuele waarneming of "het zien" vier kernvragen stellen:

a.   Wat is zien?
b.   Welke factoren spelen bij dit zien een rol?
c.   Hoe kunnen deze factoren een rol spelen en meer algemeen: hoe zou het zien in zijn werk kunnen gaan?
d.   Hoe kan het zien worden onderzocht?

In deze studie willen we ons in theoretisch-experimentele zin bezig houden met de algemene vraag onder punt c. Dit betekent dat wij in zekere zin ook antwoord zullen moeten geven op de andere vragen. In deze paragraaf zullen we daarom in kort bestek deze vier punten aan de orde stellen.

Ad a.
Door allerlei verwarrende connotaties, verschillende verklaringsidealen en criteriumproblemen met betrekking tot een definitie van het zien, zal men in de meeste wetenschappelijke handboeken over de waarneming tevergeefs zoeken naar een bondige omschrijving. Wat auteurs met het begrip "Visuele Perceptie" in de titel van hun boeken bedoelen, moge uit de inhoud van die boeken blijken. Deze inhoud blijkt dan doorgaans te bestaan uit een uitvoerige bespreking van zaken die wij onder b, c en d hebben genoemd. Perceptie is daarmee een soort verzamelterm of een "familienaam" voor een groot aantal verschijnselen, feiten en verklaringen. Laten we daarom hier als definitie het motto van dit hoofdstuk kiezen. Zien is dan kennelijk een "oogbewustzijn" van een bepaalde werkelijkheid, dat wil zeggen een visueel weten "wat" (welk ding) en/of een weten "hoe" (kleur e.d.) iets is. Dit weet hebben van een werkelijkheid is steeds een weet hebben van iets in zoverre het wordt geweten (i. c. gezien). Op een bepaald moment zien we b v. een boom en op een volgend moment een beuk. Zien is met andere woorden een momentaan weten, dat voor uitbreiding en zelfs voor wijziging vatbaar is.

We willen hier echter aan toevoegen dat voor ons dit "weten" bovendien onmiddellijk (zonder een langer tijdsverloop dan nodig om tot ervaring te komen) moet zijn te relateren aan een retinale stimulatie. Deze retinale stimulatie moeten wij, als onderzoeker, tot slot in verband kunnen brengen met een zowel voor ons in beginsel waarneembare, als door de proefpersoon waargenomen werkelijkheid. In het experiment kiezen wij als proefleider immers een bepaalde, voor ons bestaande werkelijkheid, als presentatieobject en daarmee als stimulatie. In deze studie willen we ons vooral bezighouden met de waarneming en herkenning van "alledaagse" zaken, waarbij tussen de meeste waarnemers (in termen van een reactie op, of een benoeming van het waargenomene) een grote mate van overeenstemming bestaat. De vaktechnische, de specifiek creatieve, de enigszins hallucinatoire waarneming na drug- of alcoholgebruik, e.d. blijven dus buiten beschouwing.

Ad b.
Deze vraag komt voort uit de wens tot inventarisering van feiten die samenhangen met het zien. Een onderscheid kan gemaakt worden tussen de rol van stimulus-factoren (grootte, intensiteit e.d.) en van factoren die de waarnemer zelf betreffen (verwachting, voorervaring, geslacht, creativiteit etc.). In zekere zin zijn stimulusfactoren natuurlijk eveneens waarnemersfactoren. De waarnemer moet als het ware beschikken over meetinstrumenten voor grootte, intensiteit e.d., wil er sprake kunnen zijn van een perceptueel effect van stimulusfactoren. Alles tezamen gaat het hier dus eigenlijk enerzijds om een uitbreiding van de vraag onder a. en anderzijds al om een aspect van de vraag onder c.

Ad c.
De structurerende vraag zal zijn hoe het mogelijk is dat wij dingen kunnen zien (betekenissen kunnen verlenen), terwijl er zoveel dingen zijn en terwijl de ruimtelijke en tijdelijke relaties voortdurend zo sterk variëren. Deze variaties manifesteren zich in de praktisch oneindige toestandsvariaties van het netvliesbeeld. In dit hoofdstuk wordt gepoogd een theoretisch begrip over dit zien van dingen te ontwikkelen.

Ad d.
Voor experimenteel onderzoek moeten we operationele definities en experimentele condities ontwerpen. Een operationalisering van het ad a. gestelde blijkt onmiddellijk mogelijk: zien van dingen is het koppelen van een bepaalde responsie (benoeming, alternatiefkeuze e.d.) aan een bepaalde visuele stimulus of situatie.

Wij zullen hierna pogen zodanige experimentele condities te ontwerpen, dat het theoretische begrip, dat met betrekking tot de *mogelijkheid* van het zien van dingen wordt ontwikkeld, aan de ervaring kan worden getoetst.

*Waarvan* de door ons bestudeerde waarnemer zich persoonlijk bewust is, *wat* hij beleeft, of *wat* hij nu "eigenlijk" ziet, zal dus uitdrukkelijk niet ons studieonderwerp zijn.

Het laatste lijkt trouwens ook niet wel mogelijk. Het bewustzijn van de ander (of zelfs van een eventueel door mensen gebouwd systeem) bestaat nu eenmaal bij de gratie van het systeem, waarvan wij geen deel uitmaken. We kunnen hoogstens proberen dit bewustzijn "na te voelen".

Wij stellen ons derhalve tevreden met de formele definitie dat onze proefpersoon ziet, als hij aan een door ons gesteld criterium met betrekking tot de gepresenteerde "stimulus", die wij als een ding kunnen benoemen, voldoet. Dit laatste betekent, dat bij ons onderzoek de proefpersonen wel voortdurend zullen moeten zeggen wat zij zien!

In *PAR. 1.2* zullen we trachten de wijsgerige intuïtie en evidenties, die in de hiervoor gehanteerde begrippen werden uitgedrukt, te expliciteren aan de hand van de drie opzichten van het begrip "onmiddellijk", waarvan sprake is in de titel van die paragraaf. Overigens kan men momenteel ook in vele andere (experimenteel of systeemtheoretisch georiënteerde) studies van de waarneming een sterk oplevende belangstelling voor een filosofische en conceptuele reflectie op het onderwerp van studie vaststellen.

In *PAR. 1.3* zullen we vervolgens nagaan in hoeverre de geëxpliciteerde vraagstelling (en eventueel een antwoord erop) is terug te vinden in het wetenschappelijke onderzoek van het zien.

In *PAR. 1.4* tenslotte wordt getracht de inmiddels verder toegespitste vraagstelling te operationaliseren voor experimenteel onderzoek.

De resultaten van een eerste experimentele exploratie worden gerapporteerd in *HOOFDSTUK II*, waarna in *HOOFDSTUK III* een nieuw, geheel op de fundamentele vraag toegespitst, onderzoeksparadigma wordt ontwikkeld. In *HOOFDSTUK IV* wordt, na bespreking van enige onderzoekspogingen, dit paradigma verder gespecificeerd. Tot besluit worden dan in *HOOFDSTUK V* enkele meer definitieve experimenten toegelicht.

## 1.2 ONMIDDELLIJKE WAARNEMING IN DRIE OPZICHTEN: WIJSGERIGE INTUITIES EN EVIDENTIES

Het is uiteraard niet onze bedoeling om in de weinige pagina's van deze paragraaf, 2500 jaar filosoferen over de waarneming tot zijn recht te laten komen, en zelfs niet om de gedachtengang van enkele filosofen ook maar enigszins volledig of geheel correct weer te geven. We willen slechts de globale ontwikkelingslijn schetsen van enkele grondbegrippen. We hebben dan ook met betrekking tot het eerste gedeelte van deze paragraaf zelfs geen bronnenonderzoek gedaan, maar ons gebaseerd op algemeen beschikbare kennis, welke men kan aantreffen in elementaire overzichten van de filosofie zoals Van Melsen, 1955, Störig, 1959, Delfgauw, 1959 en enkele encyclopedische bronnen.

De Grieken huldigden de opvatting dat verwondering over het waargenomene de bron is van alle wetenschap. Hun grondverwondering over het samengaan van veranderlijkheid (Heracleitos) en onveranderlijkheid (Parmenides) lijkt ten nauwste verwant met de huidige verwondering van de "gecomputeriseerde" Patroonherkenners, dat bij een variabele "input" een invariante "output" kan worden verkregen, dat bijvoorbeeld alle met de hand geschreven a's "A" kunnen worden genoemd. Minstens sinds de Voorsocratici worden ook met betrekking tot de waarneming vier zaken onderscheiden:

- dingen,
- mediators of boodschappers,
- zintuigelijk kennen en
- geestelijk kennen.

Met name van Democrites vermeldt de overlevering, dat hij zich het ontstaan van kennis voorstelde door een uitstraling vanuit de dingen. Fijne deeltjes van die dingen zweven via onze holle zintuigkanalen naar binnen en leiden zo tot een ordening bij de waarnemer, die overeenkomt met die van de dingen. De kennis is in eerste instantie gebonden aan de variërende zintuiginvoer en derhalve wisselvallig en onbetrouwbaar (Zeno zou zelfs, zoals hij in zijn bekende schildpad-paradox e.d. demonstreert, de mening zijn toegedaan, dat de zintuigelijke kennis geheel onbetrouwbaar is). Het geestelijke kenvermogen kan echter een en ander weer corrigeren, door af te zien van de zintuigelijke wisselvalligheid.

Men is dit type opvattingen van de zintuigelijke waarneming "afspiegelings-theorieën" gaan noemen. De waarnemer is hier een passief onmiddellijk (*EERSTE OPZICHT*) registrerend systeem. De eenvoudige versies van deze idee staan bekend als "naïef realisme".

Anaxagoras schijnt het eerste filosofische onderscheid tussen een ordenende geest en een meer passieve materie te hebben gemaakt. Dit geestelijk beginsel wordt door Plato voor het afzonderlijke individu verder uitgewerkt. Bij Aristoteles bestaat eveneens een dergelijke geest. Alleen leert deze ook op grond van ervaring tijdens ons leven en middels abstractie en categorisering de "wezensvormen" in de veranderlijke zintuigelijke kennis (samenhangend met de veranderlijke materie) te onderscheiden en verwerft hij deze wezenskennis niet, zoals volgens Plato, reeds voor de geboorte door een aanschouwing van de onveranderlijke ideeën.

Descartes kwam - min of meer in de Platoonse traditie - tot een expliciete verzelfstandiging van een onafhankelijke geest en materie. Zoals bekend, deed hij dat, tot groot verdriet van velen na hem ("das Krebsübel der Psychologie") zo grondig dat nog slechts bovennatuurlijke wonderen een relatie tussen beide kunnen bewerkstelligen. De explicitering van het oeroude dualisme, dat in feite nog steeds de kennelijk toch wel praktische (vgl. Linschoten, 1959 over William James, hfdst.VI) filosofie is van de gewone man en wetenschapper, beschouwt kennen of bewustzijn als een soort geestelijke innerlijkheid, die onafhankelijk van een stoffelijke realiteit van uitgebreide dingen bestaat. Tot deze 'brute' op zichzelf bestaande stoffelijke wereld behoort ook het lichaam. De naïeve praktische filosoof stelt zich hierbij echter zonder verdere vragen te stellen (vandaar naïef) dit bewustzijn, deze "Ghost in the machine" (Ryle, 1949) toch weer voor als een soort zeer menselijke kapitein op een schip. Deze kapitein kijkt rechtstreeks door de patrijspoorten naar buiten en als hij iets niet goed kan zien, wendt hij eenvoudig het schip. Het is duidelijk, dat de kwaliteiten van de patrijspoorten in hoge mate zullen bepalen hoe goed de kapitein kan zien en de wetenschap over het zien dient dan ook zoveel mogelijk kennis over deze patrijspoorten te verzamelen om de kapitein bij eventuele storingen van dienst te kunnen zijn. Een andere keer wordt het bewustzijn voorgesteld als een soort ruimte, waarin zich allerlei inhouden kunnen bevinden, die een soort afbeeldingen of replica's zijn van dingen in de buitenwereld. De kenner wordt zogezegd het gekende. Vraagt men in dit geval naar het zien, dan blijkt toch meestal weer, dat een soort kapitein ten tonele wordt gevoerd, nu meestal uitgerust met een lantaarn om het licht van zijn aandacht op deze of gene zaak te laten schijnen.

Nu moet de wetenschap, behalve de patrijspoorten, ook de visuele kanalen en de kwaliteit van de lantaarn bestuderen, of in een ietwat andere variant van deze versie, ook de corticale projector en het projectiescherm, waar de kapitein voortdurend naar zit te kijken. Willen we ons echter met het zien als zodanig bezighouden, dan zal toch ook de kapitein in het onderzoek moeten worden betrokken.

Voor degene, die eenvoudig de lastige vragen naar de relatie tussen het schip en de kapitein afkapt, bestaat er, met betrekking tot het zien als zodanig, overigens geen enkel probleem, omdat dit al om hals is gebracht nog voor het was geboren. Het gaat er dus om dat de structuur van deze relatie, dat is van het kennisproces als zodanig, zal moeten worden onderzocht.

Overigens kon op basis van deze naïeve maar praktische filosofie toch een groot deel van de omvangrijke en bruikbare kennis worden verworven die wij nu bezitten.

De deeltjes van de Voorsocratici hebben gaandeweg een dubbele betekenis gekregen. Enerzijds ging men spreken van "fotonen" of van radiërende prikkelenergie, anderzijds van kleine waarneminkjes (resp. gewaarwordingen of sensaties).

Daarbij zouden de prikkels uit de buitenwereld, door de structuur van het organisme, de gewaarwordingen onmiddellijk veroorzaken. De gewaarwordingen (die als men twijfelt of ze wel "bewust" zijn, ook wel receptorreacties, neurale of sensorische responsie, discriminerende reactie e.d. worden genoemd) zijn de elementen, die op een of andere wijze moeten worden geordend. Van dit ordeningsprincipe bestaan twee varianten. In het eerste wordt van bovenaf door de geest, die daartoe beschikt over aangeboren ordeningskriteria, orde aangebracht (Bepaalde ordeningen zullen moeten worden onthouden, zodat leren mogelijk wordt). In het tweede ontstaat orde als het ware van onder af op basis van bepaalde potenties, die in de stof van het organisme en de buitenwereld liggen besloten (ten gevolge van herhaalde presentatie van eenzelfde ding zouden eventueel nieuwe combinaties van potenties kunnen worden gevormd, zodat leren mogelijk wordt.) Hume en Kant leverden waarschijnlijk de eerste echt grootse aanzetten tot de modernere begripsvorming, maar blijven daarbij desondanks dualisten, die vooral één van de twee principes uitwerkten en daarbij niet bevredigend de relaties tussen geest (dat is het organiserende principe) en materie (dat is lichaam en tastbare werkelijkheid) betrekken. In beide gevallen is er sprake van een kenner en van een onafhankelijke werkelijkheid, die niet als zodanig gekend zou kunnen worden. Bij Hume is er een soort bewustzijnsruimte, waarin de zintuigelijke ervaringen (dat zijn een soort beeld-boodschappen van de werkelijkheid) worden gepresenteerd aan een min of meer passieve kenner, die eigenlijk niet veel anders doet dan al kijkend het regelmatig spatieel of temporeel samengaan van bepaalde boodschappen in zich op te nemen (te associëren). Bij Kant ontstaat de kennis niet uit een neerslag van bepaalde toevallige regelmatigheden in de ervaring, maar uit een actieve ordening van de ervaringen op basis van a-priori ordeningsprincipes (kategorieën), die de kenner van nature hanteert.

Ook de meer empiristische en de meer idealistische expliciteringen, die in de loop van de geschiedenis na Hume en Kant om de beurt worden gemaakt, blijken steeds gedurende een zekere tijd overtuigingskracht te bezitten om vervolgens weer te worden bestreden. Zoals reeds enigszins aangeduid, blijken ze bovendien vaak ook goed te kunnen fungeren als plan de campagne bij het nastreven van bepaalde, meer praktische, doeleinden in wetenschap en techniek (en misschien nog meer in maatschappij, opvoeding en moraal).

Zeker als deze praktische doeleinden het karakter krijgen van een vruchtbaar geacht en werkbaar gebleken onderzoeksparadigma (vgl. Kuhn, 1962) verzelfstandigt zich een bepaalde denkrichting en levert sprongsgewijze een hoeveelheid nieuwe inzichten op. Verschillende paradigma's vertalen ieder de grote vragen in hun eigen denkkader (of verwerpen bepaalde vraagstellingen als onbeantwoordbaar).

Op deze wijze ontstaan verschillende deelvisies, met een bijbehorende deelwaarheid. Omdat bepaalde vraagstellingen zich toch met een bepaalde hardnekkigheid op een eigen wijze blijven presenteren of omdat wordt gepoogd deelvisies te integreren ontstaan van tijd tot tijd nieuwe paradigma's, zonder dat overigens de bestaande paradigma's behoeven te worden verworpen.

In verband met onze vraagstelling lijken voorbeelden in deze de relaties te zijn van enerzijds het idealistische denkkader met het Gestaltonderzoek en anderzijds van het empiricistische denkkader met het Behavioristische onderzoek.

We denken bij dit voorbeeld uiteraard vooral aan de inhoud van de onderzoeksvragen en niet zozeer aan de formele onderzoekstechniek. Maar het is natuurlijk geen toeval, dat het in het typische Gestaltexperiment altijd gaat om een demonstratie van een wetmatigheid, die haar overtuigingskracht niet zozeer ontleent aan vele observaties van proefleider of proefpersoon, maar aan een onmiddellijk inzichtelijke ervaring van beiden. Bij het Behavioristische experiment daarentegen wordt niet alleen het experimentele subject intensief getraind (krijgt het een herhaaldelijk geïnduceerde ervaring) maar wenst ook de experimentator als het ware zijn geloof te trainen op basis van vele observaties (ervaring). Het dualisme in beide denkkaders vormt kennelijk geen belemmering om vruchtbaar werk te kunnen doen en uit het werk vloeien geen consequenties voort met betrekking tot het denkkader. Als het dualisme dan ook gaandeweg verandert (doordat nieuwe onderzoeksdoelen nieuwe filosofieën hebben opgeroepen of doordat uit de ontwikkeling van nieuwe filosofieën nieuwe onderzoeksdoelen resulteren), veranderen daarmee de werkwijzen van beide stromingen niet meer. Ook als we tegenwoordig van de mens (meestal wel erg verbaal en vrijblijvend) spreken van een eenheid van lichaam en geest, is het nog zinvol om Gestaltprincipes in de waarneming te demonstreren, evenals de werkzaamheid van meer inductieve leertheoretische principes.

Het demonstreren van dergelijke principes verklaart echter nog niet veel, zeker niet hoe wij ons bewust kunnen zijn van bepaalde werkelijkheden. Het lijkt er met betrekking tot dit probleem veel op dat hier een naïef denken met de mantel der "wetenschap" wordt bedekt. Dit besef is met name de laatste 25 jaar steeds sterker geworden. Vele experimentele resultaten zijn daarmee langzamerhand van complete verklaringen veranderd in feiten, die om een nadere verklaring vragen. We zullen hier nog op terugkomen. Kortom tot op de dag van vandaag zijn de intuïtieve onderscheidingen tussen geestelijk en zintuigelijk kennen nog steeds aanwezig, alleen het begrip er van en zeker de wijze waarop ze met elkaar in verband worden gebracht, is allengs minder vanzelfsprekend geworden, althans voor sommigen onder ons.

Men zou kunnen stellen dat de doelstellingen om via machines te komen tot "patroonherkenning" (wij verkiezen het begrip "objectidentificatie", omdat dit beter aansluit bij onze vraagstelling en bij de wijsgerige psychologische tradities), of om de levende waarnemer te beschrijven als een object-identificerend systeem, kunnen worden samengevat in de doelstelling om materiele systemen (die men zelf heeft gemaakt of bedacht) geestelijke(zin verlenende) activiteiten te laten verrichten. Of deze doelstelling voortvloeit uit een ontwikkeling in het filosofische denken, ofwel de filosofische ontwikkeling uit het feit dat men deze doelstelling haalbaar is gaan achten, is niet goed uit te maken. Feit is wel, dat in dit geval het dualisme moest worden overwonnen. Dit overwinningsproces speelt zich met name af in de twintigste eeuw. Maar zoals de geschetste doelstelling zijn voorlopers heeft in oeroude machtsdromen om mensen (of menselijke robots) te maken, zo heeft dit overwinningsproces zijn voorlopers in allerlei spiritualistische en materialistische monismen.

De meest praktische wijze om van het dualisme af te komen, is wel door het toe te schrijven aan de eigenaardigheden van ons denken of van de taal. Zoals bekend gaat de analytische filosofie sinds het begin van deze eeuw op een dergelijke wijze te werk met vele begripsvormingen, die met name in de natuurwetenschap aanleiding waren voor het ontstaan van "schijnproblemen"(vgl. Carnap,1928). Ryle (1949) doet iets soortgelijks met begrippen als ziel, geest en lichaam. De mens is volgens Ryle eenvoudig een complex organisme, dat op verschillende wijzen kan worden beschreven. Deze beschrijvingswijzen impliceren echter niet, dat er nu ook sprake zou zijn van twee verschillende entiteiten of werelden. Het laatste is een schijnprobleem. Nu moge het opruimen van schijnproblemen een nobele bezigheid zijn, we moeten oppassen niet het kind met het badwater weg te spoelen. Het kind is hier de vraag hoe kennis, waarnemingskennis, tot stand komt. Als we niet op een dergelijke slordige wijze te werk gaan, kan tegen de analytische schoonmaak overigens weinig bezwaar worden gemaakt. De tergende gedachtenspinsels van Descartes zijn verwijderd en de wetenschap kan zich met een duidelijk doel voor ogen op haar nieuwe probleemstelling werpen. Het probleem kan in ons geval alleen maar zijn hoe het complexe (menselijke) organisme objecten kan identificeren of nog eenvoudiger: dingen kan zien. Dit is in ieder geval geen schijn- of "pseudo"-probleem (vgl. Feigl,1958 en Sanders, 1972 p 350). Maar misschien was het cartesiaanse schijnprobleem nodig om deze vraag te kunnen formuleren.

Merkwaardigerwijze kan men globaal dezelfde conclusie trekken na bestudering van de filosofische stroming, die voortbordurend op de traditie van Descartes, Kant en Hegel, het stoffelijke en het geestelijke ordeningsprincipe heeft geïntegreerd in de intentionaliteitsgedachte. We doelen hier uiteraard op Husserl (1901). Deze denkwijze biedt echter meer bevrediging omdat ze een positieve formulering heeft, niet aanleunt tegen een te gemakkelijk empiricisme en omdat er vele aanwijzingen in zijn te vinden voor de concipiëring van een "model" van het menselijk organisme.

Husserl's intentionaliteitsprincipe heeft in interactie met de synonieme existentie idee van Kierkegaard (Luypen, 1971 p 95) geleid tot de zogenaamde existentiële fenomenologie. Hoofdmotivatie van deze filosofische stroming is het uitwerken van dit principe en het vanuit die idee aanpakken van de "grote vragen des levens". Uiteraard zullen wij ons hier niet met die grote vragen bezig houden, maar alleen met de grondidee. Deze kan worden omschreven als de wederzijdse implicatie van ervarings-(wereld) en (bewust) ervarend subjekt, waarvan het lichaam de eenheid vormt. Met dit principe wordt het "wezen" van de mens omschreven als een geïncarneerd bewustzijn-(of subject-)in-de-wereld.

De verhandelingen van Husserl zijn buitengewoon ingewikkeld. Ditzelfde geldt, misschien nog in sterkere mate, voor degenen na hem, die zijn ideeën trachtten uit te werken maar daarbij uiteraard hun eigen idiosyncrasieën en ideologieën mee lieten spelen. Hun intentionaliteitsprincipe is in ieder geval een nog tamelijk jonge poging tot synthese, die thans bezig is het denken te doordringen. Deze synthese is echter nog zo labiel en dualistisch, dat men zich soms afvraagt of er eigenlijk wel sprake is van een synthese en niet eerder van de ontwikkeling van een soort tweetaligheid van bepaalde denkers, waardoor beurtelings een idealistische of een realistische taal kan worden gesproken. Met name het werk van Merleau-Ponty (1945 en 1964) bevat een zodanig hartstochtelijk, alsmaar voortdurend en toch onmachtig betoog over en vanuit de ambigue intentionaliteitsgedachte, dat bij ons deze indruk wordt gewekt. Het simpele vaststellen van meertaligheid zoals bijvoorbeeld Wittgenstein (1953) en Ryle (1949) doen, werkt in dit verband bevrijdend. Omdat zulks buiten onze competentie valt, kan het echter niet onze taak zijn de relaties tussen de analytische filosofie en de fenomenologie, die vaker zijn gelegd (vgl. Van Peursen, 1967 en bijvoorbeeld ook de Encyclopedia Britannica), te onderscheiden. Evenmin zijn wij in staat een evaluatie te geven van de subtiele fenomenologische gedachtengangen, waarin, veelal met behulp van esoterische betekenisverleningen aan alledaags lijkende termen, en een intensief gebruik van het trait d'union, wordt gepoogd het onzegbare te verwoorden. Wij beperken ons daarom tot een, ongetwijfeld eclectische, opsporing van enkele gedachten, die onze intuïtie over de objectidentificatie zouden kunnen expliciteren.

Waarnemingsbewustzijn, "conscience (de) perception" (Sartre, 1943 p 20) is een "conscience non-thétique". Dat wil zeggen dat het waargenomen object thema is van het kennen, niet de waarneming zelf. Voor degene, die echter waarneming bestudeert is natuurlijk wel een vorm van waarnemen het thema. Kiest hij, zoals wij, de waarneming van de ander (of nog liever *DE* waarneming) tot thema, dan zou men dit in een parafrase van Sartre kunnen omschrijven als- conscience *DE* perception. We zouden het laatste met Merleau-Ponty ook Phenoménologie de la Perception kunnen noemen, ware het niet dat onder deze label toch meer nadruk lijkt te worden gelegd op de vraag naar het "wat" (paragraaf 1, 1 ad a) dan naar het "hoe" (paragraaf 1,1 ad c) van de waarneming als zodanig.

Nadrukkelijk en onophoudelijk wordt ons in verhandelingen over de intentionaliteitsgedachte in verband met de waarneming van dingen voorgehouden, dat het geen zin heeft het zien op te vatten als een zien van kenbeelden, "mental pictures" of "simple impressions". Dit zou voor ons bovendien niet meer zijn dan een naïef opschuiven van een probleem. Evenmin heeft het zin het eigene van een bepaalde waarneming op te vatten als een associatie aan, of een redenering op basis van, een meer primair kenbeeld. Ook dit primaire kenbeeld is als kenbeeld, immers kennis! De waarnemer ziet elk moment iets bepaalds. Elk zien valt onmiddellijk (*TWEEDE OPZICHT*) samen met de constituerende activiteit van de waarnemer, waardoor voor hem een bepaalde werkelijkheid ontstaat. De waargenomen werkelijkheid ontstaat dus "*onmiddellijk middels*" de activiteiten van de waarnemer. Deze werkelijkheid kan daarom in de waarneming natuurlijk nog wel een bepaalde ontwikkeling doormaken. Bij een beschrijving van een dergelijke ontwikkeling moeten we echter op onze hoede zijn met het gebruik van verklarende begrippen als Retina-beeld, Nabeeld, Icoon, Waarnemingsconstructie e.d.; Uiteindelijk moeten we toch de constituerende activiteiten en de relaties daartussen beschrijven.

De fenomenologie beschrijft het zien van dingen uiteindelijk als een proces en wel als een voorpredikatief, dialectisch proces (dat in de tijd verloopt). Overigens prefereert zij, kennelijk vanwege fysische causaliteitsconnotaties van de term "proces" (vgl. Buytendijk, 1957 p 24 e.v. 1965 p 229 e.v.) meestal om te spreken van "gebeuren" of van "geschieden, geschiedenis, historiciteit". Ook bij de fenomenologische beschrijving wordt voorts nog steeds een onderscheid (nadrukkelijk geen scheiding) gemaakt tussen zintuigelijk en geestelijk kennen. In de hierna volgende toelichting op deze passage, verwijzen wij met S steeds naar Strasser (1970) en met L naar Luypen (1971).

Onder het proces van zintuigelijk kennen wordt het bewustzijnsverloop met betrekking tot een bepaalde werkelijkheid verstaan, in zoverre dit samenhangt met het standpunt dat ten opzichte van het object wordt ingenomen. Dit bewustzijn is dan steeds een "intrinsiek verwijzen naar andere profielen, die zullen verschijnen als ik van standpunt verander". (L p 122). Deze profielen kunnen het zelfde ding betreffen maar ook andere dingen in het veld of het veld zelf. "Kortom, de waarnemende aanschouwing is geen definitief bevredigende kendaad, zij bestaat in series van akten, die in beginsel zonder einde zijn, nooit vat ze haar object op een definitieve en integrale wijze' (S p 247). "Het voorwerp zelf bereiken zou veronderstellen, dat ik alle mogelijke profielen zou kunnen samenvatten, dus dat ik alle mogelijke standpunten in ruimte en tijd zou kunnen synthetiseren, dus dat ik met betrekking tot waarnemingsvoorwerp 'overal' en 'altijd' zou kunnen zijn...

Wie zogenaamd 'overal' en 'altijd' is, is in werkelijkheid 'nergens' en 'nooit', laat Luypen (p 148) Merleau-Ponty zeggen.

In een wat andere context zegt Attneave (1967 p 62): "It is a curious fact (at least I believe it is a fact) that one cannot have an universal image: imagine of a dog, and you will find that it is a dog of some particular breed, its body will be oriented in some determinate direction, and probably it will have a determinate size and appear at a definite distance away from you".

Het ding in de waarneming

is dus een "systeem van steeds verglijdende 'nabije' en 'verre' betekenissen...
De waarnemer ziet aanwezige en afwezige aanwezigheden en dit is mogelijk omdat de waarneming zelf actualiteits- en potentialiteitsmomenten in zich sluit" (L p 122-123). "Er valt telkens een ordebeginsel te bespeuren: bijvoorbeeld een ruimtelijk, temporeel of pragmatisch beginsel...Er is hier sprake van een geïncarneerde logica" (S p 249). "Betekenis heeft iets alleen indien het betrokken wordt als waarde op iets anders dat als waardemaatstaf geldt" (Buytendijk, 1957 p 26). "Iedere blik is als het ware een vraag, die, in woorden uitgedrukt inhoudt:
'Er zal toch wel iets zijn om te bezien?' Let wel een vraag is geen reactie. Hij die vraagt weet reeds, waarnaar hij vraagt. De vraag sluit dus een zeker 'weten' in zich, zoals Platoon reeds heeft beklemtoond...Deze...geïncarneerde.,. dialectiek is daardoor gekarakteriseerd, dat ze één is met de situatie zelf... Zij is een woordeloze (voorpredikatieve) dialectiek, en wel daarom omdat op dit niveau geen behoefte bestaat aan woorden" (S p 86 en 250-251).
"In de kennis liggen minstens twee niet-gelijkwaardige momenten vervat. Enerzijds is mijn bewustzijn afhankelijk van condities van tijd en ruimte, maar anderzijds is dat juist niet het geval. Beide momenten kunnen onmogelijk identiek zijn, volkomen met elkaar samenvallen, want in dat geval zou men moeten aannemen, dat één realiteit tegelijkertijd en op hetzelfde moment door tegengestelde kenmerken gekarakteriseerd zou kunnen zijn" (L p 137).
Onder het geestelijk kennen wordt verstaan het hebben van een abstract begrip of bewustzijn "wat" iets is. Dit kennen is oerevident, omdat ik anders nooit zou kunnen weten welke profielen ik kan verwachten bij verandering van standpunt. "Begrijpend vat ik het wezen van een voorwerp en dan kan een profiel als profiel verschijnen. In en door het begrijpen wordt het perspectivisme van de waarneming, dat inherent is aan het gesitueerd zijn van de waarnemer in tijd en ruimte, overschreden. Ik 'zie' het wezen (L p 147).
Oerevident is volgens Strasser (p 260) alles wat rechtstreeks verband houdt met de concrete dialectiek. Toch schijnt niemand minder dan Merleau-Ponty deze evidentie niet te hebben onderscheiden, waardoor hij raakt verzeild in een soort Kantiaanse problematiek over de kennis van het Ding-an-sich (vgl. L p 138-152).
Met betrekking tot het geestelijk kennen zijn nog enkele cruciale dingen op te merken: "...ik kan niet willekeurig welke betekenis geven aan de wereld... Mijn begrijpen is dus een dialoog tussen mij en het wezen van het ding dat ik begrijp. Dit dialogeren vindt echter een voorlopig rustpunt, een eindterm, in de uitdrukking die ik aan het begrepene geef" (L p 138). "Verder moet, om van een ken-resultaat te kunnen spreken, de exploratietocht tot een relatief definitief eind gekomen zijn...Typerend is, dat de kennende ervan overtuigd is, dat het voorwerp dat is, waarvoor hij het aanziet. Daarom gaat hij ook niet tot kritische reflectie op het verkregen resultaat over" (S p 257). Samengevat in een notendop: "De ervaring, waarvan de empirist spreekt, is een bepaald mechanisme, waardoor de 'buitenwereld' op

een organisme inwerkt. Als fenomenologen daarentegen noemen we onze oorspronkelijke toewending tot de zijnden, voor zover ze tot kennis leidt, ervaring. Ervaring is voor ons het noodzakelijke begin der bewustwording; het denken in begrippen en categorieën beschouwen we als een voortzetting van dezelfde primaire toewending op een essentieel hoger niveau" (S p 256).

Instemmend met de laatste passage, rijst bij ons nu een fundamenteel probleem. Als we de vraag stellen: "Wanneer wenden wij ons tot de zijnden?" dan zou het antwoord kunnen luiden: "Als deze zich door onze toewending op een bepaalde wijze presenteren". Onze vraag wordt dan hoe wij ons zo tot de zijnden kunnen wenden, dat deze zich in onze toewending vrijwel onmiddellijk (*DERDE OPZICHT*) kunnen ontplooien als een of andere identiteit met een volle betekenis-rijkdom, die ik op verschillende wijzen kan bevestigen en doorgaans ook benoemen. Ik moet immers een enorm areaal van potentiële akten tot mijn beschikking hebben om alle mogelijke dingen te kunnen zien die ik dagelijks zie! Hoe is te verklaren dat ik nu juist de min of meer werkbare potenties actualiseer? Wanneer op deze vraag wordt gereflecteerd, dan zal bijna noodzakelijkerwijze een argumentatie ontstaan, die inhoudt dat tussen slapende 'akten', minstens tot een niveau dat nodig is voor een identificatie, een bepaalde hiërarchische relatie bestaat. Eerst zullen wij bij het zien iets isoleren uit een omgeving, en vervolgens dit geïsoleerde identificeren en tot slot mogelijk benoemen (vgl. Strasser, 1970 p 82). Met name ook binnen het identificatieproces, dat plaatsvindt onmiddellijk na een isolatie, zal een dergelijke hiërarchie van 'slapende' akten moeten worden 'gewekt'. Er bestaan dus met betrekking tot het zien van dingen ook minstens twee "hoe"-vragen. De eerste heeft betrekking op de mogelijkheid van een fase, die kan leiden tot een min of meer volledige identificatie en eventuele benoeming; de tweede heeft betrekking op een in stand houden van de dialectiek als eenmaal dit niveau is bereikt. Wij zullen ons vanaf nu alleen nog maar met de eerste vraag bezighouden, mede omdat dit precies de vraag is, die momenteel in veel wetenschappelijk onderzoek aan de orde is. Objectidentificatie en -herkenning zijn begrippen die dus steeds zullen worden toegepast op de eerste fase van een waarnemingsproces, die wij het derde opzicht van de onmiddellijke waarneming hebben genoemd.

Laat ons - met het oog op theoretisch-experimenteel onderzoek - het organisme nu beschouwen als een systeem van geheugenprogramma's. Als een programma wordt "gewekt" impliceert dit het volgens voorschriften of regels uitvoeren van akten, bewerkingen of operaties. De resultaten van operaties kunnen nieuwe programmastappen uitlokken, enzovoorts (De term 'enzovoorts' wordt, in dit verband vaak door Husserl gebezigd). Let wel: hier is geen simpel aktie-reaktie principe omschreven. Een eenvoudige regelkring zoals die van de kachel-temperatuur-thermostaat-kachel valt dan ook duidelijk niet onder de voorgaande beschrijving. De akten hebben betrekking op een object, waarvan wel beslissingsgegevens (kennis) worden afgeleid, maar dat deze kennis niet veroorzaakt.

Een programmasysteem, dat dergelijke operaties uitvoert op een bepaald object, en dat in funktie van de verkregen resultaten nieuwe operaties uitvoert, is een formalisering van het intentionaliteitsprincipe. Steeds is er sprake van een kennend en van een gekend (noetisch-noematisch) aspect van het functionerende programma. Bovendien is er op elk moment een verwachting, die op punt staat om getoetst te worden. Kortom hier is sprake van een - zij het zeer globale - formalisering van de geïncarneerde logica van het dialectische systeem, dat door de fenomenologen in alle toonaarden is bezongen. Bewustzijn of kennis is ook in deze formalisering geen toestand of een ruimte. Het is een tijdloos synthesepunt in een voortgaand geschiedenisproces, bepaald door een zeker verleden en gekenmerkt door een toekomst.

Indien de operaties betrekking hebben op plaatsvindende gebeurtenissen in receptorsystemen ergens in het organisme, noemen we dit weten of bewustzijn: "waarnemen". Waarnemen is een bewustzijn van het lichaam, of - als de receptor- activiteiten mede worden veroorzaakt door energie-inwerking vanuit de buitenwereld - een bewustzijn van een werkelijkheid buiten ons. Gaat het hierbij om netvliesprikkelingen dan spreken we van visuele perceptie of van zien. Waarnemen van een werkelijkheid is met andere woorden te beschrijven als een verwachting op basis van een verleden, een verwachting waarvan bij toetsing een minstens gedeeltelijke bevestiging wordt verwacht. Zolang die verwachting inderdaad in zekere mate wordt bevestigd, is er sprake van een "dialoog met het wezen van het waargenomen ding". Wij zullen deze situatie vanaf nu "Objectadequaatheid" noemen. Objectadequaatheid betekent dus verwachtingen kunnen bevestigen. De inhoud van deze term valt naar onze mening ongeveer samen met die van het begrip "werkelijkheid", zoals dat bij de fenomenologen, maar bijvoorbeeld ook bij iemand als Carnap (1928) voorkomt. De term "werkelijkheid" is echter te zeer historisch beladen voor een gemakkelijk gebruik.

Hoe omschrijven wij nu de relatie tussen zintuigelijk en geestelijk kennen? Laten wij voor een antwoord allereerst nadrukkelijk vaststellen, dat onder zintuigelijk kennen onmogelijk het netvliesbeeld of een variërende "input" kan worden verstaan. Het netvliesbeeld of een input zijn evenmin kenvormen als een foto of een televisiesignaal. Welnu geestelijke kennis kan hier niets anders zijn dan de op elk moment bereikte kennis over het "wat" en/of het "hoe" van het waarnemingsobject. Een dergelijke kennis kan echter slechts bewust zijn door het steeds weer uitvoeren van nieuwe operaties. Men kan bij deze operaties, die worden uitgevoerd op het variërende netvliesbeeld, denken aan zoiets als zintuigelijke kennis. Een dergelijke denkwijze leidt echter weer tot de ontwikkeling van een ware "hersenbreker", daar het ene begrip het andere impliceert. Elke onderscheiding moet daarom als het ware onmiddellijk weer ongedaan worden gemaakt. Laten wij daarom een Ockhamse zuinigheid met entiteiten of abstracties betrachten en de fundamentele eenheid van het zien intact laten. Deze zuinigheid vermindert het risico van substantivering van abstracties en voorkomt de opstelling van twijfelachtige definities. Het is bovendien wel zo eenvoudig om alleen van "zien" te spreken. Het probleem van de relatie tussen geestelijk en zintuigelijk kennen in het zien, wordt daardoor het concipiëren van een zodanige programmastructuur, dat de mogelijkheid van het identificeren van objecten kan worden begrepen.

Volgens Piaget (1970) is het verschil tussen filosofie en wetenschap alleen, dat de eerste totale kennis nastreeft en de tweede meer haalbare, beperkte kennis. Daarvoor kiest zij een methodisch standpunt, bakent een gebied af en onthoudt zich van een discussie van alle overige thema's die op het onderwerp betrekking hebben. Laat ons daarom nu allereerst trachten het werkterrein nog wat beter af te bakenen. Varianten of modaliteiten van bewustzijn, die we wel aanduiden met termen als emotie, voorstellen, denken e.d. blijven buiten beschouwing. Ook programma-aktualiseringen (van de door ons bestudeerde waarnemer), die zich manifesteren in de vorm van overte gedragingen, verlopend van een zich bewegen, (eventueel van oog of hand) tot een omgaan met de ander, staan hier evenmin ter discussie. Waarschijnlijk verkondigt de genetische kennisleer, of het structuralisme van Piaget (1951, 1968) een fundamentele waarheid als wordt betoogd, dat alle kennisprogramma's (met inbegrip van bijvoorbeeld de abstracte wiskundige kennis) resulteren uit een interactie van (aanvankelijk alleen aangeboren, reflexachtige, maar later vooral manipulerende) motorprogramma's en omgevingsfactoren ("accomodation"). Het op een bepaald moment actualiseren van een dergelijk kennisprogramma, bijvoorbeeld om een of andere zaak te identificeren, impliceert echter geen overte of motorische programma-activiteit. We kunnen dingen zien en daarbij, althans "uitwendig", volkomen passief blijven. Als we over operaties spreken bedoelen we dan ook alleen programma "handelingen", die mogelijk al beginnen met de operaties op de activiteit van netvliescellen. Het moge duidelijk zijn, dat onze formuleringen overigens wel aansluiten bij de ideeën van Piaget.
Overte gedragingen in de zin van programma-actualiseringen, noemen we immers wel een aspect van kennisaktiviteit. Piaget spreekt in plaats van over programma veelal over schema; in dit verband over "schèmes d'action" (1967).

De operaties kunnen behalve op receptoractiviteiten dus ook betrekking hebben op de programma's zelf. Met name als met toepassing van bestaande programma's geen objectadequaatheid kan worden bereikt, als dus bepaalde verwachtingen niet worden bevestigd, worden bepaalde programma-onderdelen gewijzigd of toegevoegd.

We spreken in dat geval van leren. In deze studie bestaat echter alleen zijdelings belangstelling voor leren en voor de ontogenese in het algemeen. Wij zijn meer geïnteresseerd in een tot objectadequaatheid leidende actualisering van een bestaand programma, gegeven een bepaalde stimuluspresentatie. Men zou deze belangstelling een belangstelling kunnen noemen voor wat in de Gestaltpsychologie "Aktualgenese" wordt genoemd (we komen hier nog op terug).

Er zijn ook operaties, die betrekking hebben op de programma's zelf, waarbij de bestaande programma's echter niet noodzakelijk worden gewijzigd of aangepast. Voorstellen en denken zijn voorbeelden. Ook deze varianten van bewustzijn willen we buiten beschouwing laten. Dit denken kan echter, zoals reeds in onze reflecties duidelijk werd, in het verlengde liggen van een bepaalde waarneming.

De operaties hebben dan betrekking op de resultaten van eerdere operaties. Naarmate een dergelijke koppeling van operaties meer leidt tot een "vertrekken vanuit samenvattingen", die resulteren uit eerdere operaties, gaat waarnemen over in denken. Zeker als de samenvattingen worden gesymboliseerd en de hierna volgende operaties een communiceerbaar taalkarakter gaan krijgen, spreken we niet langer van waarnemen.

Uit deze omschrijving volgt dat de waarneming waarschijnlijk het meest zuiver kan worden onderzocht in situaties waarin de waarnemer nog niet over het waargenomen ding kan hebben "nagedacht". Op dezelfde wijze zou men kunnen zeggen dat we bij onderzoek de waarnemer zodanig met een object moeten confronteren, dat hij er niet van tevoren over heeft nagedacht. Hij moet dus niet al bepaalde a-priori verwachtingen koesteren of een meer gespecificeerde opdracht krijgen dan de vraag "Wat is dit?" Want dit is de vraag, die de waarnemer zichzelf als het ware van nature voortdurend stelt. Wij zullen echter bij dit onderzoek altijd een bepaalde indicatie moeten ontvangen, dat de waarnemer iets bepaalds heeft gezien.

De meest gebruikelijke vorm is het geven van een naam. Het onderzoek geheel beperken tot de waarneming is dus nauwelijks of niet mogelijk. Er bestaan echter bepaalde situaties, waarbij de waarnemer, terwijl hem een figuur wordt gepresenteerd, enige tijd moet nadenken om de vraag te kunnen beantwoorden. We denken hier bijvoorbeeld aan ambigue figuren of aan figuren van het "Street-Gestalt" type (Vgl. Leeper, 1935). Dit wil zeggen dat de waarnemer niet zijn aanvankelijke waarneming beschrijft, maar pas de structurering, die na enig kijken ontstaat. Omdat deze situatie zich alleen voordoet bij speciale stimuli, kan de betreffende waarneming niet worden gegeneraliseerd naar de gewone onmiddellijke waarneming. Een geheel andere - maar evenmin wenselijke - situatie ontstaat als de waarnemer impliciet zou worden uitgenodigd, in antwoord op de vraag, een of andere in principe verbaliseerbare denkoperatie uit te voeren. "Dit is een zevenhoek, omdat ik zeven hoeken kan tellen".

Wij willen ons beperken tot het derde opzicht van de onmiddellijke waarneming en wij zullen derhalve alleen visuele objecten of stimuli gebruiken waarvan de waarnemer ook vrijwel onmiddellijk en zonder nadenken *KAN* zeggen wat ze zijn en hoe ze heten.

Onze vraag is hoe de waarnemer zo snel een dergelijke omschrijving kan geven. We omschrijven dus eigenlijk in het voorgaande het onmiddellijke "zien-in-één-oogopslag" zonder a-priori verwachtingen als de onderzoekstechnisch meest zuiver te houden vorm van waarnemen.

Terugziend op deze paragraaf constateren we:
a, b dat het antwoord op de "wat"-vraag, die gesteld werd in paragraaf 1.1 ad a en b wijsgerig enigszins kon worden geëxpliciteerd.

c.   dat de "hoe"-vraag gesteld onder punt c (een vraag die tot doel heeft om te komen tot theorievorming) in twee deelvragen uiteen is gevallen:
1.   hoe identificeren we objecten?
2.   hoe onderhouden we de visuele dialectiek met deze objecten na de identificatie?

We beperken ons in deze studie tot de eerste van deze twee vragen omdat deze vraag momenteel bijzonder actueel is in veel wetenschappelijk onderzoek. Bovendien werd een (nog zeer globaal) antwoord verkregen op deze eerste vraag: *OBJECTIDENTIFIKATIE VINDT PLAATS DOORDAT EEN HIËRARCHISCHE SEKWENTIE VAN OPERATIES OF AKTEN KAN WORDEN UITGEVOERD OP EEN RETINALE STIMULATIE.*

d.   dat ook ten aanzien van de onderzoeksmethode ad d met betrekking tot deze "theorie" al bepaalde globale consequenties kunnen worden getrokken.
1.   breng de proefpersoon niet vóór de stimuluspresentatie al in een specifieke kennis-(verwachtings-)toestand.
2.   vraag aan een proefpersoon ook niet meer dan de eerste volledige identificatie van een object (alhoewel deze natuurlijk niet meer is dan een "voorlopig rustpunt").
3.   gebruik objecten (en stimuli) waarbij de proefpersoon zonder secundaire redeneerprocessen een antwoord kan geven op de vraag: "Wat is dit?"

## 1.3   OP ZOEK NAAR DE VISUELE OBJECTIDENTIFICATIE IN DE EXPERIMENTEEL-THEORETISCHE WAARNEMINGSLEER

*GESTALTPSYCHOLOGIE EN BEHAVIORISME:*
Als in deze denkstromingen wordt gereflecteerd op de herkenningsvraag, dan "The question arises...how the present excitation selects among the enormous varieties of tracés (daarmee worden geen geheugenprogramma's maar een soort fotokopieën van eerdere stimuli bedoeld) the 'proper' one" (Koffka, 1935 p 461).
Ook de behavioristen hanteren een dergelijke "*REAPPEARANCE HYPOTHESIS*" (Neisser, 1967 passim) voor het verschijnsel "recognition". Als eenmaal de oude toestand is opgeroepen, is natuurlijk ook de oude bijbehorende responsie weer aanwezig. Deze kopieën behoeven niet perfect overeen te stemmen met de momentane stimuli, er is een zekere *STIMULUSGENERALISATIE* mogelijk *OP BASIS VAN GELIJKENISSEN*, dat is een meer of minder grote identiteit tussen deze en eerdere stimuli (vgl. Bezembinder, 1970 hfdst. I). Deze gedachtengang is meestal weer gekoppeld aan allerlei theorieën en probleemstellingen rond de associatie van hersenprocessen op basis van overeenkomsten, contrasten of eventueel op basis van spatiotemporele continuïteiten. Hoe het ook zij: "Het vraagstuk der gelijkenis doortrekt de gehele empirische psychologie. In het grondslagenonderzoek der psychologie staan gelijkenis,

stimulus en response op een even centrale plaats. De vraag wat gelijkenis is, kan daarom nauwelijks minder belangrijk zijn dan de vraag wat de stimulus en wat de response is" (Bezembinder, 1970 p 20).

Het moge duidelijk zijn, dat hier toch vanuit een ander standpunt wordt gesproken dan het onze. De stimulus is voor ons een object (gemedieerd door het netvlies) en de responsie een naam. Gelijkenissen tussen stimuli (hoe vaak deze ook worden beoordeeld en hoe interessant het ook kan zijn om ze te meten) interesseren ons op dit moment eigenlijk niet.

Wat we ons afvragen is: *hoe één bepaalde stimulus, of liever een object, kan worden gekend.*

Of deze stimulus mogelijk wel eens verward wordt met andere stimuli, dat wil zeggen "dezelfde responsie oproept" als die andere stimuli omdat (of waardoor?) deze op elkaar gelijken, is niet onze vraag.

*Als in het proces, dat leidt tot kennis van objecten, vergelijkingen worden gemaakt, dan zouden we de aard van deze vergelijkingsakten, en met name de ordening daarvan in de tijd, willen beschrijven en niet de gelijkenissen, zoals deze op een bepaald moment zijn te beschrijven met behulp van de kenmerkende dimensies.*
Dit is een subtiel maar toch wel ingrijpend onderscheid.

Laten we, gezien de reeds uitgesproken belangstelling voor het *PROCES VAN DE AKTUALGENESE*, trachten iets dieper in te gaan op het even ongrijpbare maar in ieder geval toch meer *STATISCHE* begrip *GESTALT*.
In de eerste plaats kunnen we dan constateren, dat dit begrip in minstens twee verschillende betekenissen wordt gehanteerd. Enerzijds is het in het *ISOMORFISME* een fysische en daarmee corresponderende fysiologische orde, anderzijds is het een fenomenale structuur (vgl. Struyker Boudier, 1970). We zullen hier overigens niet ingaan op de interpretatie van de term Gestalt vanuit de intentionaliteits- of ambiguïteitsgedachte, zoals deze werd gemaakt door Merleau-Ponty en besproken door Struyker Boudier. De fysische en fenomenale betekenis worden in één en dezelfde descriptie, die uiteindelijk toch weer alleen een fenomenale descriptie is van een plaatje (op het projectiescherm van de kapitein-homunculus), samengevat. Ook in de Aktualgenese wordt een descriptie gegeven van de Gestaltontplooiing alsof het gaat om de waarneming van het scherpstellen van een projectiebeeld, het opkomen van het fotografische beeld in de ontwikkelschaal, of dan weer van het zich ontplooien van de bloem uit de knop of de plant uit het zaadje. "For the theory of Isomorphism it seems to make little difference whether we talk of two patterns as being equivalent in the brain, in the physical world, or in the retina.. .Thus, the retina mirrors the external physical pattern of stimulation, and the brain mirrors...the events on the retina. But nothing is said how these patterns are recognized, in particular about how two patterns are recognized as being the same even when they occur in different places in the Visual field, at different times or both...Second, it is clear that the process of coding patterns is different from the process of recognizing the coded patterns" (Dodwell, 1970 p 4, 3, 5).

De Gestaltpsychologie hanteerde als verklaring voor de herkenning min of meer expliciet het idee "*RESONANTIE*". Een aantal kenmerken in de stimulatie (of in een probleemstelling), dan wel de stimulus als geheel, trilt als het ware met een bepaalde frequentie (Neisser maakt een vergelijking met een stemvork p 65) en laat daardoor een of meer geheugensporen met een overeenkomstige eigen-frequentie mee resoneren. ".. .das Wiederkennen - sowohl das individuelle wie das generelle - geschieht zweifellos durch Resonanz. Wodurch sollte ein Wahrgenommenes auch nur so etwas wie 'Bekanntheitsqualität' gewinnen, es sei denn durch irgendeinem Grad von quasi-resonativer Kommunikation mit bestimmten Residuen?...Wenn ein bestimmtes Object wiedererkannt wird, obwohl es sich bald auf dieser, bald auf jener Netzhautstelle - und dazu noch in verschiedenen Groszen und Perspektiven - abbildet, dann kann fur die Erregung des passenden Residuums unmoglich eine besondere Leitungsverbindung zwischen Retinalort und Residualort verantwortlich sein...von jeder Netzhautstelle ist jedes Residuum belangbar.. .Das Auswahlprinzip.. .musz durch das inhaltliche Zueinander.. .gegeben sein. (Und mehr ist mit dem Ausdruck 'Resonanz' einstweilen nicht gemeint.)" (Duncker, 1935 p 92). Deze vergelijking is mogelijk door een aangeboren autonome en onmiddellijke organisatie van sensorische elementen, die fysisch-biologisch (*ELEKTRO-DYNAMISCHE VELDKRACHTEN IN DE HERSENEN*) van aard zou zijn. Nu mogen dergelijke velden, die samenhangen met de fysicochemische activiteiten in bijvoorbeeld de hersenschors inderdaad bestaan. "...was sich im Denken des Mathematikers oder auch in einer Elektronenrechenmaschine ereignet, sind im Sinne der Gestalttheorie ja auch Verschiebungen physikalisch-chemischer Feldkräfte" (Hofstätter, 1957 p 152). Het is toch niet duidelijk hoe met dergelijke velden in concreto een herkenning verklaard zou kunnen worden.

Alleen door het noemen van begrippen als "resonantie" en "veld" wordt in ieder geval nog *GEEN VERKLARING VAN DE OBJEKTIDENTIFIKATIE* gegeven.

Op dit moment lijken dergelijke velden dus eerder beschouwd te moeten worden als een begeleidingsverschijnsel van herkenningsprocessen, dan als verklaringsprincipe voor dergelijke processen.

De *GESTALTPSYCHOLOGIE* hanteert het beeld van een soort *TOTAAL VERGELIJKING* van stimulus en geheugenspoor, of nog eerder het beeld van een integratie van beide, via een *AANGEBOREN AUTONOME VELDORGANISATIE.*

Het *BEHAVIORISME* hanteert het beeld van een *ELEMENTEN VERGELIJKING* via een *DOOR ERVARING GESTRUKTUREERD NETWERK* (van "Leitungsverbindungen!")

De Gestalttheorie hanteert, met name volgens Neisser (1967 p 50-51-65), ter verklaring van de activering van het geheugenspoor in feite toch waarschijnlijk een niet expliciet idee van *PARALLELE "TEMPLATE MATCHING".* Dat wil zeggen dat een bepaald concreet netvliespatroon tegelijkertijd met een aantal al even concrete standaards of sjablonen, die als geheugensporen liggen opgeslagen, wordt vergeleken. Het Behaviorisme lijkt dan meer het idee te hanteren van een *PARALLELE OF SERIËLE KENMERK (FEATURE)-VERGELIJKING.* In het laatste geval zou de retinale stimulus worden vertaald in een verzameling lokale of geabstraheerde, (niet meer plaatsgebonden) kenmerken, die vervolgens worden vergeleken met lijsten van kenmerken, die typisch zijn voor een bepaald object en die in het geheugen liggen opgeslagen.

Het is echter niet in te zien, hoe op basis van een schabloonvergelijking ooit succes kan worden geboekt voor de normale waarneming met al zijn mogelijkheden.

In ieder geval bleken, bij pogingen om herkenningstaken uit te voeren met behulp van artificiële "template-matchende" herkenningssystemen, die domweg, of eventueel na zekere normalisatieprocedures, het retinabeeld met het geheugen- beeld vergelijken, *ASTRONOMISCHE CAPACITEITSPROBLEMEN* te ontstaan. Deze capaciteit kan men zowel betrekken op het aantal geheugenschablonen, dat nodig zou zijn, als op het aantal vergelijkingen, dat zou moeten worden gemaakt. Op een simpel 20 x 20 beeldraster kunnen reeds $2^{400}$ mogelijke zwart-wit configuraties worden afgebeeld; De mathematicus Bremermann rekent ons voor (1970 p 44), dat dit meer zou zijn dan er protonen bestaan in het universum! De kleinste rotatie of verplaatsing van een object, kleine verschillen in details tussen verschillende objecten, het feit dat meerdere objecten tegelijkertijd of hetzelfde object in meervoud kunnen worden gepresenteerd, e.d., geven alle aanleiding tot andere configuraties.

Nu kan natuurlijk het principe van de "best match" bij keuze van een geheugentemplate worden gehanteerd; het is toch niet in te zien hoe op basis van een dergelijk principe ooit redelijke keuzen zouden kunnen worden gemaakt. Dit laatste zou eigenlijk alleen kunnen als van praktisch alle mogelijke configuraties ook geheugentemplates aanwezig waren. Maar dan zouden we over een hoofd moeten beschikken, dat groter was dan het universum! Een andere mogelijkheid zou zijn, dat allerlei transformaties worden uitgevoerd op het netvliesbeeld om het geschikt te maken voor vergelijking met een beperkt aantal templates. Er zou bijvoorbeeld gecorrigeerd kunnen worden voor de waargenomen afstand van het object en voor de belichting (in verband met schaduwen). Op dezelfde wijze zou gecorrigeerd kunnen worden voor de ruimtelijke oriëntatie en voor plastische veranderingen(vgl. bijvoorbeeld een opgerolde met een kruipende slang) etc. Wil hierbij sprake zijn van effectieve transformaties dan is echter kennis over het object verondersteld. Maar als de waarnemer op een bepaald moment beschikt over de kennis om dergelijke effectieve transformaties in principe te kunnen uitvoeren, waarom zou er dan nog een feitelijke transformatie, gevolgd door een template-vergelijking moeten plaatsvinden? De bezwaren tegen de redenering die uitgaat van plaatskenmerken("local-features" of"part-templates")wijken niet wezenlijk af van die tegen het idee van totaal-templates. Hier wordt het netvliesbeeld gecodeerd als een combinatie van kenmerken, die parallel of serieel vergeleken moeten worden met geheugenlijsten, maar in een dergelijke codering treden vergelijkbare variaties op als in de totaalbeelden. Op basis van niet meer dan 20 x 20 plaatskenmerken die een object al of niet zou kunnen vertonen, zijn er evenzeer $2^{400}$ mogelijke combinaties.

*Blinde en uitputtende zoek- of vergelijkingsmethoden om tot een herkenning te kunnen komen, lijken dus uitgesloten.*

Er zijn overigens wel praktijksituaties te bedenken waarbij een parallel resonerend, sjabloon- of plaatskenmerk-vergelijkingssysteem functioneel kan zijn. Dergelijke systemen stemmen overeen met de menselijke waarnemer, in zoverre ze een beperkt of eindig aantal objecten (die als geheugencodering aanwezig zijn) kunnen herkennen. Ze beschikken bovendien over een "netvlies", waarop veel meer patronen of combinaties van kenmerken (mogelijke objecten) aanwezig kunnen zijn. We bedachten het volgende eenvoudige voorbeeld:

Alle 26 (hoofd)letters van het alfabet en de 10 cijfers zijn, als men deze tenminste schrijft op een gestandaardiseerde en elementaire wijze, op te vatten als combinaties van niet meer dan de volgende elementen van het "netvlies". (Sommige letters zoals de V komen wat scheef te staan)

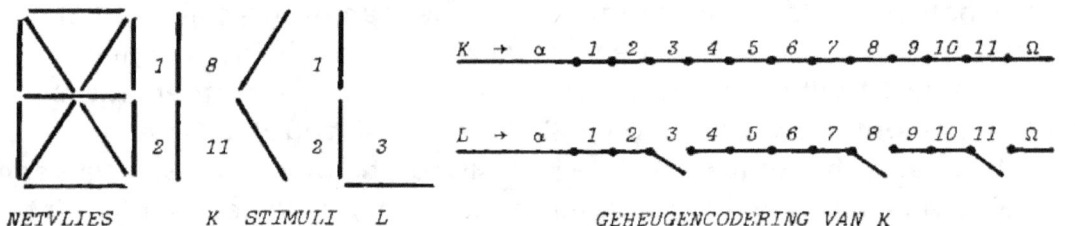

*NETVLIES*      *K  STIMULI    L*                    *GEHEUGENCODERING VAN K*

Denken we ons deze 26 letters + 10 cijfers nu ook opgeslagen als geheugencombinaties. We kunnen ons dan een draadverbinding van elk netvlieselement, naar elke geheugencombinatie voorstellen. Dat betekent een dradenbundel van slechts 11(26 + 10) = 396 afzonderlijke draadjes van het netvlies naar het geheugen. Terwijl er met deze 11 elementen $2^{11}$ = 2096 combinaties op het netvlies mogelijk zijn, zijn er maar 36 geheugencodes. Als het netvlies wordt gestimuleerd lopen simultaan en parallel stroompjes door alle draadjes, die verbonden zijn met een gestimuleerd element. Stellen we ons nu de geheugencode van de K voor als een serie van schakelingen, die, als ze alle gesloten zijn, een verbinding tussen $\alpha$ en $\Omega$ tot stand brengen. In de code van K is vastgelegd dat de schakelingen, die samenhangen met de elementen 1, 2, 8 en 11 sluiten bij stimulatie, en openen bij afwezigheid van stimulatie, terwijl voor elke andere schakeling precies het omgekeerde geldt. Bij stimulatie met K is derhalve het circuit tussen $\alpha$ en $\Omega$ gesloten, en de desbetreffende toets van de aan $\Omega$ gekoppelde schrijfmachine, wordt ingedrukt; de letter K is herkend. Bij stimulatie met L is het circuit op verschillende plaatsen onderbroken, en de "K-herkenner" vertoont dan ook geen responsie. Dit systeem is zonder meer te bouwen als herkenningscomputer, al zijn er natuurlijk wel een aantal lastige technische problemen op te lossen, zoals bijvoorbeeld het centreren van de letters op het netvlies.

In ons voorbeeld is sprake van een systeem waarin één van de vele geheugensporen direct wordt "aangesproken" of "aangeroepen" door de momentane codering op het netvlies, die overeenstemt met dat geheugenspoor. Natuurlijk is in ons voorbeeld sprake van een wel zeer primitief systeem. Elke verplaatsing op het netvlies, maar ook elke niet-cijfer of -letter stimulatie geeft eigenaardige uitkomsten, omdat de visuele "wereld" van dit systeem alleen bestaat uit genormaliseerde cijfers en letters. Het moge duidelijk zijn dat bij theorievorming met behulp van dergelijke systemen die ten eerste een *EXTERNE NORMALISATIE VAN DE "INPUT"* vereisen, en ten tweede als het ware een *INGEBOUWDE VERWACHTING* hebben, doordat ze maar *ÉÉN TYPE OBJECT* (bijvoorbeeld letters) kunnen herkennen, de *FUNDAMENTELE VRAAGSTELLING OVERBOORD* wordt gezet.

Nu kan men trachten de simpele verklaring vanuit dergelijke vergelijkingsmodellen te verbinden met een veronderstelling, en vervolgens met een theorie.

De Gestaltleer veronderstelt dan mogelijk dat we op vergelijkbare wijze als in het voorbeeld een beperkt aantal, maar dan alleen niet plaatsgebonden en zeer algemene, "inhoudelijke" kenmerken tot onze beschikking hebben om in een of andere combinatie elk object (resp. twee of meer, al of niet dezelfde objecten als deze tegelijk worden gepresenteerd) te kunnen beschrijven. Een dergelijke veronderstelling behoeft kennelijk niet te worden waargemaakt om toch een theorie te kunnen poneren. Het is echter niet eenvoudig in te zien wat voor kenmerken men zou moeten kiezen (vgl. Bremermann, 1970) om in een of andere combinatie elk object te kunnen beschrijven.

In feite blijkt dat bij elke mogelijkheid, die in dit verband wordt overwogen, het probleem van de objectidentificatie alleen een andere naam zou moeten krijgen: Kenmerkidentificatie.

Deze theorieën vertonen oude trekken van het passief, onmiddellijk weerspiegelende herkenningsmodel, dat echter geen onmiddellijke waarneming (zonder tussengeschoven kenbeelden of redeneerprocessen) mogelijk maakt.

*Gestalt- en behavioristische-theorieën zijn in dit opzicht derhalve geen verklaringen of alleen "homunculus-verklaringen".*

## DE RECENTE ONTDEKKING VAN NEURALE "FEATURE DETECTORS":

In 1949 integreerde Hebb bepaalde Gestaltnoties (met name wat betreft de aangeboren structurering) in een theoretisch lerend netwerk. De netwerk-logica lijkt meer aanknopingspunten te bieden voor een meer exacte theorievorming dan de globale veld-ideeën. Een netwerk-logica vormt ook de grondslag bij de bouw van de meeste computers en het was dan ook geen wonder dat Hebb's (1949) lerend netwerkmodel, ter verklaring van de "organization of behavior" aanleiding was voor een der eerste grote computersimulaties en wel in de vorm van Rosenblatt's Perceptron (vgl. 1958). Daar komt echter bij dat in toenemende mate fysiologische evidentie leek te worden gevonden voor de "*CELL-ASSEMBLY*" van Hebb en wel in de vorm van "*FEATURE DETECTORS*" of *RECEPTIVE FIELDS*" (Kuffler, 1953). Daarvóór zagen velen een verwantschap tussen het netvliesbeeld en de foto, en het transport van het netvliesbeeld naar de hersenen leek wel wat op het transport van een televisiebeeld tussen opnamecamera en weergavescherm.

Vooral sinds Lettvin, Maturana, McCulloch en Pitts in 1959 beschreven "wat het kikkeroog eigenlijk aan het kikkerbrein vertelt", en nog meer sinds het adembenemende onderzoek dat Hubel en Wiesel (1959, 1960, 1963 en 1965) verrichtten in de afzonderlijke cellen van de visuele hersenen van katten en apen, weten we overigens, dat dit transport - waarschijnlijk ook bij mensen - geschiedt via een ingewikkeld stelsel van "zeven", of via een gestructureerd rekenend netwerk als men wil. Het netvliesbeeld wordt dus niet op een zodanige wijze afgebroken en langs eenvoudige kabels getransporteerd naar de hersenen om daar weer in ongeschonden toestand te kunnen worden hersteld. De corticale eenheden, de "kenmerk-ontdekkers", blijken niet te reageren op lichtpunten, die op het netvlies worden geprojecteerd, maar meer op relaties tussen punten, bijvoorbeeld op lijnen en hoeken en bij de kikker zelfs mogelijk al op hogere betekeniseenheden zoals bewegende voedsel pakketjes (vliegen) of dreigende schaduwen (de ooievaar). Er is vanaf het netvlies al sprake van een soort *ABSTRACTIEPROCES* van kenmerken. Het hersenbeeld kan niet, zoals nog wel kan met het meest perifere netvliesbeeld, worden vergeleken met een uit punten opgebouwde krantenfoto. Waarschijnlijk is deze codering meer efficiënt dan een codering in termen van punten, en achteraf kunnen we ons na deze ontdekking inderdaad afvragen wat het evolutionaire nut geweest zou kunnen zijn van de ontwikkeling van een netvliescopieerder. Het onderzoek van Hubel en Wiesel (1963) toont overigens eveneens aan, dat de feature detectors niet, zoals de theoretische cell-assemblies van Hebb, het resultaat zijn van leerprocessen. Zeer jonge katjes bleken immers bij microelektrodeonderzoek van de visuele hersenen, dezelfde responsies op bepaalde prikkel patronen te vertonen als volwassen katten. Dit beeld wordt echter gecompliceerd, doordat blijkt dat deze detectiesystemen atrofiëren bij visuele deprivatie gedurende kritieke perioden in de ontwikkeling.

Al deze fascinerende ontdekkingen van tamelijk recente datum, *DRAGEN ECHTER NAUWELIJKS IETS BIJ AAN DE VERKLARING VAN DE OBJECTIDENTIFIKATIE*, tenminste niet aan die van mensen.

We hebben reeds gewezen op het grote aantal combinaties dat met behulp van een beperkt aantal kenmerken kan worden gemaakt en van de cellen van het Hubel-en-Wieseltype zijn er zeer vele. Gezien de vele pogingen, die momenteel worden ondernomen om ook bij mensen (uiteraard niet met behulp van micro-elektroden) het bestaan van deze feature detectors te demonstreren, schijnen er toch onderzoekers te zijn, die hier anders over denken. Interessant is in dit verband het uitvoerige compliment dat Boynton (1973) maakt aan het adres van Dodwell bij een bespreking van diens boek over patroonherkenning. "Dodwell is greatly to be commended for not falling into this trap...Feature detectors can no more 'explain' pattern vision than can the concept of isomorphism between retina and brain do so". (p 4-5) Moge het zo zijn dat nu wordt ingezien hoe beperkt de visuele wereld van de kikker misschien is, of hoe anders dan onze wereld, de feature detector draagt niet veel meer bij aan de kennis van de object-identificatie dan de vele waarnemingsbegrippen, die direct schijnen te zijn geleend van het fotolaboratorium: korrel, contourscherpte, contrast, helderheid, gevoeligheid etc. De vakfotograaf weet tenminste precies wat hij onder deze termen moet verstaan. Ook de volgende opmerking van Boynton over Dodwell's systeemtheoretisch georiënteerde aanpak is interessant: "I hesitate to comment concerning how successfull Dodwell has been at increasing our understanding of perception. My feeling is not very" (p 4). Misschien kunnen we deze passage het best besluiten met de suggestie dat deze feature detectors mogelijk corresponderen met de oude

*ELEMENTEN, SENSATIES OF DELEN*, waarmee een *SECONDAIR SYSTEEM* (vgl. Neisser 1967) dan verder moet werken.

## DE ONTDEKKING VAN HET "HOE"-PROBLEEM

De feitelijke ontdekking van het "hoe"-probleem is van zeer *RECENTE DATUM* (vgl. Attneave, 1967). De daadwerkelijke (dat is nog geen succesvolle!) aanpak is nu een kleine 25 jaar oud. Een meer reële theorievorming en bewustwording met betrekking tot het probleem van de objectidentificatie (vooral door deze aanpak tot stand gekomen) begint pas de laatste jaren te groeien. Een en ander werd geïnspireerd door de Informatie theorie, de Cybernetica, de genoemde fysiologische bevindingen en tot slot door allerlei psychologisch onderzoek. Al deze richtingen zijn met betrekking tot deze vraag vaak vergroeid in diverse interdisciplinaire activiteiten en onderzoeksgroepen. Vooral de ontwikkeling van de computer en het daarmee gepaard gaande denken, speelt een centrale en verbindende rol. Voorts zijn er duidelijk twee toepassingsgebieden, die voor een sterke research-impuls hebben gezorgd. In de eerste plaats was dat de ergonomie, die zich bezig hield met het gebruik van allerlei beeldschermen, waarop door waarnemers met name militair belangrijke objecten of omstandigheden geïdentificeerd moesten worden: de zgn. "target Identification" (Vgl. Hake, 1957 en Weisz, Licklider, Swets en Wilson, 1962). In de tweede plaats was dat de wens van de computerindustrie om vormsorteer- en leesmachines te bouwen. Vooral door de laatste researchstroming, waarin sinds ongeveer 1960 op grote schaal wordt gepoogd te komen tot het artificieel lezen van letters en het classificeren van patronen als cardiogrammen, bellenvatfoto's, chromosomen, e.d., werd de term "patroonherkenning" (pattern recognition) tot een nieuw begrip. Overigens is in deze laatste stroming, behalve de praktische, ook een meer theoretische richting te onderscheiden.

In deze theoretische richting tracht men, veelal door intuïtie geïnspireerde, maar nog onoverzichtelijke, psychologische of fysiologische verklaringsmodellen op hun consequenties te beproeven. "As horrifying as it may sound to some, the chief sources of specification of a model for pattern recognition are intuition and introspection, and in this we all draw upon our own resources as human beings. Since these are the functions that have made twentieth-century psychologists especially uneasy, there is no reason to think that psychologists are terribly adept at them. But they are perfectly legitimate functions as long as they lead to more than talk and idle speculation; for the proof is in the pudding, and the pudding is the completely specified and running programmed model, and the validity of its predictions"(Uhr, 1966 p 292).

De simulatieaanpak die betrekking heeft op auditieve of visuele patroonherkenning, maar ook op leren, probleemoplossen, taalgebruik e.d. staat bekend als *"ARTIFICIAL INTELLIGENCE"*. In de moderne psychologie is het vooral de z.g. *COGNITIEVE PSYCHOLOGIE* die deze vraag centraal stelt. Beide richtingen onderhouden nauwe relaties. Gezamenlijk kan men deze aanpak omschrijven als die van de *"INFORMATION PROCESSING"*. We zullen nu het probleem van de objectidentificatie vanuit dit standpunt bespreken.

## INFORMATION PROCESSING

Het ideaal van Uhr (zie vorige paragraaf) lijkt voorlopig nog in een ver verschiet te liggen. Al blijken ook in de psychologie - overigens steeds algemener toegepaste - kernbegrippen van de grondleggers der communicatieleer, zoals feedback, informatie en programma, nog steeds erg handig, gaandeweg zijn we ons toch steeds gereserveerder gaan opstellen tegenover het aanvankelijke enthousiasme van rond 1950 met betrekking tot een snelle bouw van universele herkennende systemen. (vgl. Verhagen, 1972 p 10 e.v.) Met name de computersimulaties in de vorm van Perceptrons, Pandemoniums, EPAM's, e.d. uit het begin van de zestiger jaren hebben ons bescheidenheid geleerd (vgl. Uhr, 1963 en 1966. Arbib, 1964. Gyr c.s., 1966. Neisser, 1967. Wathen-Dunn, 1967). De praktische techniek ziet momenteel duidelijk meer winst in het nuttig maken van de computer als een mensaanvullende (man-machine interaction) dan als een mens-vervangende informatieverwerker (Van Bemmel, 1973). Voorts streeft men de perfectionering na van machines voor de classificatie van giroformulieren e.d., waarvan de invulling of presentatie in hoge mate werd genormaliseerd. Maar ook als de normalisatie minder ver wordt doorgevoerd, blijft er toch nog altijd sprake van een dermate grote beperking van variatiemogelijkheden, dat de toegepaste klassifikatieprocedures met de menselijke herkenning maar weinig meer gemeen kunnen hebben (vgl. Spanjersberg, 1971). Vooral de laatste jaren rijst het inzicht, dat de aanvankelijke aanpak wel erg simplistisch was in verhouding tot de complexiteit van het menselijk waarnemingssyteem. Misschien kan waarnemingsonderzoek daarom voorlopig niets anders betekenen, dan dat we moeten trachten, de intuïtie, waar Uhr van sprak, hier en daar wat beter en meer wetenschappelijk te expliciteren. Een dergelijke explicitatie van intuïties lijkt ook te zijn, wat Neisser voorstelt:
"In a sense, the rest of this book can be construed as an extensive argument against models of this kind (de simulatiebenadering), and also against other simplistic theories of cognitive processes. If the account of cognition given here is even roughly accurate, it will not be 'simulated' for a long time to come" (Neisser, 1967 p 9). Hierbij dient te worden aangetekend, dat Neisser samen met Selfridge (1960) meewerkte aan het bekend maken van een van de meest succesvolle en populaire herkenningsmodellen "Het Pandemonium" (zie in verband met deze populariteit bijvoorbeeld de kostelijke pandemonium-cartoons in het inleidende boek van Lindsay en Norman, 1972). Toch zouden we ondanks onze eigen ondeskundigheid

in deze, niet zover willen gaan als Neisser lijkt te doen omdat we de stellige overtuiging hebben dat elke daadwerkelijke aanpak van het "hoe"-probleem ons inzicht moet vergroten. In ieder geval zijn veel van de inzichten van juist de Cognitieve Psychologie te danken aan systeem-theoretisch denken. Neisser (p 8) gebruikt met vele anderen in navolging van Newell, Shaw en Simon (1958) bijvoorbeeld wel de kennelijk handige technische begrippen zoals: "programma" en "Information processing". En het is met name door deze systeemtheoretische aanpak, dat we aan de "Information processing" benadering *GEEN* gemakkelijk *NAÏEF REALISME* meer kunnen toeschrijven. Met information-processing (deze term heeft nauwelijks iets te maken met de kwantificering van informatie uit de Informatietheorie) wordt immers bedoeld:"that perception is not an immediate outcome of stimulation, but the result of processing over time" (Haber en Hershenson, 1973 p 158). In deze activiteiten, of "processing", wordt gewoonlijk een hiërarchische sequentie onderscheiden van subprocessen(samenhangend met deelsystemen of programma-subroutines) zoals een eerste iconische opslag, hercoderingen in korte termijn geheugens, zoekstrategieën in lange termijn geheugens, herkenning, motorische operaties etc.

De konstructietechnische aanpak vanuit de "artificial intelligence" die zich, ondanks alle scepticisme, voort blijkt te zetten sluit momenteel beter aan bij psychologische bevindingen en er worden steeds adequatere modellen en programma's bedacht. Een van de laatste loten aan de simulatieboom is de z.g. "Scene Analysis" (vgl. Sutherland, 1974). Deze onderscheidt zich vooral van de vroegere herkenningsprogramma's, doordat veel meer "*VOORKENNIS*" *OF ERVARING* is I*NGEBOUWD*. Deze *KENNISHIERARCHIE* (vgl. ook Sutherland, 1968 p 408 e.v.) manifesteert zich tijdens de herkenningsprocessen in de vorm van veronderstellingen en een daarmee samenhangende keuze van herkenningsoperaties. Probleem is daarbij om een scene van elkaar soms gedeeltelijk verhullende objecten (die door het gebruik van "TV-ogen" twee-dimensioneel is gerepresenteerd) langs artificiële weg te interpreteren in termen van driedimensionale lichamen (Guzman, 1968). Zelfs voor een dergelijke, ogenschijnlijk simpele taak, blijken alleen door veel inventiviteit adequate programma's ontwikkeld te kunnen worden. Deze ontwikkeling levert vaak verrassende en fundamentele inzichten op, die ook de opvatting over de menselijke waarneming kunnen verhelderen. Met name één bepaalde notie, die zowel inspiratiebron is, als resultaat van deze simulatiepogingen, wordt steeds sterker. Deze notie is, dat men in praktisch elke theorievorming, de waarnemingsprocessen (zelfs van lagere dieren) bijna niet anders kan beschrijven dan als *SERIES VAN PROBLEEMOPLOSSENDE ABSTRACTIES*, op elk moment geleid door ingebouwde, aangebrachte, of inmiddels bereikte voorkennis. In deze series is een ordeningsbeginsel te bespeuren, dat berust op boven- en ondergeschiktheid. Het object in de waarneming doorloopt als het ware een hiërarchieke weg, van onder naar boven, van globaal naar specifiek. Kortom we vinden hier de wijsgerige intuïties die werden toegelicht in paragraaf 1.2 zeer overtuigend terug. Uit de voorkennis vloeien in eerste instantie, na confrontatie met de stimulus, verschillende hypothesen voort, en daarmee veelal het gebruik van bepaalde heuristieken. Naarmate aan bepaalde criteria wordt voldaan, wordt aldus een geheel van coherente kennis over een stimulusobject opgebouwd. Dit hiërarchisch sequentiële waarnemingsproces lijkt daarom sterk op een *HYPOTHETICO-DEDUCTIEVE REDENERING* of op de door MacKay (1971) bepleitte "hypothetico-deductive Matching procedures". Volgens MacKay moeten dergelijke procedures beschouwd worden als de sleutelprincipes, die onze machines de "human touch" moeten verlenen. Want de inferioriteit van de machine in vergelijking met de menselijke herkenning zou volgens hem niet zozeer zijn gelegen in de beperkte capaciteit van de nu ter beschikking staande machines, maar eerder in het verwaarlozen van deze principes. Deze alomtegenwoordige abstraktieve notie is verrassend, omdat deze blijk geeft van een doorbreken van de naïef realistische ideeën, die samenhingen met het concrete karakter van de alledaagse waarneming.

In dit verband is ook de *HIERARCHISCH STRUCTURELE CODEERTAAL* illustratief, die Leeuwenberg (1971) ontwikkelde om de perceptuele representatie van visuele en auditieve patronen te beschrijven. De desbetreffende beschrijvingsmethode is dus geen theorie van een herkenningsproces (al hangt een bepaalde geheugencodering natuurlijk wel samen met een herkenning of classificatie). In feite is hier nog steeds een (niet artificiële) waarnemer vereist, die de figuur identificeert en vervolgens codeert. Een dergelijke identificatie is bijvoorbeeld bij driedimensionale figuren alleen al nodig, omdat deze nu eenmaal altijd in een bepaald perspectief zijn gegeven. De beschrijving maakt een aantal informatietheoretisch geïnspireerde kwantificering van een figuurstructuur mogelijk, en dergelijke kwantiteiten kunnen worden gerelateerd aan gedragsvormen, zoals een beoordeling van ingewikkeldheid, regelmaat e.d. Het serieel abstraktieve aspect heeft deze aanpak bij dit alles echter gemeen met dat van de artificial intelligence.

Bij de Scene Analysis gaat het, kennelijk uit pragmatische overwegingen, echter *TOCH* weer alleen om *ZEER BEPERKTE VISUELE WERELDEN*, "since they contain only simple opaque polyhedra with no variations in albedo across their surfaces" (Sutherland, 1974). Ook het, overigens schitterende, vormenrijk van Leeuwenberg is beperkt tot min of meer geometrische figuren. In beide gevallen schijnt (vooral na de overwegingen uit de voorgaande paragrafen) bovendien sprake te zijn van een vreemde - of nog liever ongerijmde - cognitieve wereld "insofar as these structures are free of meaning"(Leeuwenberg, p 312) en zonder een "knowledge of the OBJECT domain" (Sutherland). Het komt ons tenminste voor, dat te spreken over het zien van visuele structuren, zonder dat deze betekenis zouden hebben of objecten zouden zijn, gelijk staat met een contradictio in terminis (vergelijk ook motto van dit hoofdstuk). De beide auteurs bedoelen dan ook duidelijk iets anders. Ze bedoelen te spreken over bepaalde visuele structuren los van de vele mogelijke bijkomende, of daarop voortbouwende betekenisverleningen uit de menselijke ervaringswereld. "Consider the knowledge that must be deployed, when an American visitor newly arrived in London sees someone thrusting a white object into a strange round, red, metallic looking object with a slit in it and infers that this is a mail box despite its lack of similarity to an American one" (Sutherland).

Het gevaar van een occupatie met de Artificiële Intelligentie is, dat men zo wordt geobsedeerd door de programmering, dat over het hoofd wordt gezien dat er ook nog geprogrammeerde systemen of liever zichzelf programmerende systemen bestaan die de moeite van het onderzoeken waard zijn; dat met andere woorden het feitelijke onderzoek van de echte waarneming wordt vergeten. De "echte" psychologen, en we menen ons zelf daar uiteindelijk toch bij in te moeten delen, hebben begrijpelijkerwijze meer belangstelling voor de levende waarnemer. Zulk psychologisch onderzoek zal zich, gezien zijn onderzoeksobject, uiteraard ook minder beperken. Het gevolg daarvan is dat het ook minder specifiek is. Toch vinden we - zoals reeds gezegd - wel grote overeenkomsten met het denken in de artificiële intelligentie.

In het psychologisch onderzoek vinden we momenteel over de gehele linie een TWEEDELING IN HET WAARNEMINGSPROCES. Neisser heeft in dit geval een uitgesproken mening, maar men kan het idee eigenlijk terugvinden bij alle anderen, die in het spoor van Hebb over de waarneming hebben geschreven. Neisser licht zijn ideeën uitvoerig toe, zodat we voor de details naar hem kunnen verwijzen. Samenvattend kan het PRIMAIRE PROCES in de waarneming volgens Neisser plaatsvinden via een preattentief, passief, holistisch, parallel werkend en aangeboren organisatiesysteem. Dat betekent dat Neisser de meer elementaire features al in zekere zin laat groeperen door dit systeem. Misschien dat ook de bekende groeperende Gestaltwetten door een dergelijk systeem verklaard kunnen worden. Zoals gezegd onderscheidde Hebb eigenlijk al veel eerder zo'n systeem, dat ook bij hem is aangeboren. Vooral op basis van de bevindingen van Senden met blind geboren cataract patiënten, die na operatie onmiddellijk een soort primitieve, telbare eenheden konden onderscheiden (vgl. ook Gregory, 1966) spreekt hij van de "UNITY" waarneming. Dit aangeboren organisatiegedeelte wordt veelal beschouwd als een basisprogramma of -structuur, dat zich via adaptieve leerprincipes kan differentiëren. In feite worden in deze aanpak dus gestalt- en de behavioristische noties geïntegreerd. We hebben in dit verband reeds gerefereerd aan Piaget. In een artikel met de intrigerende titel "In the mind's eye" komt ook Hochberg (1968) tot de opvatting dat er een aangeboren systeem is dat niet verandert door leerprocessen, plus een daarop voortbouwend lerend systeem, zij het dat er hierbij toch weer sprake is van een wat ander accent. "The effects of perceptual learning consists in changes where you look and how you remember, but not of changes of what you see in a momentary glance". Illustratief is dat Hochberg aan het slot van dit, kennelijk moeizaam geschreven artikel, tot het inzicht komt dat datgene, wat hij omschrijft als "features glimpsed in a momentary glance...fitted in a schematic map" sterk verwant is met wat Helmholtz, Wundt en Titchener bedoelden met sensaties versus beeld of perceptie. Zeer overtuigende evidentie voor het bestaan van een primair systeem, dat simultaan en parallel vele figuurfragmenten (zelfs indien de "figuur" bestaat uit een willekeurig puntenpatroon) verwerkt, wordt vooral gevonden in het werk van Julesz (1960, 1971).

Al met al kunnen we stellen, dat dit primaire waarnemingsproces in zekere zin ANALOOG genoemd moet worden. Het verwerkt de stimulatie (of naar men tegenwoordig liever zegt: de informatie) op een min of meer concrete wijze, zonder selecties in termen van reeds gekategoriseerde objecten.

Daarnaast is er een primair representatieproces, dat de stimulatie enige tijd vasthoudt in een met de stimulus analoog beeldgeheugen, zodat binnen onderdelen van een seconde na het verdwijnen toch nog bepaalde selecties kunnen worden gemaakt (ergens de aandacht op kan worden gericht) alsof de stimulus nog aanwezig was (Sperling, 1960). Neisser heeft dit analoge beeldgeheugen "ICON" gedoopt. We kunnen een dergelijk momentaan geheugenbeeld, gezien het voorafgaande op zichzelf niet als een bewustzijnsvorm beschouwen. Een dergelijk icoonachtig, analoog, concreet, "unity", of ruimtelijk bewustzijn is wel denkbaar doordat bijvoorbeeld netvliesoperaties worden betrokken op operaties in de corticale projectiegebieden die hier als maatstaf zouden kunnen gelden (vgl. par.1.2); dus als een dialectiek via twee subsystemen. Het lijkt waarschijnlijk dat op een dergelijke wijze ook motorisch gedrag, zoals een ruimtelijk oriëntatie, mogelijk is zonder dat daarbij sprake hoeft te zijn van een "hogere" identificatie van objecten in die ruimte (vgl. Van Galen, 1974). Dit ruimtelijke bewustzijn zou zich nu in stand kunnen houden door de momentane interpretatie te toetsen aan het verwachte resultaat van motorische handelingen, zoals oog- of handbewegingen zonder dat deze samenhangen met een andere kennis dan van ruimtelijke afstanden. Bij 'analoog' dient derhalve niet te worden gedacht aan een directe transformatie van netvliesenergie in spierbewegingen. Dit zou een even naïeve denkwijze zijn als het Isomorfisme, volgens welke de waarneming een directe transformatie is van stimulusenergie. Ook in de meest "geautomatiseerde analoge volgbeweging" is er sprake van een dialectiek via het steeds "digitaliserende" principe van "objectadequaatheid". Bovendien zal de dimensie waarlangs wordt gestuurd eerst moeten zijn geïdentificeerd of "geconstitueerd". In dit verband komt het ons voor, dat het vaak gemaakte onderscheid tussen de focale, meer bewuste, gedetailleerde waarneming enerzijds en de pre-attentieve, meer geautomatiseerde grove waarneming anderzijds, eigenlijk alleen is gelegen in de mate waarin en de wijze waarop systeemcapaciteit wordt bezet. Tijdens een preattentive waarnemingsfase kan de waarneming dan een sterker parallel karakter vertonen, dat wil zeggen een groter veld van objecten bestrijken, omdat "per object" nog weinig capaciteit is vereist. Maar uiteindelijk lijken zowel meer analoge als meer categoriserende waarnemingsoperaties op preattentief (in de zin van automatisch, weinig bewust) als op focaal niveau te kunnen plaatsvinden. Het lijkt er bijvoorbeeld op of men evenzeer geconcentreerd en bewust zijn auto langs een bepaalde lijn kan sturen en daarbij eventueel automatisch reageren op verkeerstekens, als dat men automatisch de lijn kan volgen en daarbij bewust op de borden letten.

Overigens kan men zich wel een meer analoog bewustzijn voorstellen zonder gecategoriseerde objecten, maar moeilijk een bewustzijn van Identity (Hebb) zonder "unity" of ruimte. Het lijkt dus waarschijnlijk, dat de objectidentificatie voortbouwt op de unities, die als het ware het

Gestaltgeheel zijn, dat primair is aan de delen. Hoe het ook zij: het lijkt zo te zijn dat de icoonrepresentatie de basis is voor alle mogelijke selecties, die vervolgens nog kunnen worden gemaakt. Dit betekent dat na het icoonstadium niet langer alles wordt verwerkt, maar alleen nog aspecten of delen. Of er nu vanuit een bepaald iconisch proces een identifikatieproces wordt geïnitieerd, dan wel of er een systeem is dat op regelmatige "momenten" (Stroud, 1956), bijvoorbeeld 10 x per seconde, herkenningsoperaties uitvoert op het dan aanwezige icoon, weten we niet. Feit is wel dat dit SECONDAIRE HERKENNINGSPROCES niet kan werken volgens een principe van blinde "trial and error', omdat in dat geval weer niet is in te zien hoe binnen een reële tijd een identificatie mogelijk zou kunnen zijn. Dit secondaire proces, dat tevens het proces is, waar zich nu de meest fundamentele waarnemingsproblemen hebben opgehoopt, moet derhalve volgens bepaalde STRATEGISCHE PLANNEN verlopen (vgl. Miller, Galanter en Pribran, 1960). De poging tot verklaring van de Gestaltstructurering in termen van plannen of programma's is in de Cognitieve Psychologie bijna alomtegenwoordig:

- Handelingsschema's bij Piaget
- attributen-hiërarchieën, en KATEGORISERING op basis van HYPOTHESEN bij Bruner (1957)
- HIËRARARCHISCH STRUCTURELE beschrijvingen met een grammatica, gezien als een systeem van regels voor het voortbrengen van taalzinnen (Chomsky, 1957)
- argumentatie tegen "domme" associatie- of Markovgrammatica's en dus tegen grondstellingen van het behaviorisme (Chomsky, 1959);
- programma's van selectieve sequenties van zoekstrategieën, of HIËRARCHISCHE HEURISTIEKEN, voor het oplossen van problemen (Newell, Shaw en Simon, 1958).

Alles is samen te vatten onder het adagium "*from one knowledge state to the other*" (Simon en Newell, 1970 p 151). Overigens moet hier worden opgemerkt, dat de al beschreven feature-detectors zelf ook reeds beschouwd kunnen worden onder dit strategisch perspectief, aangezien er steeds sprake blijkt te zijn van een hiërarchisch opgestelde reeks van filters met verschillende niveau's van informatieverwerking.

Neisser (1967) heeft een aantal van deze principes gecombineerd. Na zijn primaire systeem beschrijft hij een secondair systeem, dat is gegroeid op basis van ervaring en waarvan het voornaamste kenmerk het focaal attentive karakter is. De hiermee samenhangende informatieverwerkingsprocessen moeten worden getypeerd als actief, gedetailleerd, FOCAAL en SEQUENTIEEL segmenterend of selecterend. Neisser beschrijft nu de perceptie als een actief en min of meer los van de stimulatie plaatsvindende reeks van constructie-processen, waarvan het resultaat steeds kan worden getoetst aan verwachtingen of kennis omtrent mogelijkheden (Bruner), of aan opgeslagen programma's van eerdere synthesen of constructies, resp. aan voortgezette constructiepogingen bij dezelfde binnenkomende stimulatie. De strategie (dat is dus geen blind gokken) van een analyse van de stimulus op basis van geopperde mogelijkheden uit eerdere verwerkingsstadia (de hypothesen), noemt Neisser in navolging van Halle en Stevens(1959, '64) "analysis-by-syn-thesis". Bij anderen komt men wel verwante termen tegen als "trial-and-check" of "genereer-en-test". De eerste elementen van waaruit wordt gesynthetiseerd of gegenereerd, worden aangedragen door het primaire systeem, het analyseren vindt plaats door het secondaire systeem.

Neisser heeft in zijn beschrijving van dit voortschrijdende proces een sterke voorkeur voor termen als constructief, creatief en synthetisch en een zekere afkeer voor het begrip analyse. In dit opzicht lijkt Neisser weer op de Gestaltpsycholoog en vertoont hij duidelijk idealistische trekken in zijn wijze van denken. "In this sense it is important to think of focal attention as a constructive, synthetic activity rather than as purely analytic. One does not simply examine the input and make a decision; one BUILDS an appropriate visual object" (p94). Neisser gebruikt voortdurend de metafoor van Hebb, waarin de waarnemer vergeleken wordt met een paleontoloog, die met behulp van enkele botjes (nu de icoondata) de complete dinosaurus construeert. Neisser beroept zich hierbij op de ideeën van Brentano's Akt-Psychologie. Neisser heeft blijkbaar niet expliciet kennis genomen van het denken van Husserl. Spiegelberg (1965 p 107 e.v.) en Luypen (1971, p 114 e.v.) merken in dit verband op, dat Husserl van Brentano niet meer heeft overgenomen dan de term intentionaliteit en dat Brentano in feite nog het idee koesterde van een Cartesiaanse bewustzijnsruimte. Neisser's taalgebruik geeft ons af en toe ook deze indruk. Waarom zouden wij visuele objecten moeten bouwen? Impliceert dit niet te vlug een ruimte waarin de bouwsels worden opgesteld en een homunculus, die ze bezichtigt?

In dit verband lijkt het denken van de Gibson's consequenter. Gibson en Gibson (1955) verzetten zich heftig tegen het idee van constructie, dat zij overigens zowel vertegenwoordigd zien in het behavioristische associatiebeginsel als in het gestaltpsychologische organisatieprincipe. Zij omschrijven dergelijke opvattingen als "ENRICHMENT" en zij ontkennen de ontwikkeling van sensaties tot percepten door middel van welke verrijkende of iets aan de stimulus toevoegende organisatieprincipes dan ook. Naar hun idee is er alleen sprake van een differentiatie van de stimulusvariabelen. Alle organisatiebeginselen zouden huns inziens een afnemende correspondentie van de perceptie met de stimulatie of de realiteit bewerkstelligen, terwijl het duidelijk is dat de overeenstemming juist toeneemt (of de beschrijving van de input steeds beter wordt). Kortom perceptie is GEEN CREATIE MAAR DISCRIMINATIE, geen associatie maar filtering. (vgl. ook Broadbent 1971) Illusies en 'whishful thinking' zijn eerder uitzondering dan veridicaliteit. Dit thema van de Gibsons domineert ook het ruim tien jaar later verschenen algemene handboek (Gibson, J.J., 1966) maar het is vooral Leitmotiv in het nog latere handboek over perceptuele ontwikkeling (Gibson, Eleanor, J.,1969).

Het denken van de Gibson's lijkt daarbij ook in 1969 echter meer beschrijvend dan verklarend. Postman's scherpe opmerking (1955) naar aanleiding van het reeds eerder genoemde basisartikel van de Gibsons: "The fact that the organism has learned to discriminate more qualities is the very fact that we need to explain... Improvement in discrimination cannot be invoked to explain improvement in discrimination", is in dit verband typerend. De enigszins andere benadering van de Gibsons heeft tot gevolg dat ze niet zonder meer in het cognitief-psychologische denkkader passen. Des ondanks hebben de Gibsons vooral de laatste jaren een belangrijke plaats in dit denken gekregen, zij het meestal in de vorm van enkele toegevoegde hoofdstukken (vgl. Dodwell, 1970 b, Haber en Hershenson, 1973).

Wat de Gibsons altijd al hebben voorgestaan is een soort complexe of "higher order" psychofysica, die meer het "wat" dan het hoe van de waarneming lijkt te omvatten (vgl. ook Gibson, 1950). Hun teksten lijken in dit opzicht op de fenomenologische geschriften. Door hun teksten speelt echter voortdurend ook de suggestie dat een alles omvattende beschrijving van het "wat" tegelijk ook het "hoe" impliceert. Met het "wat" van de Gibson's hebben de meeste theoretici overigens niet veel moeite. Dit blijkt uit de vele, ter adstructie van eigen ideeën aangewende, literatuurverwijzingen.

Door het benadrukken van een beschrijving van observeerbare stimulus-response relaties stemmen de Gibson's in een bepaald opzicht overeen met de behavioristen. Dodwell (1970, b) merkt op, dat zij anderzijds, door hun aandacht voor de stimulusgebondenheid van de waarneming, dicht staan bij het nativisme van de gestaltpsychologen. De aandacht die Eleanor Gibson (1969) wijdt aan het differentiatiebegrip van Werner zou ook in die richting kunnen wijzen. Maar ook Neisser was al zo'n kruising van een Gestaltpsycholoog en een Behaviorist.

De Gibsons spreken van gegeven en verworven capaciteiten voor detectie of abstractie van informatie. Zij betogen dat er actief gezocht moet worden naar constante kenmerken in de stimulatie, die zelf wetmatig samenhangt met de gebeurtenissen en toestanden in de buitenwereld en dus de structuur daarvan weerspiegelt ("resonating to Information"). Alles wat er ooit aan wetmatigs uit deze stimulatie gehaald kan worden zit in deze stimulatie. Het is alleen nodig dat het systeem zo "groeit" dat het deze "STIMULUSINVARIANTIES" kan ontdekken. Er zijn geen sensaties, waarvan geleerd moet worden hoe deze te organiseren tot percepten of kennis. Er is maar één type perceptuele ervaring, dat rijker wordt naarmate het systeem beter op de fysische realiteit wordt afgestemd. Ook de meest ongedifferentieerde responsies beantwoorden aan aspecten van een wereld en behoeven daar niet toe georganiseerd te worden, de hoogst gedifferentieerde responsies die het volwassen systeem geeft berusten alleen op detectie van complexere of "higher-order" invarianties in de stimulatie.

Als het om het verlenen van betekenissen gaat aan stimuli als bijvoorbeeld symbolen, wordt een echt rechtlijnige interpretatie van de differentiatie-idee van de Gibsons overigens wat moeilijk. Ofwel alleen het feitelijke tekenpatroontje wordt gespecificeerd, ofwel het begrip "stimulusinvariantie" moet wel zeer ruim worden genomen om onder de noodzaak van een verrijking met of toevoeging van betekenis door associatie met geheugeninhouden uit te komen (vgl. ook Postman,1955).

Toch is het laatste precies wat de Gibsons doen. Elk regelmatig samengaan van twee gebeurtenissen van wat voor complexiteit dan ook, wordt beschouwd als een stimulusinvariantie, die kan worden ontdekt. De mogelijkheden tot systeemgroei of "system-tuning" zijn door dit alles onbeperkt omdat steeds nieuwe wetmatigheden of invarianties van verschillende complexiteit kunnen worden ontdekt. Deze keuzemogelijkheid is naar onze mening uiteindelijk toch weer analoog met het focale selectie-idee van Neisser. De elementaire gegevens worden zowel door Neisser als door de Gibsons "distinctive" of "critical" features genoemd. Kortom bij geen van beiden is er sprake van een echt momentane stimulusdeterminatie. Het subject bepaalt op grond van zijn voorgeschiedenis (programmering) hoe het construeert, resp. wat het kiest of waar het op afstemt. De eerste processen bieden bij Neisser veel meer mogelijkheden voor constructie dan uiteindelijk worden gerealiseerd. Ofschoon Neisser dit nergens erg expliciet zegt kan dit construeren noch wat betreft de primaire noch wat betreft het secondaire aspect, berusten op pure willekeur. Het primaire proces is voor een belangrijk deel stimulusgedetermineerd, d.w.z. gegeven het primaire coderingssysteem wordt het coderesultaat direct door de stimulus bepaald. Maar ook de waarde van het resultaat van het secondaire proces (ook al is dit focaal-selectief) is normaliter stimulus-gebonden, omdat op grond van dit resultaat immers op een of andere wijze de realiteit moet kunnen worden gemanipuleerd. Zelfs in de waarneming van de z.g. "onmogelijke objecten" manifesteert zich juist de tendens om te komen tot een betere constructie. De bijna wetmatige overeenstemming of in ieder geval de sterke verwantschap tussen vele perceptuele systemen, die onafhankelijk van elkaar de realiteit beschrijven, zou zonder dit idee moeilijk met Neisser's gedachtengang zijn te rijmen. Creativiteit betekent bij Neisser dat het subject zelf steeds actief en opnieuw maar vooral ADAPTIEF kennis verwerft. De normale perceptie is in overeenstemming met de wetmatige samenhangen van aspecten in de realiteit, waarmee deze features corresponderen, omdat de perceptuele organisatie voor een belangrijk deel gestuurd wordt door de verkregen mate van manipuleerbaarheid of succes. In een dergelijke context zijn de uitspraken van Gibson (1966) goed te plaatsen: "A perceiver is a SELF TUNING system. What makes it resonate to the interesting broadcasts that are available instead to all the thrash that fills the air? The answer might be that the pick-up of Information is REINFORCING...

A System "hunts" until it reaches clarity... In short, learning, by association becomes the learning of association". Wij hebben dit eerder "objectadequaatheid" genoemd. Kortom het eerder geraadpleegde filosofische denkkader, lijkt welhaast te zijn ontworpen voor de formaliseringen die momenteel gebruikelijk zijn in het waarnemingsonderzoek. Dit is natuurlijk niet verwonderlijk, omdat het wetenschappelijke denkkader immers steunt op de beschreven intuïties en evidenties. Dit laatste geldt natuurlijk ook voor de meer technische denkwijzen. De intuïtieve overeenkomst tussen de begrippen "regelkring" of "terugkoppeling" uit de cybernetica (we denken hierbij niet aan een bepaalde technische realisatie van deze begrippen) en Husserl's "fungierende Intentionalität, Heidegger's (1927 p 153) "Zirkelstruktur" en von Weizsäcker's (1940 passim) "Gestaltkreis", kan niet op toeval berusten. Waarom zouden we het "met-zijn-wereld-dialogerende-bewustzijn" niet kunnen formaliseren als een zelforganiserend-adaptief-lerend of ultrastabiel regelsysteem (Ashby, 1960), dat een ordelijke relatie met de wereld tracht te handhaven onder variërende omstandigheden? Natuurlijk is een bepaalde formalisering altijd slechts een van de vele mogelijke (allemaal logisch coherente) reducties van de ervaring. "Formalisering en funktionalisering van verschijnselen betekenen evenals kwantificering de invoering van deductieve modellen. Wetenschap spreekt weliswaar over de volle werkelijkheid, maar niet over de werkelijkheid in haar volheid. Dit leidt tot een bijzonder taalgebruik. Verliest men het eigen karakter van dat taalgebruik uit het oog, dan ontstaat de illusie van de twee werelden,..Hoewel...van de ervaringswerkelijkheid wordt uitgegaan, ontstaat een ordeningssysteem van die werkelijkheid, dat de daar gegeven grenzen en betrekkingen soms ingrijpend wijzigt" (Linschoten, 1964 p 37 en 34).

Voordat we deze paragraaf besluiten willen we er voor pleiten geen naar onze mening ONNODIGE HOMUNCULUS PROBLEMEN op te werpen, zoals bijvoorbeeld door Attneave (1967) lijkt te gebeuren. De "kapitein" van Descartes is voor een waarnemings-psycholoog natuurlijk een homunculus. De herkenningsprestatie, opgevat als een richtinggevende bezigheid, die deze psycholoog tracht te verklaren, onttrekt zich nu juist aan die verklaring op het moment dat de kapitein verschijnt. Op dezelfde wijze kan men in het behavioristische en gestaltpsychologische denken vaak homunculi aanwijzen, omdat juist het cruciale richtinggevende beginsel niet wordt verklaard. Maar wat nu te doen als er wel van dergelijke richtinggevende beginselen zouden worden verklaard? Welnu, alle (deel )herkenningsprogramma's moeten op een of andere wijze zodanig zijn georganiseerd in een allesomvattend "executive"-programma, dat we bij alle activiteiten steeds te doen hebben met eenzelfde "Ik". We weten wel, dat er culturen en filosofieën zijn, waar ons westerse ik-bewustzijn niet zou bestaan, of waarin verdedigd wordt, dat de mens bestaat uit een soort verzameling van "ikken", maar ook dan zal er toch een bepaalde vorm van communicatie tussen de deelaspecten moeten zijn. Een omschrijving van de algemene principes van deze allesomvattende structuur, zou naar onze mening een conceptie impliceren van de "Human Nature" (1948 p 1) van Boring c.s. en daarmee het uiteindelijke doel van de psychologie moeten zijn. Door een dergelijke structuur voorlopig te veronderstellen, vermijden wij het ontstaan en de woekering van nieuwe hersenbrekers, nu in relatie tot een integraal subject in de waarneming. De wijze waarop Attneave (1967) zich - overigens om kennelijk didactische redenen - vastdenkt aan het slot van een grandioze lezing over de criteria voor een houdbare theorie over objectwaarneming (grandioos, mede omdat deze lezing volgt op een groot aantal, vaak als baanbrekend afgeschilderde, maar toch geheel anders geïnspireerde publicaties), is een goed voorbeeld van zo'n hersenbreker. "Suppose we have a System that identifies or categorizes objects, providing by whatever means, a unique response for each of a number of object classes... Now my question is: How do we know (or rather, how does any other part of the System know) what any such unique response stands for? If there was a homunculus who could peak out through at hatch in the skull...(Ah! That must mean"chair") the problem would be greatly simplified". Wij hanteren, zoals duidelijk zal zijn, als oplossing voor het probleem, dat Attneave (naar onze mening niet geheel terecht) "the problem of meaning" noemt, eenvoudig de veronderstelling, dat alle deelsystemen zijn geïntegreerd. Met andere woorden: als wij een menselijk subsysteem kunnen beschrijven, dat langs visuele weg objecten kan identificeren, dan veronderstellen we dat we beschrijven hoe wij bepaalde dingen kunnen identificeren! Kortom in dat geval voelen wij geen behoefte om nog langer van een "homunculus-verklaring" te spreken.

Deze studie kan, rekening houdend met het voorafgaande, misschien in zijn totaliteit nog steeds het beste worden omschreven als een poging tot explicitering van intuïties omtrent het proces van de objectidentificatie. Onder expliciteren verstaan we behalve een descriptie, vooral ook een toetsbaar maken van de ideeën. Mogelijk resulteren nieuwe probleemstelling uit het ontstaan van nieuwe paradigma's (vgl. Kuhn, 1962). Het grote nieuwe paradigma in de psychologie, in ieder geval in de z.g. Cognitieve Psychologie, is momenteel: De mens is een zodanig geprogrammeerd informatieverwerkend systeem, dat het zichzelf via adaptieve principes kan her- of verder programmeren (vgl. ook De Mey, 1970).We zagen dat daarmee de groei gepaard ging van een nieuwe begripsvorming, waardoor vroeger veelal meer onmiddellijk de stimulus weerspiegelende en passief gedachte ("analoge") waarnemingsprocessen, nu het karakter kregen van strategisch geplande, hiërarchisch verlopende, object constituerende activiteiten. Of deze opvatting nu ook echt houdbaar is en of met name de zo concreet lijkende onmiddellijke (eerste) alledaagse objectidentifikatie nu ook inderdaad een onmiddellijk hiërarchisch-sequentieel en vooral ook abstractief constituerend karakter heeft, is, bij ons weten, echter nog niet op een fundamentele wijze beantwoord.

HET EXPERIMENTEEL DEMONSTREREN VAN DERGELIJKE ABSTRAKTIEVE ONMIDDELLIJK HIERARCHISCH CONSTITUERENDE KARAKTERISTIEKEN VAN HET ONMIDDELLIJKE WAARNEMINGSPROCES IS DAARMEE ONZE DOELSTELLING GEWORDEN.

Het is duidelijk dat deze doelstelling eerder schijnt voort te komen uit het nieuwe paradigma, dan uit bijvoorbeeld de paradigma's van de Gestaltpsychologie of het Behaviorisme. Behalve grote paradigma's zijn er ook kleinere, meer specifieke onderzoek paradigma's met een zekere overtuigingskracht vereist.
Wat betreft het toetsbaar maken van de ideeën, zullen we dan ook streven naar de ontwikkeling van een geëigend onderzoek paradigma, dat geheel is toegespitst op de probleemstelling. Evenals Neisser denken wij bij dit laatste niet aan onderzoek van concrete fysiologische processen. Niet alleen valt dit

buiten onze competentie, maar het lijkt binnen afzienbare tijd ook niet waarschijnlijk, dat met betrekking tot het aanschouwelijk maken van de hogere herkenningsprocessen bij mensen, veel fysiologisch onderzoek mogelijk zal zijn. We hebben dan ook slechts zijdelings verwezen naar fysiologisch onderzoek. Zonder ook de waarde van het artificiële herkenningsonderzoek, of van het niet-specifieke herkenningsonderzoek bij levende waarnemers met behulp van kwantitatief gespecificeerde stimuli, te willen betwijfelen, voelen wij ons op grond van het voorafgaande toch meer aangetrokken tot een bestudering van de gewone levende waarneming (dat is herkennend zien) van levensechte complexe objecten. In de volgende paragraaf zullen we trachten de consequenties uit het voorgaande te trekken, door de formulering van toegespitste hypothesen, de concipiëring van een adequate onderzoekstechniek, en de keuze van relevante experimentele stimuli.

## 1.4 OPERATIONALISERING VAN DE PROBLEEMSTELLING. ONTWERP VAN EEN AKTUALGENETISCHE EXPLORATIE VAN DE IDENTIFIKATIE VAN PORTRETFOTO'S

*OBJECTIDENTIFIKATIE OPGEVAT ALS EEN HEURISTISCHE STRATEGIE VOOR DE OPLOSSING VAN EEN PROBLEEM*

We kunnen nu het willen identificeren van een "wat" definiëren als een probleemstelling en het identificatieproces als de oplossingsstrategie. Deze strategie dient dan gekenmerkt te zijn door het gebruik van heuristische methoden omdat het er nu om gaat "de juiste middelen in de juiste combinatie...en de mogelijkerwijs vruchtbare alternatieven te vinden uit een onbeperkt aantal mogelijkheden" (Frijda, 1965 p 79). Het begrip "heuristische methode" is vooral ontstaan in de sfeer van een reflectie op het hogere denkproces en met name juist op die denkprocessen, waarbij er sprake is van een a-priori verwachting (resp. doel- of taakstelling) die zowel als richtsnoer dient voor het kiezen van allerlei middelen als voor een evaluatie van die middelen door terugkoppeling van hun resultaat aan het gewenste doel. Frijda spreekt van een "conceptie en anticipatie van het resultaat'. De ondernomen pogingen tot oplossing van het probleem vertonen door deze doelstelling een bepaalde richting.

Bij de waarneming (opgevat als identificatie) kunnen we natuurlijk moeilijk stellen, dat een bepaalde identificatie het geanticipeerde resultaat zou zijn, vergelijkbaar met het nog niet geconstrueerde toestel van de uitvinder, dat iets zeer bepaalds moet kunnen. We hebben immers juist een situatie gekozen, waarbij nog geen a-priori verwachting bestaat en we weten dus nog op geen enkele wijze waar we naar toe willen. Een doel kan hier dus alleen op een zeer algemene wijze worden omschreven als het willen bereiken van een toestand, waarin geen, of minder verwachtingen(die voortvloeien uit een zojuist gedane identifikatiepoging)worden tegengesproken. Linschoten(1959 p 465) spreekt in dezelfde zin als wij van "eines solchen

Verhaltnisses zur Umgebung dasz Objectadäquates Handeln moglich ist". Smith (1957 p 307) spreekt eenvoudig van '...percepts... suitable for the frame of reference of outside reality". Het is echter moeilijk in te zien hoe een dergelijke, voor elke waarneming toepasselijke, doelstelling het identificatieproces zo kan sturen, dat binnen afzienbare tijd het gewenste resultaat wordt bereikt. Als er geen andere determinant zou zijn van de ondernomen identificatiepoging, zal er nog steeds sprake zijn van een uitzichtloze "trial and error". De genoemde doeltoestand kan dus alleen fungeren als een evaluatie van identifikatie-pogingen, die door een onafhankelijk keuzeprincipe worden bepaald: een niet toevallige keuze kan alleen verankerd liggen in of voortvloeien uit een vorige keuze. Met andere woorden: bij de waarneming kan de doeltoestand niet tot een bepaling van middelen leiden. Er is alleen een indirect effect: doordat bepaalde keuzen inadequaat blijken, worden door de aard van de identifikatieprogramma's andere wegen gekozen. Nu kan men deze programma's wel weer zo omschrijven dat er als het ware sprake is van (sub)doelstellingen of verwachtingen, die leiden tot een selectie van middelen. Het programma omschrijven als "hypothesetoetsend" is een goed voorbeeld: in de eerste fase wordt een bepaalde hypothese (vraag) gesteld en in de tweede fase volgt er dan een doelgerichte procedure om die hypothese te toetsen. Het veel besproken principe van "analysis by synthesis" is een ander voorbeeld. De eerste hypothesen worden echter op geen enkele wijze geselecteerd vanuit een verder verwijderd en enigszins omschreven doel, maar bepaald door de interactie van de stimulatiewijze en de aard van het programma. Met name dit laatste aspect (dat vooral wezenlijk genoemd moet worden in verband met een verklaring van de enorme mogelijkheden van de menselijke objectidentifikatie, zonder dat daarbij sprake is van een a-priori verwachting) wordt vaak verwaarloosd. In het voortreffelijke, reeds meermalen geciteerde werk van Neisser (1967) konden wij bijvoorbeeld geen duidelijke aanwijzing vinden met betrekking tot een onderkenning van het belang van de eerste identificerende stap, laat staan van de wijze waarop een dergelijke stap moet worden voorgesteld.

Ook indien men vaststelt dat mede door deze programma's pas een efficiëntie of doeltreffendheid mogelijk wordt, wil dit nog niet zeggen dat de programma's zelf of de daardoor bepaalde processen, doelgericht zouden zijn. Het is het samenspel van programma, momentane stimulatie van het receptorsysteem en de toetsing aan de "werkelijkheid", die het wel mogelijk maken om te spreken van een doelgerichtheid van het onmiddellijke waarnemingsproces. Hierbij wordt het doel-begrip dan wel op een ver van het gewone gebruik van die term verwijderde wijze gebruikt. Daarbij bedoelt men immers een a-priori doel. Het lijkt er echter veel op dat bijvoorbeeld Linschoten in 1959 dit laatste doelbegrip nog op het waarnemingsproces wil blijven toepassen, hetgeen leidt tot uitermate complexe, moeilijk volgbare en naar ons gevoel ook overbodige gedachtengangen. Het komt ons namelijk voor, dat indien de werking van het geprogrammeerde waarnemingssysteem stap voor stap wordt beschreven, een kwalificatie van deze werking als "doelgericht" geen bijkomende voordelen biedt voor een begrip van de onmiddellijke waarneming. In ieder geval lijkt ons deze term niet nodig om te voorkomen dat het proces anders zou moeten worden opgevat als blind-mechanisch dan wel als ziel- of zinloos.

"Heuristische suggesties" voor de probleemoplossing in de onmiddellijke waarneming (zoals door ons bedoeld) kunnen dus per definitie niet afkomstig zijn uit een a-priori verwachting of een enigszins gespecificeerd doel. Evenmin kunnen zij afkomstig zijn uit de criteriumtoestand die men kan omschrijven als "object-adequaatheid". De suggesties liggen dus vervat in het programma van het perceptuele systeem en worden effectief bij een activering van dit systeem door receptorstimulatie. In het voorgaande ligt reeds de onwaarschijnlijkheid besloten, dat bij stimulatie alle middelen ter onderkenning van alle mogelijkheden tegelijk zouden worden uitgeprobeerd, waarna de meest waarschijnlijke mogelijkheid kan worden gekozen (parallelle programmering). Eveneens moet het onwaarschijnlijk worden geacht dat alle middelen voor de onderkenning van alle mogelijkheden na elkaar zouden worden toegepast, eventueel tot succes wordt geboekt (seriële programmering). Met de typering "heuristisch" bedoelen we hier, dat de programmering van het visuele systeem zodanig is, dat in eerste instantie met beperkte middelen, die worden toegepast bij ELKE stimulatie, mogelijkheden kunnen worden beperkt. Deze beperkte mogelijkheden impliceren op hun beurt een beperkt aantal middelen voor verdere actie etc.

Men kan ook zeggen dat elke stimulatie in eerste instantie op een grove wijze wordt geclassificeerd door een algemeen, steeds gereedstaand, classificatie-mechanisme. Het "aanwijzen" van een bepaalde categorie impliceert de keuze van een beperkt aantal specifieke programmastappen of suggesties voor een verdere categorisering van de stimulatie. Elke stap zal dan bestaan uit het vaststellen van bepaalde kenmerken volgens het programma dat op dat moment geactiveerd is.

Het bepalen van kenmerken betekent meten: "...man... is, among other things, a measuring device. According to this view, the task of psychophysics is to unravel the nature of that device" merkt Luce (1972 p 96) zeer terecht op. Meten is in het algemeen een techniek, waardoor we kunnen vaststellen of aan een criterium, nodig voor het nemen van een beslissing, is voldaan. Hoe het meten in zijn werk gaat, en met welke meetinstrumenten dit plaatsvindt, laten we hier in het midden. Maar volgens deze definitie is natuurlijk ook het in een sjabloon passen van de gehele figuur of een deel daarvan al een wijze van meten.

We zouden dus het programma kunnen opvatten als een klassifikatieboom met op elke knoop classifikatieopdrachten. Van knoop naar knoop, is aldus van super-klasse naar object te komen. Behalve de bepaling van kenmerken, nodig om een bepaalde classificatie te maken, zal in het programma ook besloten moeten liggen hoe zulks te doen, gegeven het feit dat het object onder verschillende condities (bijvoorbeeld verschillende ruimtelijke oriëntaties en daarmee projecties op het netvlies) wordt gepresenteerd. Voordat er sprake kan zijn van een adequaat vaststellen van de condities onder welke een object is gepresenteerd, zal eerst een vermoeden moeten bestaan wat voor soort object of deel daarvan is gepresenteerd. Wij verwachten derhalve dat een zeer algemene objectkategorisering voorafgaat aan bepaalde conditie-descripties. Hiermee bedoelen we niet dat het meer algemene object in de waarneming geen enkele oriëntatie zou bezitten, maar wel dat deze oriëntatie uiteindelijk niet objectadequaat behoeft te zijn. We presenteerden bijvoorbeeld tachistoscopisch op de kop staande portretfoto's. Proefpersonen zagen al vrij snel dat het portretten waren, maar zij merkten (nog) niet op dat deze portretten op de kop stonden. De proefpersonen gaven zelfs met diverse reacties (bijvoorbeeld "baard" voor hoofdhaar) te kennen dat zij rechtopstaande gezichten zagen. De ovale structuur, de twee ogen e.d. laten overigens ook bij normale inspectie, een kop-staand portret een duidelijke - zij het nogal karikaturale - gelaatsstructuur zijn.

Op grond van dit model verwachten we dus in grote lijnen dat eerst de meest globale objectcategorisering (in het geval van portretfoto's bijvoorbeeld "gezicht") zal worden gemaakt. Daarna zou moeten worden beschreven hoe het gezicht ruimtelijk is gelokaliseerd, hoe dus de oriëntatie ten opzichte van de waarnemer is. Hiermee kunnen beschrijvingen samengaan van andere ruimtelijke en omgevingscondities als afstand, grootte en belichting. Vervolgens wordt vastgesteld in welke toestand het gezicht zich in plastische zin bevindt, welke vervorming het bijvoorbeeld door een expressie vertoont. Als dit kennisniveau eenmaal is bereikt, kunnen de meer subtiele kenmerken worden gemeten om iemand te identificeren. Pas daarna zijn omschrijvingen te verwachten in termen van "bekenden" of "onbekenden". Kortom de ontwikkeling van globaal naar specifiek moet dus een bepaald verloop hebben. Tussen deze hiërarchie door - misschien gedeeltelijk parallel en onafhankelijk daarvan - zijn nog andere sequenties mogelijk bijvoorbeeld "gezicht", "jong gezicht", "jonge vrouw". Soms zullen ook deze kunnen resulteren in correcte identificaties namelijk indien er sprake is van grove maar wel kenmerkende details, die bijvoorbeeld geen nauwkeurige positionering vereisen. Een abnormaal grote haardos is bijvoorbeeld een kenmerk dat praktisch rotatie-invariant is, als het gelaat tenminste rechtop staat.

Kategoriseren kan alleen geschieden op basis van de kennis die de waarnemer bezit. Afhankelijk van de kennisopbouw van de waarnemer kunnen derhalve meer of minder categorieën worden onderscheiden. Een object kan b. v. een bepaald individu zijn dat door de waarnemer wordt gekend. Het kan echter ook een verzameling van individuen zijn (bijvoorbeeld uit een andere rasgroep) waartussen de waarnemer niet kan onderscheiden. Ook het begrip conditie verdient nog een aanvullende opmerking. Een conditie-identificatie lijkt namelijk vaak samen te kunnen vallen met een object- of met een klasse-identifikatie. De lach is bijvoorbeeld enerzijds een conditie waarin elk gezicht kan verkeren, maar er bestaat tevens een "typisch vriendelijke lach" of de lach van een bepaald individu. Het is dan ook duidelijk dat er kenmerken kunnen zijn, die zowel de identificatie van een conditie als van een object of klasse mogelijk maken.

Dit alles betekent dat het programma en daardoor het identificatieproces, in principe hiërarchisch van aard is, ook al zou elke fase op zich, steeds uit een aantal parallelle operaties blijken te bestaan. Een dergelijke opvatting lijkt voorlopig de enig houdbare om te begrijpen hoe nu juist een stimulus adequate (zinvolle) gedragswijze - gegeven het praktisch onbegrensde aantal mogelijke, maar niet, of minder adequate gedragswijzen - tot stand kan komen. Ondanks het sequentiële aspect van de identificatieprocedure, is deze geen blind aflopen van een beslissingsboom. Elke operatie wordt weliswaar op gang gebracht ("triggered") vanuit een voorgaande bewerking, maar bouwt niet voort op het resultaat daarvan. Op deze wijze zou, eenmaal een verkeerde weg ingeslagen, deze immers eindeloos worden vervolgd. Op elk niveau geldt het principe van "objectadequaatheid", dat wil zeggen een toetsing van de verwachting aan een basisgegeven zoals het Icoon. Zolang een dergelijke bewerking wordt bevestigd kan natuurlijk wel een weg worden vervolgd, die uiteindelijk toch niet de juiste zal blijken. In het laatste geval moet met de verworven kennis over de verkeerde weg, een andere weg worden gekozen, of eventueel een nieuwe weg (nieuw programma) worden aangelegd, of liever aangeleerd. In de grondgedachte van bijvoorbeeld het EPAM-programma (Feigenbaum, 1963) voor de identificatie van genormaliseerde letterpatronen, wordt dit ideaal zoals bekend ook op een, zij het zeer bescheiden wijze, nagestreefd. Het is overigens zeer waarschijnlijk dat er in de menselijke waarneming ook verschillende wegen naar hetzelfde - uiteindelijk "objectadequate" - doel kunnen leiden.

## KEUZE VAN ADEQUATE STIMULI:

In het voorgaande hebben wij in de gegeven voorbeelden reeds onze voorkeur voor het gebruik van gezichtsafbeeldingen uitgesproken in plaats van voor een of ander type van artificiële stimuli. Voor het gebruik van dergelijke artificiële stimuli in waarnemingsonderzoek wordt overigens door het overgrote merendeel van de onderzoekers, en bovendien vaak met een zeer overtuigende argumentatie, gepleit. Voornaamste argument is, dat men de experimentele variabele alleen zo kan manipuleren, en de buiten-experimentele variabelen uitschakelen. Deze argumentatie is zowel te beluisteren in de Gestaltpsychologie als in het vormwaarnemingsonderzoek vanuit de Informatietheorie en de z.g. "Metrics of Visual form" (vgl. Attneave en Arnoult, 1956. Michels en Zusne, 1965. Brown en Owen, 1967). Geliefkoosde figuren waren altijd figuren van het type "grote groene cirkel" en "klein blauw vierkant". In de Gestaltpsychologie bestond van oudsher een voorkeur voor lijn-stimuli en puntpatronen (dot-patterns), waarmee immers de "Gestaltwetten" konden worden aangetoond. Als er al eens gezichten worden gebruikt in het algemene waarnemingsonderzoek, waren dat veelal schematische gezichten, vooral sinds Brunswik en Reiter (1937) demonstreerden dat met behulp van variaties van faktoren als de neus-mond afstand in dit soort starre paaseieren zelfs op effectieve wijze schoonheids- en sympathiebeoordelingen konden worden gemanipuleerd; (vgl. ook Friedman c.s., 1971. McKelvie, 1973). Zeer bekend geworden is de constructiemethode van "random polygones", die door Attneave en Arnoult (1956) werd gepropageerd ondanks de door hen uitgesproken voorkeur voor natuurlijke stimuli (p 453): "Thus in the study of shape perception, it would be desirable to experiment with the shapes of natural objects". Deze voorkeur hangt samen met Brunswik's (1952 en 1953) idee van "Ecological Validity", die impliceert dat men alleen die onderzoeksresultaten naar de levensechte waarneming kan generaliseren, die ook zijn opgedaan met levensechte stimuli.

Ondanks alle zorgvuldige figuurcontroles, zien de proefpersonen echter toch vaak de meest onverwachte dingen en demonstreren daarmee organisatiekaders en dimensiegebruik, die spotten met alle zo zorgvuldig door de proefleider gemanipuleerde dimensies. Formeel komt de classificatieredenering, die in het voorgaande uiteen gezet werd, overeen met de redenering in de Selectieve Informatie-theorie, dat de informatie van een bepaalde stimulus bepaald kan worden door het aantal vragen te stellen dat nodig is om deze stimulus te selecteren uit een verzameling van mogelijkheden, dat wil in ons geval zeggen: te identificeren. Maar het heeft natuurlijk weinig zin om te vragen naar een dergelijke kwantificering, zelfs niet van "dot patterns", als we niet weten welke vragen gesteld worden of welke operaties verricht worden om dit object te identificeren, dat wil zeggen betekenis te verlenen. "A satisfactory solution of the problem of meaning and past experience in informational terms and its application to Visual form perception is still a task for the future" (Zusne, 1970 p 64). Toch treffen we tussen de regels ook in dit citaat weer de merkwaardige opvatting aan, dat bepaalde figuren geen betekenis zouden hebben voor de waarnemer, en bovendien dat dergelijke betekenisloze figuren wel via deze Selectieve Informatietheorie zijn te benaderen. Maar misschien bedoelt Zusne toch alleen te wijzen op het hier en daar wel uitgesproken besef dat we bij een informatiekwantificering van figuren voor de menselijke waarnemer, niet kunnen volstaan met een naïeve stimulusdefinitie of met door de experimentator gekozen indelingsprincipes, bijvoorbeeld door de menselijke waarneming te vergelijken met het transport van TV-signalen.

Een bepaalde kategorie van min of meer levensechte figuren wordt zeer vaak in waarnemingsonderzoek gebruikt en wel die figuren, welke men, sedert de Griekse kunststroming van die naam kan omschrijven als "geometrische lineair". We noemden reeds de polyhedra uit de Scene-analysis. Dit soort figuren heeft de mens sinds de oudheid vervaardigd. De reden lijkt te zijn, dat zich als het ware bepaalde ordeningsprincipes, tevens constructieprincipes, opdringen, welke zich relatief gemakkelijk in formules laten vatten.(Natuurlijk is elke willekeurige andere figuur ook in formules te beschrijven, alleen worden deze dan, wil men eenzelfde graad van fysische perfectie of "omkeerbaarheid" bereiken, wel zeer omvangrijk).
Kortom

het lijkt hier te gaan om een groep van zeer eenvoudige ideaal vormen, die men bovendien op alle mogelijke wijzen kan combineren tot meer complexe patronen. Mogelijk spelen bepaalde regels voor de constructie van dit soort figuren, evenals de wel vanuit een waarnemingsopvatting geïnspireerde structurele informatie-codering, die Leeuwenberg (1971) hanteert, ook een rol bij geheel andere betekenisverleningen (identifikaties). In dat geval zou men de belangstelling voor dit type figuren of coderingen kunnen vergelijken met die van de cytoloog of de biochemicus voor bepaalde elementaire levensprocessen. Het zou echter ook zo kunnen zijn, dat deze codering slechts een van de vele mogelijke opvattingen is van een bepaalde structuur of dat de verschillende waarnemers alleen bij dit soort figuren, onder bepaalde omstandigheden gepresenteerd, tot een gelijke opvatting komen. In dat geval kan men in het algemeen vanuit één bepaalde figuurbeschrijving uiteraard geen voorspellingen meer doen over de waarneming van dezelfde figuur door anderen of onder andere omstandigheden.

Door bij waarnemingsstudies juist die visuele structuren te gebruiken waarop relatief gemakkelijke geometrische operaties kunnen worden uitgevoerd en die daarom appelleren aan onze "formule-zin", ontstaat echter tenslotte ook een situatie waarin waarneming bijna automatisch wordt beschreven in termen van wat abstrakt denken moet worden genoemd. Nu mogen conceptformatie en patroonherkenning formeel sterke overeenkomsten vertonen (in de sfeer van artificial intelligence is het verschil tussen waarnemen en denken - met inbegrip van taalgedrag - eigenlijk alleen nog een kwestie van toevallige concrete regels of van randapparatuur), het is evident dat de waarneming zich afspeelt op een lager abstractieniveau dan het begripsmatige denken, dat gebruik maakt van in principe verbaliseerbare symbool substituties en daarmee samenhangende kennis. Indien wij figuren van dit "formuleerbare" type kiezen bestaat in ieder geval de mogelijkheid dat de proefpersoon zijn identificatie-opdracht op twee niveau's kan aanpakken: op dat van de waarneming en op het hogere verbaliseerbare denkniveau. Het is met name deze situatie die we willen trachten te voorkomen.

Ook in de geraadpleegde literatuur nu wordt, in de vorm van voorbeelden, merkwaardig vaak verwezen naar de uitdrukkingen, die het menselijk gezicht kan aannemen en naar de grote onderlinge verscheidenheid van menselijke gezichten in het algemeen. Kortom de meeste onderzoekers zijn het er over eens dat er bij de menselijke gezichten sprake is van een groep vormen, waarvan de waarneming en herkenning een voorbeeld bij uitstek is van de menselijke objectwaarneming. Een belangrijk punt hierbij is dat het niet mogelijk blijkt een gezicht zodanig verbaal te omschrijven, dat het op grond daarvan echt herkend zou kunnen worden. Zelfs de meest genuanceerde beschrijving van een gezicht biedt minder zekerheid dan een korte blik. Er kunnen op grond van beschrijvingen weliswaar klassevergelijkingen worden gemaakt, maar de uiteindelijke herkenning van één bepaald individu is uitgesloten (vgl. Malpass, Lavigueur en Weldon, 1973). Hiermee is overigens niet bedoeld dat de mate van verbale omschrijfbaarheid (codability) en de herkenbaarheid van een gezicht geen verband met elkaar zouden hebben (vgl. Frijda en Van de Geer, 1961).

Juist door deze uniekheid van het gezicht heeft ook de artificiële patroon-herkenningsresearch veel belangstelling in gezichtherkenning. Motivering is het ontwerpen van "automatische portiers" ter beveiliging van bepaalde territoria tegen ongewenste indringers, of het terugvinden van iemands personalia uit omvangrijke archieven via een portretfoto. Wat het laatste betreft ligt aan bijvoorbeeld Bertillon's poging uit de vorige eeuw (die voorafging aan de identificatie via vingerafdrukken) om een systeem aan te leggen van gezichtsmaten voor het terugvinden van een eventuele voorgeschiedenis van gearresteerde misdadigers, dezelfde motivering ten grondslag. Vermeldenswaard is dat Bertillon met de opnieuw genomen maten van de gearresteerde misdadiger voor zich, de archiefgegevens toch vaak niet kon terugvinden. Dit was in de eerste plaats het gevolg van onnauwkeurigheid, en daarmee de spreiding van de meetgegevens. Ook als we zelf gezichts-afmetingen willen bepalen, hetzij op foto's hetzij op het gezicht zelf, hebben we grote moeite om consistente meetmethoden te hanteren. Waar zullen we precies de grenzen leggen alvorens bijvoorbeeld de neusbreedte te bepalen? In de tweede plaats was Bertillon's terugzoekprocedure nog niet voldoende systematisch en geautomatiseerd. Voor de waarneming overigens veel wezenlijker dan de vraag hoe we zullen meten, is de vraag wat we willen meten. Van de eventueel voor de waarneming relevante gelaatsdimensies weten we - natuurlijk evenals van de vormdimensies in het algemeen - echter nog zo weinig af, of we ontdekken zoveel mogelijkheden, dat we al snel belanden in de meest uitzichtloze trial and error. Zien we echter af van de relevantie voor de waarneming, dan lijkt Bertillon's idee, dat op grond van een combinatie van een bepaald aantal kenmerken, iemands dossier kan worden teruggevonden, zeer reëel. In ieder geval is dit precies het idee dat wordt gerealiseerd vanuit de patroonherkenningswereld en de Scene Analysis van de allerlaatste tijd. Fischler en Elschlager (1973) ontwikkelden bijvoorbeeld met succes een scene analysis programma voor het lokaliseren van herkenningspunten in portretfoto's, zoals haren, ogen, neus en mond. De portretfoto's dienen daarbij aan standaardeisen met betrekking tot de opnamen te voldoen. Ook Kaya en Kobayashi (1973) realiseerden een soortgelijk programma dat kans ziet voor 10 parameters, zoals in- en externe oogafstand, neusbreedte, neuslengte e.d., waarden te vinden. Het gezicht van de geportretteerde wordt daarvoor bij de opnamen met behulp van een soort stereotactische apparatuur geheel gefixeerd. Men zou kunnen zeggen dat hen de "oorschroeven" worden aangezet. Bovendien dienen zij geen baard te dragen, hun bril af te zetten, recht in de camera te kijken, hun mond dicht en hun gezicht in de plooi te houden. Als het kenmerkende probleem van gezichtsherkenning vermelden deze onderzoekers, dat de feitelijke patronen, in tegenstelling tot bijvoorbeeld die van letters, zo sterk op elkaar lijken(steeds zijn er ogen, neus, mond e.d.); terwijl er bij gezichts- in tegenstelling tot bij letterherkenning geen sprake is van 26, maar van een praktisch oneindig aantal mogelijke patronen. Rothfjell (1973) volgt een andere werkwijze door namelijk op drie verschillende foto's van een individu, verlopend van en face naar en profil, zelf een aantal merktekens aan te brengen om deze vervolgens als plaatskenmerken in de computer in te voeren. Hij suggereert daarbij dat de computer op den duur ook zelf deze merktekens wel kan aanbrengen. Een wat afwijkende maar meer efficiënt lijkende procedure wordt gevolgd door Goldstein, Harmon en Lesk (1971 en 1972) en Harmon (1971). Zij beoordelen een bepaald gezicht op een aantal ken- merkschaaltjes, zoals haar: lang-midden-kort, profiel: concaaf-recht-hoekig e.d. en sturen deze gegevens vervolgens de computer in voor het verrichten van de classificatietaak. (Hier is dus typisch sprake van Man-Machine-Interaction). Ofschoon de methode van Goldstein natuurlijk niet impliceert dat een andere waarnemer (met inbegrip van de computer) het gezicht nu echt zou herkennen, zal in vele gevallen toch een bepaald individu in het archief kunnen worden opgespoord. Een analogie van een dergelijke situatie zou ontstaan indien wij, geconfronteerd met een aantal individuen, zelf "de man met het zwarte haar, de brede neus en de smalle lippen", zouden moeten opsporen. Het is echter duidelijk dat wij in dezelfde situatie toch nog steeds vrij gemakkelijk een verzameling individuen kunnen samenstellen die op het beperkte aantal toegepaste kenmerken globaal overeen zouden stemmen. Onze beoordelaar zou daarmee in verwarring zijn gebracht, terwijl een korte voorafgaande inspectie van het gezochte individu desondanks wel succes zou kunnen bieden. Kortom de echte gezichtsherkenning blijft voorlopig een zaak van menselijke waarneming, waarbij veel meer, of eventueel voor elk onderwerp ter plaatse geselecteerde, dimensies worden gebruikt.

Wat betreft de menselijke gezichtswaarneming zullen wij hier nauwelijks ingaan op het grote aantal onderzoeken, dat al langer dan de psychologie oud is wordt uitgevoerd met betrekking tot de interpretatie van de gelaatsexpressie en de fysiognomie. Men zou overigens ten aanzien van bijvoorbeeld de expressie dezelfde "hoe"-vraag kunnen stellen als ten aanzien van de waarneming van iemands identiteit. In feite heeft men getracht bepaalde kenmerken van de expressie en de fysiognomie te bepalen (resp. vast te stellen welke gelaatsdelen het meeste informatie bieden). Voorts was de inzet van veel onderzoek om te achterhalen in hoeverre we eigenlijk wel zonder aanvullende informatie (vgl. Frijda, 1958, 1970), iets zinnigs over een expressie of een fysiognomie KUNNEN zeggen. In verband met het laatste is het overigens opmerkelijk dat we iemand, mogelijk ten onrechte, maar desalniettemin consequent bijvoorbeeld als "dom" kunnen classificeren. In een wat anders georiënteerde onderzoeksrichting heeft men tenslotte getracht het enorme aantal uitdrukkingen, dat wij gebruiken in de beschrijving van expressies, tot een meer beperkt aantal hoofddimensies (vgl. Schlosberg, 1954) te reduceren.

We weten niet zeker of gezichten (i.c. portretfoto's) nu een categorie van stimuli vormen, waarbij we verkregen onderzoeksresultaten mogen generaliseren naar de waarneming in het algemeen. Het is namelijk wel zo, dat er een zeer specifieke stoornis (waarschijnlijk samenhangend met een bepaalde hersenbeschadiging) schijnt te bestaan, waarbij men alles kan herkennen behalve gezichten. We doelen hier op de agnosie, die bekend staat als prosopagnosia (vgl. Beyn en Knyazeva, 1962 en Yin, 1970). Hoe het ook zij: het gelaat is een der meest frequente en alledaagse waarnemingsobjecten. In de gewone menselijke ontmoeting lijkt het de belangrijkste bron te zijn van onze kennis over de identiteit, het karakter, de momentane gemoedsgesteldheid, reacties en bedoelingen van de ander. Als we vragen hoe een gezicht wordt herkend, worden met grote vanzelfsprekendheid gezichtsonderdelen of gezichtsaspekten genoemd, zoals de neuslengte, de mondbreedte, de coiffure, een bepaalde wijze van lachen, de typische expressie etc. Vragen we nu door, dan ontlokken we al vrij snel de uitspraak, die er op neerkomt, dat de waarnemer zich natuurlijk kan verkijken, maar de remedie daar tegen is eenvoudig: beter kijken! Als we nu nog verder vragen bijvoorbeeld in de trant van: "Hoe weet U nou waar de neus zit, waaraan U iemand moet herkennen?", dan ontmoeten we in het gunstige geval een meewarige blik en in het ongunstige geval de reactie, die betweters gewoonlijk oproepen. Onze vraag komt dus blijkbaar niet goed over! We hebben hier kennelijk te doen met het soort vanzelfsprekende waarnemingsstimuli, waar we naar hebben gezocht. De waarneming van gezichten is een pré- of non-verbaal proces. Laat ons daarom nu de vraag als volgt formuleren:

> *Hoe is het mogelijk dat een waarnemer afbeeldingen van een menselijk gezicht kan zien en herkennen, ondanks het feit dat die afbeeldingen onder uiteenlopende omstandigheden en met diverse technieken kunnen worden gemaakt, en zelfs niet noodzakelijkerwijze eerder behoeven te zijn getoond?*

De vraag is levensecht en voldoende complex om de kans op simplificaties in de theorievorming, en vooral redeneerachtige taakoperationalisaties klein te houden. Kortom de kans op artefacten of te weinig generaliseerbare constructies, die bij experimenteren met de veel gebruikte, zeer eenvoudige, abstracte, random en geometrische figuren reëel lijken, lijkt toch wel geringer te worden.


## REAKTIETIJDEN OF HERKENNINGSSCORES?

Indien wij iemand duidelijk zichtbaar een foto tonen van een bekende zal hij deze meestal herkennen. We nemen gemakshalve aan dat hij de foto ook altijd kan benoemen. Hoe onderscheiden we nu stadia in deze benoeming, dat wil zeggen in de tijd die verloopt tussen de fotopresentatie en de benoeming? Welnu, rechtstreeks stadia onderscheiden is niet mogelijk. Wel kunnen we trachten de verwerkingstijd te beïnvloeden door het manipuleren van de verwachting met betrekking tot mogelijkheden, hetgeen impliceert dat de proefpersoon meer of minder vergelijkingen moet maken. Dit laatste is wat sinds het onderzoek van Hick (1952) op grote schaal is gedaan in het z.g. Reaktietijdenonderzoek.

De reactietijd wordt geacht hierbij te zijn samengesteld uit een aantal additieve componenten (vgl. Sternberg, 1969), die corresponderen met deelprocessen die successievelijk plaatsvinden. Als deze deelprocessen inderdaad de reactietijd verlengen, dan moet de reactie in een taak waarin dit deelproces voorkomt, langer zijn dan in een andere, overigens identieke taak waarin dit deelproces niet voorkomt. De algemene teneur van dit onderzoek is dus, dat men de verwachting van de proefpersoon beïnvloedt. De verwachting wordt gemanipuleerd door de proefpersoon mee te delen dat hij steeds op een bepaalde van de volgende (daarna te noemen, te tonen e.d.) stimuli uit een verzameling moet reageren, dan wel deze bepaalde stimulus moet classificeren. Op deze wijze wordt de herkenningstaak impliciet of expliciet gekoppeld aan een vergelijking met andere stimuli. Dit vergelijken kan op allerlei manieren plaatsvinden. Typische varianten zijn: het zoeken van bepaalde configuraties in een veld(visual search) (vgl. Neisser, 1963); het vergelijken van een stimulus met een aantal door de experimentator geïntroduceerde geheugencategorieën (memory-scanning) (vgl. Sternberg, 1969) of het geven van een keuze-reactie (vgl. Smith,1968. Teichner en Krebs, 1974). De feitelijke onderzoeksvraag in dit verband, die globaal bekend staat onder de naam "serial-versus-parallel processing?" (vgl. Corcoran, 1971) is of wij meerdere dingen tegelijk kunnen doen of alleen na elkaar (vgl. Braodbent, 1971).

Theorievorming in dit denkkader is uitermate complex geworden. We konden na inspectie van de literatuur in deze (vooral Egeth, 1966 en Corcoran, 1971) met minder dan 16 elkaar min of meer overlappende theorieën vinden. Deze onderscheiden zich in de wijze waarop zij de volgende vragen behandelen:

1. Worden alle vergelijkingen tegelijkertijd(parallel) of na elkaar (serial)gemaakt?
2. Kost elke vergelijking evenveel tijd (constant) of varieert de vergelijkings-tijd (distributed)?
3. Wordt met een beslissing gewacht tot alle vergelijkingen zijn uitgevoerd (exhaustive) of wordt gereageerd zodra een beslissing mogelijk blijkt (self-terminating)?
4. Is bij een seriële vergelijking de orde van de vergelijking steeds dezelfde (fixed), of varieert deze (random)?
5. Kan bij parallelle vergelijkingen het aantal vergelijkingen of dimensies tot op zekere hoogte, zonder kwaliteitsverlies per dimensie, worden uitgebreid (unlimited) of gaat een dergelijke uitbreiding gepaard met een verandering van de energiebesteding (limited) per dimensie?

Door al deze mogelijkheden zijn tot op dit moment geen eenzinnige uitspraken te doen, al lijkt een algemene uitkomst wel, dat door intensieve oefening een vergelijking die aanvankelijk serieel schijnt plaats te vinden steeds meer een parallel- of gestalt-karakter krijgt. De hiërarchie-hypothese zoals door ons gesteld, is in deze onderzoeken niet aan de orde. Serialiteit bijvoorbeeld impliceert nog geen hiërarchie al kan men natuurlijk wel zeggen dat een hiërarchisch proces minstens serialiteit impliceert. Al deze vragen zijn mogelijk relevant voor ons probleem. Het komt ons echter voor dat de resultaten uit deze onderzoeken, behalve natuurlijk met de aangebrachte verwachting, samenhangen met de expliciete vergelijkingen die moeten worden gemaakt. Bradshaw en Wallace(1971) die steeds paarsgewijze gezichten aanboden (deze gezichten, die waren samengesteld met behulp van de zogenaamde gezichtsonderdelen-"Identy-kit" die door de politie bij opsporingswerk wordt gebruikt, hadden meer of minder onderdelen gemeen) en hun proefpersonen lieten reageren met "same-different", vragen zich zelfs af of hun bevindingen, die duiden op een "serial self-terminating" vergelijkingsproces, niet verklaard kunnen worden met "demand-characteristics". Het is zelfs denkbaar, dat bepaalde experimenten waarin expliciet moet worden vergeleken, zo worden ge-organiseerd, dat deze vergelijkingen een hiërarchisch-sequentieel verloop gaan krijgen. Wij zijn van mening, dat een onderscheid moet worden gemaakt tussen de vergelijkingsstrategieën in deze experimenten (en bijvoorbeeld ook het "uit het geheugen halen van een bepaalde naam") en de visuele herkenning. Heel vaak zien we immers (ook in het hierna besproken onderzoek) dat een proefpersoon iemand herkent, en de ene maal onmiddellijk, maar de andere maal pas seconden later, in een "tip- of-the-tongue" situatie (vgl. Yarmey,1973), een concrete naam kan noemen. Ook Smith (1968, p 107) lijkt een dergelijk onderscheid te willen benadrukken. En tot slot bepleit ook Neisser (1967, p 99-100), in een discussie met Sternberg, een zekere onafhankelijkheid van de perceptuele identificatie en het aantal mogelijke stimuli, i.c. de feitelijke classificatie of benoeming. Zonder te willen uitsluiten dat reactietijden-onderzoek een antwoord zou kunnen bieden op onze vraag, kiezen we voorlopig liever een andere methode. We zullen in eerste instantie een stimulus met een steeds toenemende aanbiedingsenergie (ongeveer op drempelniveau) presenteren en daarbij de "groeiende" identificatie trachten te analyseren. Dat betekent dat wij niet zullen experimenteren in de voor een gewone waarneming wat jachtige reactietijd-atmosfeer, maar dat de proefpersoon alle tijd krijgt om datgene wat hij heeft gezien te verwoorden.

KEUZE VAN EEN AKTUALGENETISCHE EXPLORATIETECHNIEK:
        In het voorgaande is betoogd dat de genese van een onmiddellijke waarneming alleen is te begrijpen, indien men deze waarneming op elk moment (naar analogie van stadia in min of meer geordende redeneringen) opvat als stadia in een selectief-abstraherend, metend en relaterend beslissingsproces, dat hiërarchisch successief verloopt. We hebben daarbij de namen genoemd van Linschoten en Smith, die zich aan het eind van de vijftiger jaren bezig hielden met een evaluatie van de z.g. Aktualgenese. Deze belangstelling hield verband met de op dat moment sterk de aandacht trekkende bevindingen rond de z.g. Subliminale Perceptie. We zijn met deze namen echter vooruitgelopen in een toelichting op de keuze van een eerste exploratietechniek.

Het waren de "Leipziger Schule" van de Gestaltpsychologie en met name Sander, Ipsen en Werner, die in hun studie van het ontstaan van de "micromelodieën" in 1926 aan de wieg stonden van het begrip "ACTUALGENESE" (Sander), later door Werner (1935) vertaald als "Microgenesis". Met dit begrip wordt zowel een wijze van stimuluspresentatie bedoeld als de momentane - "zichtbaar" of beleefbaar gemaakte - ontwikkeling van een waarneming: "Das Aktuelle werden von Gestalten...als abgegrenzte und gegliederte Teilganze...aus umfassenderen Ganzheiten" (Sander, 1927 p 187). De fundamentele motivatie van hun onderzoek was om aan te tonen dat de onmiddellijke waarneming het resultaat is van een "blitzschnelle und vorbewusste" (Graumann,1959 p 415) ontwikkeling. De basisveronderstelling van hun methode, met betrekking tot een toepasbaarheid op de visuele waarneming is, dat er presentatiewijzen zijn, waarmee het proces van de onmiddellijke waarneming als het ware wordt uitgerekt of liever vertraagd (Zerdehnung) en waardoor de gewenste "zichtbaarheid" ontstaat. Dergelijke technieken waren het geleidelijk opvoeren van intensiteit en aanbiedingsduur, scherpte, grootte, het langzaam van de periferie naar het centrum van het gezichtsveld brengen van de complete stimulus (HOLOGENE PRESENTATIE), of het successievelijk presenteren van figuurdelen (MEROGENE PRESENTATIE). Als responsie werden beschrijvingen verlangd, maar er wordt ook wel nagetekend of nagebouwd. Deze experimenten zijn over het algemeen wel ingenieus, maar tegelijkertijd ook - naar hedendaagse normen - zeer slordig van opzet. De resultaten zijn vooral interpretaties van introspectieve gegevens. De meestal onderzoekstechnisch verbeterde technieken zijn overigens in een of andere vorm in zeer vele latere onderzoeken, die vaak geheel andere doelen nastreven, terug te vinden.

Behalve aan een beschrijving van het ontwikkelingsproces is er binnen de Aktualgenese veel aandacht besteed aan de min of meer dwingende, en met zekere onlustgevoelens gepaard gaande, tendenties die de proefpersoon zou ondervinden, zolang de ontwikkeling niet voltooid is (vgl. Strasser, 1956 p 40 e.v. en p 66 e.v.). Waarnemingsontwikkeling wordt beschreven naar analogie van andere ontwikkelingen, zoals de fylo- en onto- (of macro-) genese. Kenmerken van al deze ontwikkelingen zijn volgens Werner (1953) een differentiatie van delen, die gepaard gaat met een hiërarchische centralisering of subordinatie van de delen aan het totaal. Uit deze vergelijkingen stamt ook het idee dat de verschillende ontwikkelingen zich in elkaar kort herhalen. Zo zou zich de Ontogenese in de Aktual- genese weerspiegelen. Een dergelijke opvatting is met behulp van een ontwikkelingsopvatting, volgens welke programma's worden opgebouwd, voor een afzonderlijke waarneming wel min of meer te verdedigen. Maar de Ontogenese omvat natuurlijk wel meer dan de ontwikkeling van waarnemingsprogramma's. Wij gaan op deze meer uitgebreide vergelijking niet verder in, maar de lezer kan Linschoten (1959) raadplegen, die niet alleen zeer diepgaand aandacht besteedt aan de Aktualgenese maar ook aan dergelijke vergelijkingen.

Het lage niveau (Vorgestalt in de Aktualgenese) kan bij alle ontwikkelingsvormen worden omschreven met termen als Komplex (syncretisch), Diffus (globaal), Verschwormen, Unbestimmt e.d. en het hoge niveau (Eindgestalt in de Aktualgenese) als Abgesondert, Gegliedert, Prägnant, en Bestimmt. Een analogie met bijvoorbeeld Neisser's (1967) holistische pré-attentieve fase en diens focaal attentieve fase is dus wel te zien!

We wezen reeds eerder op het feit, dat deze beschrijving een dualistisch karakter heeft, die samenhangt met een isomorfistische waarnemingsopvatting. De groei van een percept naar volledige waarneming wordt door de Aktualgenetici vergeleken met het volledig waargenomen ontkiemen van een plant. Wij kunnen een dergelijke analogie niet beschouwen als een verklaring van de perceptuele ontwikkelingen. Uitgegaan wordt kennelijk van het Aristotelische idee dat in de kiemende Vorgestalt reeds de vertakte Endgestalt, als een voorafgaand geheel aanwezig is, dat zich vervolgens ontplooit. Dit voorafgaand geheel is derhalve diffuus globaal. De ontwikkeling van het zaadje tot boom wordt overigens op zichzelf evenmin verklaard door deze ontwikkeling fenomenaal te beschrijven. Voor een verklaring is niet alleen nodig dat de ontwikkeling van een begin- naar een eindterm als een geordend na elkaar wordt beschreven, maar ook dat de relatie tussen begin en eind, dat wil zeggen de groeiprincipes, inzichtelijk worden gemaakt. Kortom de aanschouwelijke beschrijving impliceert voor de Aktualgenetici kennelijk tegelijk een verklaring van de wijze waarop "zinverlening" of identificatie, die in de Endgestalt een cruciaal punt (Aha-Erlebnis) bereikt, tot stand komt. De Gestalttheoretici waren zich door hun preoccupatie met een fenomenale descriptie van het geziene kennelijk niet bewust van het probleem der objectidentificatie.

Ook Linschoten(1959) schijnt nog steeds aan de waarneming te denken als een afzonderlijk proces van "beeldvorming". Hierdoor zou tenminste de opmerking van Linschoten dat niet het waarnemingsproces maar het kenproces bij een aktual-genetische presentatiewijze zou worden vertraagd, zijn te begrijpen. We zullen echter aannemen. dat hij bedoelt dat de uiteindelijke volledige object adequate identificatie wordt vertraagd en niet het momentane, mogelijk zeer weinig adequate, kennen.

Het feit dat de waarneming bij de typisch aktualgenetische verbetering van de stimuluspresentatie steeds gedetailleerder en object adequater wordt (of door de waarnemer als zodanig wordt beschreven) kunnen we dan niet als voldoende evidentie voor een bevestiging van onze hypothese beschouwen. Dit feit past immers in vele - zo niet in alle - concepties van het waarnemingsproces. Bovendien lijkt hier eerder sprake te zijn van een 'te verklaren' dan van een 'verklarend' feit. Het is dan ook niet ondenkbaar dat het aktualgenetische onderzoek weinig of niets kan bijdragen tot een beter begrip van de waarneming of het waarnemingsproces.

Als wij bij het zoeken van de gewenste evidentie in eerste instantie toch kiezen voor een aktualgenetische stimuluspresentatie, is dat omdat we een poging willen wagen de resulterende data te analyseren met andere ogen dan die van de isomorfistisch denkende Gestalttheoreticus. Deze analyse kan reeds beginnen bij de dataverzameling zelf, door een zekere structurering van de waarnemingstaak. Aangezien onze doelstelling afwijkt van die van de Aktualgenetici, zou men aan de typering "hologeen aktualgenetisch" voor onze methode van geleidelijk langere stimuluspresentaties van visuele stimuli, eigenlijk nog de term "kwasi" vooraf moeten laten gaan. Ons doel is in ieder geval niet om te komen tot een "Erleben eines Gestaltwerdeprozesses", waarvoor het begrip "Aktualgenese" ook nog volgens Graumann (1959, p 411) dient te worden gereserveerd. Wij zijn hier immers niet geïnteresseerd in de beleving op zich, maar in een verklaring van de wijze hoe een beleving mogelijk is. Volgens Graumann is de wijze van stimuluspresentatie, die wij verkiezen en die men ook kan vergelijken met de zogenaamde "methode der stijgende limieten" voor de bepaling van identificatiedrempels, dus alleen "reiz-mindernd" (in vergelijking met de alledaagse wijze van stimuluspresentatie). In identificatiedrempels als zodanig zijn we overigens evenmin geïnteresseerd als in een toenemende fenomenale descriptie van de waarnemingsinhoud. Wat ons bezig zal houden is of de successieve waarnemingsdescripties met enige overtuigingskracht zijn te zien als de neerslag van fasen in een identificatie proces, waartussen een hiërarchische afhankelijkheid bestaat Dit betekent in de eerste plaats dat elke latere descriptie steeds de eerdere impliceert Hierdoor wordt het mogelijk in ieder geval de descripties, of ruimer gezegd de data, op te vatten in termen van een hiërarchische (bijvoorbeeld boom-) structuur. Nu is de mogelijkheid van een dergelijke constructie niet voldoende voor onze doelstelling. Vergelijken we, ter verduidelijking van dit punt, onze hypothetische boom met bepaalde "bomen" van het dierenrijk, die zijn te vinden in dierkundeboeken. Indien een dergelijke boomtekening - zoals soms het geval lijkt te zijn - op niet meer berust dan op een ordening van de diersoorten, aan de hand van combinaties van steeds "hogere" distinctieve kenmerken, bewijst de tekening natuurlijk niet het feit, laat staan de aard, van een evolutieproces. De tekenaar zou zelfs in de veronderstelling kunnen leven dat God alle dieren tegelijkertijd al zo heeft geschapen als hij (de tekenaar) ze nu nog aantreft. Ook al weten we dat de niveau's van een eventuele hiërarchie in onze datareeks niet tegelijkertijd zijn ontstaan, toch geldt een soortgelijke argumentatie als met betrekking tot het evolutieproces ook voor het door ons veronderstelde hiërarchische identificatieproces. Er zijn mogelijk ook niet-hiërarchische processen (met uiteraard een zeker tijdsverloop) denkbaar, die desondanks een wel hiërarchisch beschrijfbare datastructuur opleveren. We zullen hierna een hiërarchische datastructuur, die niet ondubbelzinnig resulteert uit een hiërarchisch proces "statushiërarchie" noemen, ter onderscheiding van de "proceshiërarchie", die we willen aantonen.(Uiteraard moet ook de proceshiërarchie uit data blijken!). Ter demonstratie van een proceshiërarchie zullen we nu behalve een statushiërarchie bovendien en vooral in de descripties op *ELK NIVEAU AANWIJZINGEN MOETEN VINDEN DAT OP DAT MOMENT EEN HIËRARCHISCHE PLANNING VOOR EEN VOORTZETTING VAN DE AKTIE PLAATSVINDT.* Het moet duidelijk zijn dat nu bepaalde stappen zullen worden ondernomen voor een verdere identificatie. Er moet iets zijn te zien van de veelbelovende heuristische suggesties, die de waarnemer zichzelf als het ware moet geven voor een succesvolle aanpak in het volgende stadium. Of om in "boomtermen" te spreken: het moet duidelijk zijn, dat de identificatieprocedure op een knooppunt is aangeland en dat nu zal worden uitgemaakt welke "tak" moet worden gevolgd.

Wat betreft het gebruik van portretfoto's zij - misschien ten overvloede - nog opgemerkt, dat wij niet speciaal zullen trachten om de aard te bepalen van de deelbeslissingen (kenmerken of features) voor de uiteindelijke identificatie van de geportretteerde. Hetzelfde geldt voor de kenmerken, die bij de waarneming van gezichten in het algemeen zouden worden gebruikt. Kennis van dergelijke kenmerken zegt namelijk niets over de vraag of het daarvan gebruikmakende identificatieproces nu al of niet hiërarchisch is. Bovendien zijn wij van mening dat een ogenschijnlijk gelijke identificatie kan worden gegeven op grond van verschillende kenmerken. Het is als met de verschillende wegen, die uitkomen in Rome. In boomtaal is deze mogelijkheid wat moeilijker te omschrijven omdat dan een beeld ontstaat van takken, die op een hoger niveau bij elkaar komen, in plaats van - zoals voor bomen te doen gebruikelijk is - uit elkaar waaieren. Duidelijker is misschien het beeld van verschillende bomen die elkaar op bepaalde plaatsen raken.

Hoe het ook zij: een veel interessantere vraag, dan die naar de feitelijk gebruikte kenmerken, of naar de vorm van één bepaalde boom, lijkt veeleer of het waarnemingsproces inderdaad steeds in functie van de momentane toestand specifieke kenmerken - welke dan ook - kiest, of hypothesen test (wegen of takken uitprobeert), waardoor dit proces steeds meer kan uitmonden in een object adequate identificatie. Onze voornaamste inspanning zal er vanaf nu op zijn gericht om deze hiërarchische aard van het perceptuele proces experimenteel aan te tonen.

We maken daarbij, om toch tamelijk arbitraire redenen, gebruik van portretfoto's. In het volgende hoofdstuk worden de bevindingen van de uitgevoerde exploraties toegelicht.

TERUGBLIK OP DIT HOOFDSTUK

    a. De intussen bijna "spontaan gegroeide" *HYPOTHESE VERONDERSTELT:* dat elke onmiddellijke identifikatie van een gezicht een op waarschijnlijkheden gebaseerde keuze is uit alternatieven en dat deze waarschijnlijkheden tot stand kunnen komen door een voorbereidend waarnemingsproces, dat we de 'bepaling van kenmerken' plegen te noemen.

    b. De *GRONDHYPOTHESE*, die in de rest van deze studie zal worden onderzocht, STELT:

dat een dergelijk voorbereidend, kenmerkbepalend proces, alleen volgens een plan op gang kan zijn gebracht vanuit een eerdere, meer globale identificatie en meer algemeen:
dat ook de nog niet geverbaliseerde onmiddellijke visuele objectidentificatie bestaat uit een sequentie van in de tijd opeenvolgende identificatieprocessen, waartussen een opklimmende, hiërarchisch dirigerende, relatie bestaat. De allereerste stadia in een dergelijke sequentie zullen derhalve een zeer globaal identificerend karakter moeten hebben. Elke volgende identificatie kan worden omschreven als een meer bijzonder (of elke voorafgaande identificatie als een meer algemeen) "weten wat". Het meer bijzondere "weten wat" is steeds resultaat van een toetsingsoperatie, welke wordt uitgevoerd op aanwijzingen en op basis van de kennis, die in de voorafgaande fase is verworven.

Indien na een gezichtsidentificatie wordt gepoogd bijkomende zaken (bijvoorbeeld de gemoedstoestand) te analyseren, kan het zijn, dat eigenlijk aanvullende evidentie wordt gezocht om de nog twijfelachtige identiteit van de gezichtsdrager vast te stellen. In dat geval is er sprake van één bepaalde hiërarchische lijn. Het is echter ook denkbaar, dat een dergelijke poging wordt ondernomen om andere redenen. In dat geval is er ook sprake van een andere lijn.

We zullen een correcte naamidentificatie nu beschouwen als "de eindterm" van één bepaalde identificatiesequentie als en omdat niet meer wordt getwijfeld aan de identiteit. Dat wil zeggen dat alle mogelijke andere namen minder waarschijnlijk zijn geworden. Als men na te hebben vastgesteld wie op een bepaalde foto is afgebeeld, blijft doorgaan met kijken, blijft dus "in de dialectiek" eenzelfde waarschijnlijkheidstoestand in de waarnemer gehandhaafd.

Eventueel kan nu worden "bijgeleerd", dat wil zeggen de identificatieprocedure wordt geperfectioneerd (of verder geprogrammeerd). Het is tot slot een ervaringsgegeven, dat we op een bepaald moment slechts één of in ieder geval niet meer dan een beperkt aantal identificaties van "hogere orde" kunnen doen. Er zijn vele pogingen gedaan om dit gegeven theoretisch te verklaren (vgl. Broadbent, 1971. Neisser, 1967. Treisman, 1969. Van Galen, 1974). Veelal worden hierbij de termen 'selectieve aandacht" en "kanaalcapaciteit" gebruikt. Hoe het ook zij, kennelijk is het zo dat op een beslissend moment voor vele identificatieprocedures een centrale eenheid van het waarnemingssysteem moet worden gebruikt, waarvan de capaciteit beperkt is of is eenvoudig de limiet in de capaciteit van het totale systeem bereikt. Een bepaalde identificatie gaat daardoor verloren (wordt vergeten) indien deze identificatie zelf nieuwe processen op gang brengt, die vervolgens het systeem bezetten. Het kan natuurlijk ook zijn dat de identificatie wordt verdrongen door lopende sequenties, die vanuit andere bronnen zijn gestart of door nieuwe sequenties, die hun oorsprong vinden in veranderingen van de receptorstimulatie.

Hoofdstuk II

EXPLORATIES VANUIT DE HIËRARCHIE-HYPOTHESE MET BEHULP VAN EEN AKTUALGENETISCHE STIMULUSPRESENTATIE

## 2.1 METHODE

De drie aktualgenetische exploraties, die hierna worden besproken, hangen samen met de probleemstelling, welke in het vorige hoofdstuk werd ontwikkeld.

Deze exploraties werden in feite uitgevoerd in serie, waarbij telkens een gewijzigde opzet werd gebruikt, die samenhing met voorafgaande ervaringen. Om redenen van overzichtelijkheid en efficiëntie zullen we deze exploraties echter bespreken alsof ze parallel werden uitgevoerd. In tegenstelling tot het latere onderzoek (gerapporteerd in hoofdstuk IV), waarbij steeds twee stimuli worden gepresenteerd, wordt er bij deze exploraties steeds slechts één stimulus gepresenteerd. We zouden deze presentatiewijze daarom, ter onderscheiding van de latere, "enkel stimulatie" kunnen noemen.

APPARATUUR:
Gebruikt werd een tweekanaalstachistoscoop (Bettendorf) voor kaarten van 130 x 180 mm. De belichting in dit type tachistoscoop kan niet worden gevarieerd, zodat de "clear field luminance", ongeveer corresponderend met de luminantie van blanco witte kaarten, constant 50 c/m$^2$ bedroeg.

STIMULI:
16 Portretfoto's, gekozen uit tijdschriften en onderverdeeld in foto's van 8 bekende mensen ( uit politiek en amusementswereld), 8 onbekende mensen, 8 mannelijk, 8 vrouwelijk, 8 neutraal kijkend en 8 duidelijk lachend. In de eerste exploratie werden de foto's zonder meer op de tachistoscoopkaarten geplakt, in de tweede en derde exploratie werden ze eerst op het standaardformaat van 5 x 8 cm in zwart-wit omgecopieerd en wel zodanig dat de feitelijke portretten ongeveer even groot waren. De visuele hoek van de foto's in de eerste exploratie schommelde daardoor tussen 7° en 15°. In de twee laatste exploraties bedroeg de visuele hoek van alle foto's ongeveer 7°, waarbij dient te worden opgemerkt dat de feitelijke portretten kleiner waren omdat de foto's natuurlijk ook nog een stuk achtergrond omvatten. De concrete foto's, of als men wil de geportretteerden, waren in alle drie de exploraties verschillend.

AANBIEDINGSTIJDEN:
EXPLORATIE I: 7, 10, 15, 20, 30, 40, 50 en 100 ms.
EXPLORATIE II: 3, 5, 8, 10, 12, 15, 20, 30, 40 en 50 ms.
EXPLORATIE III: 3 t/m 15 ms in stappen van 1 ms.

AANBIEDINGSPROCEDURE:

EXPLORATIE I: De portretfoto's waren volgens toeval verdeeld in een serie van 64 niet-portretfoto's (afbeeldingen van gebouwen, huishoudelijke voorwerpen, planten e.d.) De proefpersoon wist alleen dat het om de herkenning en benoeming van tijdschriftfoto's ging en verwachtte dus niet speciaal portretten. Elk van deze foto's werd achtereenvolgens op de genoemde tijden aangeboden. Na elke presentatie vertelde de proefpersoon gedetailleerd wat hij dacht te hebben gezien en waarom hij zijn beschrijving eventueel veranderde. De desbetreffende protocollen werden later o.a. op het gebruik van verschillende categorieën gescoord. Elke proefpersoon beschreef slechts 20 foto's, waaronder dus gemiddeld 4 portretfoto's. Hierdoor is het eens te meer onwaarschijnlijk dat de proefpersoon (b.v. door ervaring na enige tijd) een verwachting had met betrekking tot portretfoto's. Als pre- en postadaptatieveld werd een wit veld gebruikt. De proefpersoon ontving voordat er een portret kwam minstens 5 aanbiedingen van andere stimuli, zodat hij al enigszins vertrouwd was met de procedure.

EXPLORATIE II: Elke proefpersoon kreeg nu alle portretfoto's gepresenteerd; een bepaalde foto achtereenvolgens op de genoemde tijden. Ditmaal waren er geen niet-portretfoto's en de proefpersoon wist dus van tevoren dat het onderzoek betrekking had op de herkenning van portretfoto's. Na elke presentatie werd nu aan de proefpersoon gevraagd of hij met enige zekerheid de sexe, leeftijd en expressie van de geportretteerde kon aangeven en tot slot of hij een naam kon noemen.

EXPLORATIE III: Ook hier zag de proefpersoon alle foto's. De presentatie verliep nu echter niet volgens de methode der stijgende limieten, maar volgens een variant van de methode der "constante stimuli". In feite kreeg de proefpersoon eerst de gehele fotoserie aangeboden op 3 ms, vervolgens op 4 ms etc. Na elke presentatie werd volgens het beginsel van "gedwongen keuze" gevraagd een vijftal identifikaties te maken: 1) Positie: keuze uit 9 hoofdstanden aangegeven op een schematische tekening. De standen waren resp.: kijkend naar links, recht vooruit en naar rechts, terwijl elk van deze standen weer was onderverdeeld in: naar boven, midden en naar beneden. Door interpretatiemoeilijkheden en het feit dat er eigenlijk geen echt frontale posities waren, hebben we deze 9 standen later teruggebracht tot 2: kijkt naar links of kijkt naar rechts. 2) Sexe: man of vrouw. 3) Leeftijd: jong of oud. 4) Sympathie: sympathiek of onsympathiek. 5) Identiteit: 8 namen en het alternatief "onbekend". In de eerste exploratie hadden we ondervonden, dat er veelvuldig meningsverschillen rezen tussen proefleider en proefpersoon over de interpretatie van bepaalde aspekten, b.v. of iemand nu oud was of niet. De proefpersoon fungeerde daarom zowel bij exploratie II als III als zijn eigen kriterium. Hiertoe werden hem na afloop van het onderzoek nogmaals - maar nu buiten de tachistoscoop - alle foto's getoond, terwijl ook nu werd gevraagd alle identifikaties te geven. Ook dit is nog niet ideaal, maar in het algemeen blijken er op deze wijze toch weinig interpretatiemoeilijkheden meer te zijn. Een uitzondering vormt natuurlijk de mogelijkheid, dat een proefpersoon gaandeweg het onderzoek b.v. een grens tussen jong en oud heeft gelegd bij 50 jaar, terwijl hij aanvankelijk een 40-jarige al oud had genoemd. Bij een herhaling van dit type onderzoek verdient het derhalve aanbeveling een zodanige procedure (kategorieën en foto's) te kiezen dat dit soort interpretatieproblemen eenvoudig is uitgesloten. In alle drie de exploraties bepaalde de proefpersoon, na een teken van de proefleider, zelf het presentatiemoment door op een knop te drukken. De proefpersoon ontving in geen van de drie exploraties na een bepaalde presentatie ook maar enige informatie over de (in)correctheid van zijn identifikaties of beschrijvingen.

PROEFPERSONEN:
EXPLORATIE I:
15 Vrouwelijke en 15 mannelijke vrijwilligers voornamelijk studenten in de leeftijd tussen 20 en 40 jaar.
EXPLORATIE II:
12 Mannelijke en 8 vrouwelijke vrijwilligers, jongerejaars psychologiestudenten.
EXPLORATIE III:
11 Mannelijke en 9 vrouwelijke vrijwilligers, psychologiestudenten.

## 2.2 RESULTATEN EN DISCUSSIE: STATUSHIERARCHIE !

Voor een adekwate scoring van alle soorten van gebruikte kategorieën in EXPLORATIE I bieden de descripties niet voldoende houvast, vooral ook omdat door verschillende subjekten bij dezelfde foto's vaak geheel onvergelijkbare begrippen worden gebruikt. De volgende indelingskategorieën bleken echter tamelijk weinig moeilijkheden te bieden. Bij het toekennen van de desbetreffende codes werden overigens aarzelingen, vragen en vaststellende uitspraken alle over één kam geschoren.

| O ondefinieerbaar | strepen, vlekken, ovale vorm, andere voorwerpen dan gezichten. |
|---|---|
| A gezicht in het algemeen | hoofd, (ape)kop, gezicht zonder meer maar ook namen of gelaatsdescripties met volkomen foutieve bijzonderheden. |
| B gezicht met bijzonderheden | "invoelbaar" correcte beschrijvingen zoals man, zakenman, mooi meisje, iemand die naar links kijkt, iemand met lang haar resp. foutieve namen die zulks uitdrukken. |
| T globale naam typering | alle foutieve naamidentifikaties - bij onbekenden is elke naamidentifikatie per definitie fout - waarbij echter de typekenmerken Sexe én Leeftijd én Haarkleur "redelijkerwijze" correct waren. |
| I juiste identiteit | correcte naamkeuzen voor bekenden en het antwoord "die ken ik echt niet" voor onbekenden. Bij dit laatste antwoord moest het uit de rest van de descriptie uiteraard duidelijk zijn dat de proefpersoon relatief zeker was van zijn zaak en allerlei details dus goed had gezien. |

Indien we de beschrijving, die een proefpersoon van een bepaalde foto bij een bepaalde aanbiedingstijd maakt, met slechts één van deze letters coderen, verkrijgen we 30 x 4 (pp'n x foto's per pp) = 120 sekwenties van 8 (aanbiedingstijden) letters. Het meest algemene type van lettersekwentie was onmiskenbaar OABTI, waarbij op allerlei plaatsen herhalingen voorkwamen (er waren uiteindelijk acht presentaties !). Tussen de proefpersonen was er met betrekking tot bepaalde foto's een grote, vaak zelfs perfekte overeenstemming.

De foto's verschilden onderling echter vrij sterk. Sommige foto's komen niet verder dan B of T, soms is er een reeks van acht gelijke letters en heel vaak worden als het ware stappen overgeslagen. Regelmatig komt het voor dat een proefpersoon na een zeer snelle correcte identifikatie qua naam weer gaat twijfelen en dan pas veel later, soms pas bij 500 ms, terugkomt op een identifikatie die b.v. bij 10 ms reeds was gemaakt. Aldus ontstaat b.v. OOBITTTI. Dit twijfelen treedt overigens ook op bij incorrecte naamidentifikaties. Grauman (1959 p 420) wijst op het bestaan van soortgelijke bevindingen in veel aktualgenetisch onderzoek. Hij beschrijft deze bevindingen alsof hij tegelijkertijd een soort van verklaring meent te geven: "Zerfall des schon Gewonnenen setzt ein, wenn neu erfaszte Qualitäten für einen Augenblick alle anderen zu assimilieren drohen, wenn der vermeinte Sinn des Gesehenen verloren geht, und sich der Beobachter zu einer Neuauffassung gedrängt sieht". Graumann stelt dit type verwarring tegenover de verwarring, die optreedt bij een merogene (deel voor deel) stimuluspresentatie en die gekenmerkt is doordat (p 416) "...Beobachter...noch nicht in der Lage sind sie (Einzelteile) als Glieder eines sinnvollen Ganzen zu sehen". Ondanks het feit dat in vele sekwenties de kategorieën 0 en A niet voorkomen, lijkt Graumann's typering van de merogene perceptuele genese toch wel het meest toepasselijk voor het merendeel van onze observaties. De proefpersoon beschrijft eerst stimulusdelen en dan pas een geheel. Dit laatste zal waarschijnlijk nog sterker het geval zijn als de kortste aanbiedingstijd nog wat korter zou worden. Bij de gegeven lichtadaptatie en luminantie lijkt onze kortste presentatietijd namelijk al lang genoeg om de waarnemer, met betrekking tot vele foto's, al zoveel informatie te laten verwerven, dat hij reeds na de eerste aanbieding een globaal correcte identifikatie kan geven. Alles bij elkaar is het verkregen beeld daarom, ondanks de hologene wijze van stimuluspresentatie, toch meer te omschrijven als kenmerkend voor een merogeen dan voor een hologeen verloop van de "herkenningsgenese". (zie voor een verdere discussie van dit punt onder het hoofd "Proces hiërarchie).

De statushiërarchie, die in *FIGUUR* I is uitgebeeld, werd als het ware van "boven naar onder" geconstrueerd. Eerst werd de curve voor de naamidentifikaties (I) bepaald. Een naamidentifikatie impliceert natuurlijk tevens de identifikatie van alle andere kategorieën. Op dezelfde wijze impliceert een globale naamtypering (T), dat er in ieder geval ook een gezicht met bijzonderheden (B), evenals een gezicht (A) werd gezien, etc. We hebben echter bij elke tijd slechts één codering gemaakt. Daarom werd nu bij elk meetpunt steeds een volgende kategorie gecumuleerd bij de voorafgaande kategorieën. Op deze wijze worden alle door de codering impliciet geraakte kategorieën weer expliciet gemaakt. De grafieken kunnen met behulp van de nu verkregen getalswaarden worden getekend. Natuurlijk behoeft door deze procedure de laatste cumulatie (met de identifikaties van de kategorie O) niet meer te worden uitgevoerd omdat deze over de gehele linie 100% zou opleveren.

De curve voor correcte naamidentifikaties (met inbegrip van vaststellingen voor onbekende gezichten, dat geen naam bekend is) vertoont bij 30 ms een knik, die berust op de reeds beschreven aarzelingen na een aanvankelijk correcte identifikatie. De curve voor typeidentifikatie geeft nu de mate aan waarin

tenminste door middel van een globaal juiste persoonsnaam wordt gekategoriseerd. De curve voor I+T+B hebben we bij nader inzien "sexe" gedoopt omdat het meest algemene van alle beschrijvingen nu is dat tenminste de sexe correct werd geïdentificeerd. Op dezelfde wijze kan van de "gezichts"-curve worden gezegd, dat tenminste werd gezien dat een gezicht werd aangeboden. Door de beschreven procedure zijn er in elk meetpunt van figuur 1. 120 observaties verwerkt. Op deze gegevens werd ook een eenvoudige toetsing uitgevoerd met behulp van Wilcoxon's niet-parametrische toets van het verschil tussen gepaarde observaties. We bepaalden daartoe per proefpersoon de som van de percentages voor het correcte gebruik van een bepaalde kategorie voor alle aanbiedingstijden en vonden:
Gezicht > Sexe > Type > Naam (p < .05).

De resultaten (van EXPLORATIE II) zijn afgebeeld in FIGUUR 2. Hier zijn in elk meetpunt 20 x 16 (pp'n x foto's) = 320 observaties vertegenwoordigd. Bij een toetsing volgens hetzelfde principe als in EXPLORATIE I vinden we:
Sexe > Expressie = Leeftijd > Naam. (p < .05).

Voor een goede interpretatie van de resultaten uit EXPLORATIE III is in verband met de procedure van gedwongen keuze een voorafgaande kanscorrectie nodig. Deze correctie dient tevens om te komen tot een noodzakelijke normering omdat niet alle antwoordkategorieën evenveel of een gelijke verdeling van alternatieven hebben en moet derhalve zowel het a-priori kansverschil als antwoordtendenties (response bias) uitschakelen. Als de proefpersoon b.v. de stand van het hoofd niet heeft gezien, zal hij misschien een voorkeur hebben om te zeggen "naar rechts". Vindt hij nu later dat er meer rechts- dan linkskijkers zijn dan varieert daarmee de raadkans. Een ander voorbeeld van een onregelmatige kansverdeling is natuurlijk te vinden in de alternatieven van de naamkategorie (acht namen en het alternatief "onbekend"). De proefpersoon zal hierbij waarschijnlijk ook een sterke voorkeur hebben voor het alternatief "onbekend" telkens als hij niets heeft gezien. Indien we voor de correctie gebruik willen maken van de bekende formule Pc = ((observed) - (expected))/ N-E, dan kunnen we als schatting voor de volgens toeval te verwachten score voor correcte antwoorden (i.c. E) dus niet zoals gewoonlijk uitgaan van een eenvoudige a-priori kans of van een empirische foutenscore (zie ook p 5.3). Indien we E echter als volgt definiëren, hebben we een oplossing gevonden:

$$E = \frac{\sum_{i=I}^{k} A_{i_t} - A_i}{N}$$

waarin:

$k$ = het aantal alternatieven van de desbetreffende kategorie

$A_{i_t}$ = het aantal keuzen van het i-de alternatief bij tijd t.

$A_i$ = idem bij vrije inspectie

$N$ = aantal gemaakte keuzen

Met de aldus aangepaste formule werd van elke proefpersoon voor elke antwoordkategorie bij elke aanbiedingstijd het gecorrigeerde percentage correcte antwoord-keuzen bepaald. In FIGUUR 3 zijn deze resultaten, evenals in FIGUUR 1 en 2, weer gemiddeld over proefpersonen, afgebeeld. Per meetpunt zijn hier - evenals bij FIGUUR 2 - 320 observaties verwerkt. Het resultaat van de toetsing, die op overeenkomstige wijze werd uitgevoerd als in de beide voorafgaande exploraties was: Positie > Sexe > Leeftijd > Naam (p < .05). De antwoordkategorie "sympathie" is niet in de grafiek vermeld, omdat deze op een wel zeer verwarrende wijze bleek samen te vallen met de naamcurve (zie verder in de discussie).

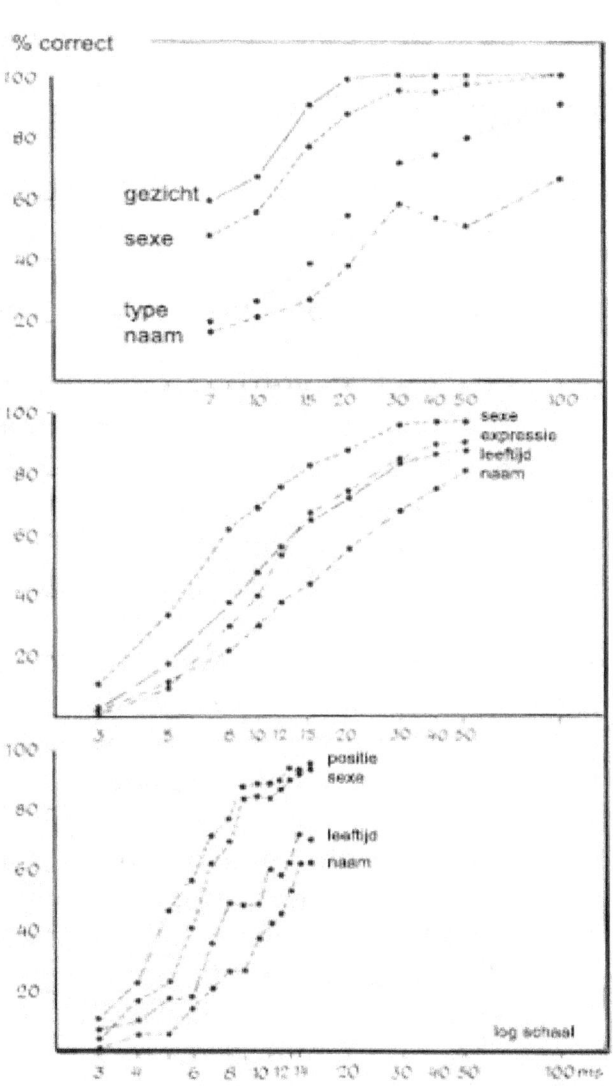

**Figuur1. Percentage correcte identificaties voor enkele "open-end" kategorieën bij onverwachte portrait presentaties in funktie van de presentatietijd.**

**Figuur 2. Percentage correcte identifikaties voor enkele geprecodeerde kategorieën bij verwachte portretpresentaties en vrije antwoordkeuze in funktie van de presentatietijd.**

**Figuur 3. Percentage correcte identifikaties voor enkele geprecodeerde kategorieën bij verwachte portrait presentaties en gedwongen antwoordkeuze in funktie van de presentatietijd.**

## 2.3    RESULTATEN EN DISCUSSIE: PROCESHIERARCHIE?

Behalve een toenemende gedetailleerdheid van de beschrijvingen die er zeer duidelijk is, heeft de voorgaande analyse tot resultaat dat inderdaad minstens een zekere statushiërarchie kan worden onderscheiden. Ondanks de verschillen in verwachting bij de proefpersonen en de wijze van responderen, vinden we in dit opzicht een grote mate van overeenkomst tussen de drie exploraties. Deze uitkomsten falsifiëren de hypothese van een hiërarchisch successief identificatieproces dus niet. Kunnen we de conclusie dat algemene herkenningen eerder mogelijk zijn dan bijzondere, nu ook aanvullen met de conclusie dat de algemene herkenning de hiërarchische "aanzet" vormde voor de bijzondere? Laat ons voor een antwoord de protocollen van EXPLORATIE I en de observaties van EXPLORATIE II en III nader bezien.

### 2.3.1 ONTBREKENDE SCHAKELS

Nemen we als voorbeeld allereerst het volgende protocol, dat tamelijk representatief genoemd mag worden voor vele andere.

| | | |
|---|---|---|
| 7 | ms | Een hoofd...van een vrouw geloof ik...met veel haar tenminste en grote ogen. |
| 10 | ms | Ja, ze lacht...ze kijkt, geloof ik, omhoog. Ze heeft donkere haren en er is geen achtergrond...tenminste er is anders niks te zien! |
| 15 | ms | Nee...ze kijkt lachend en ze kijkt opzij, zó (demonstreert hoe). |
| 20 | ms | Haar tanden zijn goed te zien...er is helemaal geen achtergrond en geen kleuren. Bekend type...een of andere filmster? |
| 30 | ms | Het haar is hoog opgemaakt...de foto is gespikkeld...zeker een kranten foto! |
| 40 | ms | Jacqueline Kennedy misschien? |
| 50 | ms | Ja, daar lijkt ze veel op! |
| 100 | ms | Ach nee... nu zie ik het...het is Mies Bouwman...o ja dat kan niet missen! (correcte naamidentifikatie) |

Het lijkt er althans in dit protocol, veel op dat de waarnemer na te hebben ontdekt dat er sprake is van een gezicht, dat hij overigens ook reeds als "vrouwelijk" kan herkennen, allereerst tracht de stand van het hoofd te bepalen. En passant heeft hij ook allerlei details bepaald. Op een zeker moment is hij kennelijk beland op een "tak" van bekende (en ofschoon niet uitgesproken, waarschijnlijk ook mooie en jonge) vrouwen. In aansluiting hierop lijkt hij bovendien de hypothetische subkategorie "filmster" nader te willen bezien. Kennelijk is echter deze laatste hypothese bij de volgende descriptie al weer verworpen, want hij noemt nu zonder enige toelichting een niet-filmster (als men onder een filmster tenminste iemand verstaat, die sterk de aandacht op zich wist te vestigen door voor een camera tegen betaling expliciet toneel te spelen). Vervolgens verandert hij - opnieuw zonder nadere toelichting - zijn mening en noemt een andere bekende vrouw, die geen filmster is. Het is natuurlijk wel mogelijk om aan de hand van dit protocol een veel completer opstel te schrijven over wat er allemaal in het hoofd van de waarnemer is omgegaan. Dit zou echter een uitermate speculatieve zaak zijn en verschillende schrijvers zullen dan ook waarschijnlijk evenveel verschillende - allemaal min of meer "invoelbare" - opstellen schrijven. Wat uit de bestudering van dergelijke protocollen dus allereerst duidelijk wordt, is dat de "redeneerprocessen", die ten grondslag liggen aan de gedane uitspraken, of die deze uitspraken verbinden, veelal zelf niet worden uitgesproken.

Het is derhalve denkbaar, dat juist de meest kardinale operaties in zo'n redenering verborgen blijven. Het lijkt er overigens veel op dat de waarnemer deze operaties ook niet kan vermelden. Het is alsof het waarnemingsproces hem steeds eenvoudig alleen de resultaten en niet de middelen aanreikt. Met andere woorden: er blijkt telkens weer sprake te zijn van de onmiddellijke waarneming ("zien van betekenissen is allerminst een denkoperatie", Strasser, 1970 p 80), waar de fenomenologen van spreken. Er zijn overigens wel een aantal protocollen waarbij, in de reeks van descripties over de verschillende aanbiedingstijden, meer overtuigend een hiërarchische sekwentie kan worden gezien, dan in het voorafgaande protocol. Een zeer duidelijk voorbeeld in dit opzicht biedt naar onze mening het volgende (samengevatte) protocol: 7 ms, ik weet het niet, een vlek. 10 ms, iets ronds in het midden. 15 ms, een kop. 20 ms, kijkt naar links. 30 ms, heeft "ringen" onder de ogen en is verder ook een en al rimpel. 40 ms, is oude man. 50 ms, politicus. 100 ms, De Gaulle (correct). Men kan zich in deze serie een continue reeks van hypothese- en toetsingsmomenten voorstellen. Van knoop naar tak, naar de volgende knoop etc.. Zelden liggen de relaties echter zo duidelijk. Meestal ontbreken - zoals in het voorlaatste protocol - eenvoudig een groot aantal schakels. Bijna altijd zijn er bij nader inzien ook in een protocol, dat op het eerste gezicht zeer duidelijk lijkt, kleinere lancunes. Hoe komt de waarnemer in het laatste protocol b.v. van iets ronds naar kop, van rimpel naar man, of van man naar politicus?

Kortom de descripties geven vooral de impressie alsof het proces met een soort zevenmijlslaarzen "meer van de hak, dan van de knoop op de tak springt". Zowel de eerste min of meer adekwate beschrijving van de stimulus(b.v. "een gezicht") als de uiteindelijke naamidentifikatie schijnen daardoor vaak uit de lucht te komen vallen. Aktualgenetische descripties bevatten dus geen rechtstreekse neerslag van een soort geordend perceptueel redeneerproces. Evenmin blijkt het mogelijk een dergelijk redeneerproces op indirekte wijze af te leiden uit de successievelijk gemaakte kategorisering. In dat geval zou men in de meer algemene kategorisering steeds de heuristiek moeten kunnen herkennen, waardoor een volgende poging tot een meer bijzondere klassifikatie succesvol kan zijn. We vinden echter niet meer dan

hooguit enkele brokstukken van een dergelijk proces. Eigenlijk is de enige min of meer overtuigende evidentie voor sturende heuristieken in het waarnemingsproces te vinden in descripties, die geïsoleerd zijn uit het protocol; dat wil zeggen in de descripties bij een bepaalde aanbiedingstijd los van de descripties bij andere aanbiedingstijden. We zullen op dit punt terugkomen in paragraaf 2.3.5. Er zijn overigens wel vele observaties, die pleiten voor een zeker dirigisme van de bij een bepaalde aanbiedingstijd gemaakte kategorisering van de stimulus op voortgezette identifikatiepogingen bij hernieuwde stimuluspresentatie. Daarbij lijkt de eerste kategorisering echter vaak wat toevallig te zijn, dat wil zeggen geen onderdeel van een algemene klassifikatiestrategie. Het is bovendien niet duidelijk in hoeverre hierbij eerder sprake is van een procedureartefakt dat resulteert uit de steeds onderbroken stimuluspresentatie, dan van een dirigisme dat zou behoren tot het normale (niet onderbroken) waarnemingsproces.
De volgende paragraaf is aan dit thema gewijd.

## 2.3.2 HYPOTHESEN, VERWACHTINGEN OF AANDACHTSEFFECTEN ALS GEVOLG VAN DE ONDERBROKEN STIMULUSPRESENTATIE

Met betrekking tot het zojuist beschreven, ogenschijnlijk duidelijk de procesgang weerspiegelende protocol, kan men zich afvragen in hoeverre, door de verbrokkelde presentatie, toch complexere verbaliseerbare redeneerprocessen, instellingseffecten of verwachtingen mee gaan spelen. Bij de kategorie "politicus" bijvoorbeeld kan men zich weliswaar allerlei verzamelingen van gezichten voorstellen, toch komt het ons als zeer onwaarschijnlijk voor dat hier sprake zou zijn van een voorpredikatieve perceptuele mediator. Meer waarschijnlijk is dat de proefpersoon, nadat hij had vastgesteld, dat de afbeelding een oude man voorstelde, heeft beredeneerd (hij wist dat de foto's uit tijdschriften waren genomen!): "waarschijnlijk een bekende figuur uit de politiek". Het was zelfs denkbaar geweest, dat hij op grond van een dergelijke gedachtengang al had gegokt op De Gaulle, zonder deze echt te hebben gezien. Een andere mogelijkheid is dat hij via zijn eigen descriptie op dit idee is gekomen en nu met een zeer specifieke instelling de volgende stimuluspresentatie afwacht. Met name het onderzoek van Bruner en Potter (1964) en Wyatt en Campbell (1951) dat teruggrijpt op ideeën van Brunswik (Galloway, 1948), lijkt toepasselijk op deze laatste situatie. Al deze onderzoeken demonstreerden dat de waarnemer onder ongunstige stimuluspresentaties vaak foutieve veronderstellingen opbouwt over de aard van het afgebeelde object en dat deze veronderstellingen door blijven werken als de presentatie intussen meer optimaal is geworden. Deze onderzoeken stammen overigens uit een interaktie van twee veel oudere interessedomeinen en wel het effect van stereotypen op sociaal gedrag (Sherif, 1936) en de ontwikkeling van "hypothesen" door ratten in een leersituatie (Krechevsky, 1932. Tolman, 1932). Opmerkelijk is dat in de experimenten van Bruner e.a. alleen middels een demonstratie van storende effecten wordt gepleit voor het ontstaan van dergelijke veronderstellingen. Waarschijnlijk is dit te verklaren door het feit dat hun eerste stimuluspresentatie in letterlijke zin storend moet worden genoemd. Zij begonnen namelijk met een uitermate onscherpe projektie van de desbetreffende afbeelding en stelden vervolgens het beeld steeds scherper in. Het is niet zo zeker of een dergelijke onscherpe projektie zonder meer mag worden vergeleken met een aanvankelijk ultrakorte tachistoscopische presentatie. Hoe het ook zij: het is denkbaar dat door een of andere voorafgaande langdurige stimuluspresentatie - of een kortdurende gevolgd door een zeker interval - bepaalde expliciete verwachtingen over de aard van de stimulus kunnen worden opgebouwd. Deze verwachtingen kunnen, afhankelijk van de stimuluspresentatie, min of meer adekwaat zijn. Het cruciale verschil tussen deze verwachtingen of hypothesen met de door ons voorgestelde hypothesen in het normale waarnemingsproces is, dat de eerste moeilijk voorpredikatief genoemd kunnen worden.

In dit opzicht zijn deze expliciete verwachtingen, die ontstaan door een voorafgaande stimuluspresentatie toch weer te vergelijken met de expliciete verwachtingen die "van buiten af" worden aangebracht in de zogenaamde Set-en-perceptieexperimenten. Haber noemt dit van buiten af aanbrengen van een verwachting of instelling recentelijk (1973) "instructional set". In dit soort onderzoek, dat teruggrijpt op pogingen van de denkpsycholoog Külpe (1904) tot onderzoek van abstractieprocessen, en dat sindsdien op een zeer breed terrein van vraagstellingen uit waarnemings- en denkpsychologie wordt gepraktiseerd (vgl Haber, 1966), is overigens zowel het effect van "helpende" als "storende" verwachtingen aangetoond. Een verschil tussen deze door de proefleider geïnstrueerde verwachting en de verwachting, die ontstaat door een voorafgaande stimuluspresentatie is overigens, dat in het eerste geval vooral effecten zijn onderzocht op het verhogen of verlagen van drempels terwijl het in het laatste geval gaat om effecten op de waarneming bij duidelijk supraliminale stimuluspresentaties.

Voorts is in dit kader veel onderzoek gedaan naar het effect van deze "instructional Sets" (stimulussets of filtering, tuning e.d. en response sets of pigeonholing, vgl Broadbent, 1971) op de lengte van keuzereaktietijden. Het was echter, zoals betoogd, juist niet onze bedoeling de effecten van dergelijke sets te bestuderen. Wat ons vooral interesseert is hoe het waarnemingssysteem zich als het ware zelf "set" op grond van voorafgaande bewerkingen, waarbij echter niet aan hogere redeneerprocessen en daarmee corresponderende zoekstrategieën moet worden gedacht.
Een zeer sprekend voorbeeld van een dergelijk effect (nu overigens in de vorm van een interferentie, evenals in het onderzoek van Bruner c.s.) troffen we aan in onze tweede exploratie. Het betrof hier een foto van Brigitte Bardot, waarop zij is afgebeeld met een zeer weelderig kapsel, dat het gehele gezicht omsluit.

Op deze foto is ook nog juist te zien, dat zij een donker jasje draagt, waaronder een lichte blouse met donker strikje. Deze foto bevond zich, zoals omschreven, temidden van een aantal andere foto's. Hierbij waren verschillende staatslieden, waarvan de meeste donkere colberts met wit hemd en donkere das droegen. Waarschijnlijk als gevolg van deze kledingovereenkomst, werd Brigitte bij korte aanbiedingstijden door velen beurtelings als Luns, Brandt en zelfs als Adenauer geïdentificeerd. Geheel in overeenstemming met het idee van Bruner c.s. was nu inderdaad, dat vele proefpersonen een dergelijke foutief ingezette identifikatie ook zeer lang bleven volhouden, terwijl zij daarbij melding maakten van allerlei voorwerpen zoals takken en planten, die zich gedeeltelijk voor het gezicht zouden bevinden. Bij het latere gebruik van dezelfde foto in een ander onderzoek met limietenpresentaties (ik had toen nog geen overzicht van de protocollen uit de hier besproken exploraties) was ik zelf slachtoffer van deze - gezien de bijna universeel erkende stimuluskwaliteiten van Brigitte - toch wel beschamende zinsbegoocheling. Tot de welhaast absurd hoge aanbiedingstijd van 200 ms bleef ik - tot groot vermaak van de proefleiders - volhouden Willy Brandt te zien met een hand voor zijn gezicht, terwijl ik me toch tegelijkertijd met de beste wil van de wereld niet kon herinneren in de fotoserie enig portret met een hand voor het gezicht te hebben opgenomen. Kennelijk beperkte de waarneming van het donkere jasje de mogelijkheden tot de groep der politici en werd vervolgens alleen nog gezocht naar evidentie voor een bepaalde politicus. Ik herinner me zeer duidelijk, dat ik daarbij de buitencontour van het gezicht veronderstelde op de plaats, waar in feite de buitencontour was van het uitbundige kapsel. Uitgaande van een dergelijke veronderstelling met betrekking tot een (niet behaard) gezicht, moet men natuurlijk wel op allerlei onverwachte obstakels sluiten bij de perceptuele speurtocht naar verdere kenmerken. Deze obstakels worden dan waarschijnlijk vertaald in takken, handen e.d. In het juist gegeven voorbeeld kwam mijn verwachting mogelijk voort uit de moederverzameling van tijdschriftfoto's, waarin zich portretfoto's bevonden(van resp. president Johnson en Golda Meir) met een hand voor het gezicht, die ik al herhaaldelijk wegens onbruikbaarheid voor concrete experimenten terzijde had geschoven.

Door onderbreking van de stimuluspresentatie lijken we dus een onderzoekssituatie te scheppen, waarin expliciete min of meer verbaliseerbare verwachtingen met bijbehorende zoek(search)strategieën ontstaan. Deze verwachtingen spelen naar alle waarschijnlijkheid ook een effectieve rol in de successievelijke identifikatiepogingen. In het eerste hoofdstuk hebben we echter gesteld dat bij de onmiddellijke waarneming juist geen a-priori verwachtingen bestaan. Pas door dit onderzoek realiseren we ons dat een limietenpresentatie - althans in deze vorm - in feite niet geschikt is voor het bereiken van ons onderzoeksdoel. Weliswaar is er steeds sprake van een hypothese, die resulteert uit een voorafgaand waarnemingsproces. Men kan deze hypothese echter niet gelijkstellen met de hypothesen, die een tussenstadium vormen in het zichzelfsturende proces van één en dezelfde ononderbroken identifikatieprocedure. Door het onderbreken van de presentatie ontstaan er ook meerdere afzonderlijke waarnemingsprocessen, waarvan de hypothesen als het ware een eindprodukt vormen. Door het stoppen van de stimulatie kunnen deze op een hoger begripsmatig niveau worden uitgewerkt en aldus steeds een hogere (niet zuiver perceptuele) selectieve aandachtsinstelling bewerkstelligen, die voorafgaat aan de volgende stimuluspresentatie. Het lijkt niet ondenkbaar dat door een dergelijke selectieve aandacht eenvoudig van boven af wordt bepaald, dat slechts één bepaald alternatief behoeft te worden onderzocht of één bepaalde hypothese getest, waardoor een blindheid zou ontstaan, die niet gewoon is voor de onmiddellijke waarneming. Er zijn echter ook nog andere effecten te constateren, die samenhangen met het feit dat meerdere presentaties worden gegeven. In de volgende paragraaf gaan we dieper in op deze verschijnselen.

## 2.3.3  LEERPROCESSEN TEN GEVOLGE VAN HERHAALDE STIMULUSPRESENTATIE

Uit dit onderzoek rijst ook in sterke mate het vermoeden, dat ten gevolge van het herhalen van een stimuluspresentatie, de herkenning eenvoudig gemakkelijker wordt. Alles wijst er met andere woorden op, dat tijdens dit onderzoek bepaalde leerprocessen optreden, waardoor (in funktie van het aantal voorafgaande presentaties) bij dezelfde aanbiedingsenergie een hoger of lager percentage correcte identifikaties kan worden verkregen. Vergelijken we, alvorens over te gaan tot een bespreking van deze leerprocessen, allereerst ter illustratie de percentages voor correcte identifikatie van de sexe en de naam in de drie exploraties bij de aanbiedingstijd van 15 ms. We zien dan dat deze percentages duidelijk in positieve zin samenhangen met het aantal voorafgaande presentaties:

| presentatie | rangnr. | % + sexe | % + naam |
|---|---|---|---|
| exploratie 1 | 3 | 76 | 26 |
| exploratie 2 | 6 | 83 | 44 |
| exploratie 3 | 13 | 91 | 60 |

We hebben overigens niet kunnen onderscheiden in hoeverre deze verschillen misschien ook samenhangen met de aard van de gebruikte responsieindikators in de drie exploraties. Er is uiteindelijk in het type van de verlangde responsie bij de drie exploraties ook een soort continuüm te ontdekken, dat verloopt van "open end" naar "forced choice", terwijl het sinds het onderzoek van Blackwell (1953) bekend is dat gedwongen keuze in het algemeen lagere drempels oplevert. Hier komt bij dat het aantal naamalternatieven in toenemende mate werd beperkt. Het aantal keuzealternatieven met betrekking tot sexe is daarentegen natuurlijk steeds gelijk!

Ook een andere onderscheiding kunnen we niet maken met betrekking tot deze data. Er kan namelijk sprake zijn van een "extraneous" of "warming up" effect, of meer algemeen van een nonspecifieke transfer als gevolg van de eerdere presentaties, door ervaring met de procedure en de apparatuur. Er kan echter ook een specifieke transfer zijn door ervaring met de concrete foto's (vgl Postman, 1971). We hebben overigens wel getracht al te grote oefeneffecten van het nonspecifieke type te voorkomen door middel van een aantal oefenaanbiedingen, die niet in de resultaten werden verwerkt. Het is echter mogelijk dat dit niet voldoende was.

Relevant in verband met de mogelijkheid van een specifieke transfer door herhaalde presentaties lijkt met name het onderzoek van Haber en Hershenson (1965). Met een interstimulusinterval van telkens minstens 8 seconden presenteerden zij een groot aantal malen achtereenvolgens dezelfde stimulus met een zodanige (steeds gelijkblijvende) aanbiedingsenergie, dat de waarnemers aanvankelijk niets konden herkennen. Na verloop van meerdere presentaties konden de proefpersonen de stimulus echter accuraat rapporteren en deze duidelijk zien. (Doherty en Keeley vervangen overigens in 1972 deze "duidelijkheidsverklaring" door een verklaring in termen van een accumulatie van evidentie uit meerdere, perceptueel onafhankelijke, observaties). Het betreft hier weliswaar letter-stimuli en geen plaatjes, zoals b.v. in het onderzoek van Bruner en Potter (1964), dat in de vorige paragraaf uitvoerig werd besproken. Toch zou deze proef er op kunnen wijzen, dat door herhaalde presentatie de waarneming als zodanig wordt gefaciliteerd. Neisser (1967), die aan beide experimenten uitvoerig aandacht schenkt(p 124-126) komt in ieder geval tot deze conclusie. Neisser verklaart het positieve leereffect met het argument, dat de waarnemer uit eerdere presentaties onthoudt, dat op een bepaalde plaats letters aanwezig waren, zodat hij ze bij de volgende aanbieding opnieuw kan construeren (dat is waarnemen). Bij plaat-jesmateriaal zou een dergelijke geheugenhulp niet zo snel ontstaan, omdat hier geen afzonderlijke eenheden zoals letters zijn te onderscheiden. Integendeel een plaatjesfragment zou niet zo gemakkelijk en bovendien op een verkeerde plaats kunnen worden gereconstrueerd en dus eerder storen. Neisser ziet hier kennelijk over het hoofd dat de stimuluspresentatie bij Bruner c.s. op zichzelf deficiënt was (onscherp). Het is bovendien waarschijnlijk dat ook bij plaatjesmateriaal door herhalingen verbetering van de perceptuele identifikatie kan optreden. Hiervoor lijkt het zelfs niet nodig dat de aanbiedingen van hetzelfde plaatje elkaar opvolgen. In onze derde exploratie wordt een presentatie van een bepaalde afbeelding altijd gevolgd door presentatie van een andere. Toch schijnt de verbetering van de prestatie desondanks door te zetten als er maar meer voorafgaande aanbiedingen van dezelfde stimulus zijn geweest. Als we echter eenvoudig vaststellen dat herhaling leidt tot betere herkenning, dan hebben we dit verschijnsel natuurlijk nog niet verklaard. Misschien kan een dergelijke verklaring echter worden gevonden in de volgende gedachtengang die overigens slechts op ogenschijnlijk subtiele punten afwijkt van die van Neisser.

Stel dat de waarnemer bij de eerste presentatie een stukje of een aspekt van de afbeelding heeft geïdentificeerd en in aansluiting daarop een tweede aspekt heeft kunnen vaststellen en bovendien dat hij deze handelingen onthoudt, d.w.z. vastlegt in een specifiek programma. Als nu de waarnemer bij een volgende presentatie het eerste aspect weer ziet, dan zou dit een signaal kunnen zijn om een intussen gevormd onderdeel van het specifieke programma te aktiveren. Het tweede aspekt zou dan zeer snel kunnen worden geïdentificeerd omdat reeds een geëigende programmastap gegeven is. Er komt dan tijd vrij om een volgende identifikatiestap uit te voeren, waarvan de procedure bij succes (gebleken objekt- adekwaatheid) ook weer aan het specifieke programma wordt gekoppeld etc. Hoe meer presentaties, hoe uitgebreider het voor de stimulus specifieke programma wordt en hoe meer er kan worden gezien, terwijl toch de presentatieduur niet verandert. Geheugen, leren en waarnemen zouden op deze wijze ten nauwste samenhangen

Deze gang van zaken komt er dus op neer, dat via het algemene identifikatie- programma een specifiek identifikatieprogramma zou worden opgebouwd (leren) voor de herkenning van de konkrete foto. Dit programma zou dan tevens voor langere duur worden vastgelegd in het geheugen. Bij hernieuwde presentatie van dezelfde foto, kan dan behalve het gezicht als zodanig, door de aktivering van dit specifieke programma ook de konkrete foto (of aspekten daarvan) worden herkend. Het ligt voor de hand, dat ook bij een eenmalige maar langer durende presentatie van een bepaalde afbeelding een dergelijk programma zal worden opgebouwd. Ook in dit geval kunnen we later immers zowel het afgebeelde objekt als de konkrete afbeelding herkennen. Vermeldenswaard is in dit verband de enigszins verwante suggestie van Erdelyi (1974 p 19). Broadbents nog wat "domme en passieve" filter uit de "1958- theorie" wordt hierbij geïdentificeerd als het lange-termijn-geheugen (vgl ook Frijda, 1972). Vanuit dit geheugen-tevens-filter wordt bepaald wat vanuit het icoon wordt geselecteerd voor het korte-termijn-geheugen (dat o.a. wordt omschreven met de term "awareness"!). Op deze wijze bepaalt het lange-termijn-geheugen indirect wat het zichzelf via het korte-termijn-geheugen (dat hier dus secondair is) voorschotelt voor een eventuele opslag. Het lange-termijn-geheugen zou op deze wijze zijn gevrijwaard van de oeverloze taak om alles op te slaan wat "in de zintuigen is".

Recentelijk is een grote belangstelling ontstaan voor dit plaatjesgeheugen. In 1967 demonstreerde Shepard, dat proefpersonen grote aantallen foto's, die slechts kort waren bekeken, ook geruime tijd later nog bijna perfekt konden herkennen. Soortgelijke bevindingen deden Standing, Conezio en Haber (1970) en ook Shaffer en Shiffrin (1972). Loftus (1972) demonstreerde overduidelijk dat deze foto's dan wel bewust bekeken moesten worden. Wiseman en Neisser (1972) en Freedman en Haber (1972) stelden vast dat de geheugenscore duidelijk werd bepaald door het gemak waarmee de proefpersoon in de plaatjes (tot puur zwart-wit patronen gereduceerde portretten) bepaalde figuren (i.c. gezichten) konden zien.

We kunnen bij een herhaling van korte stimuluspresentaties dus ook spreken van een opbouwend leerproces: bij elke presentatie wordt er meer toegevoegd aan het specifieke programma. En we zouden ons algemene onderzoeksthema ook zo kunnen formuleren, dat we ons afvragen hoe specifieke programma's kunnen worden ontwikkeld. Het probleem in verband met het aktualgenetische onderzoekstype wordt dan echter, dat door het feit van meerdere presentaties, in de descripties geen onderscheid is te zien tussen de ontwikkeling van het specifieke programma en de resultaten van het reeds ontwikkelde programma, dat steeds wordt uitgevoerd.

Het lijkt er tot slot op of we in deze programmaontwikkeling ook weer twee typen kunnen onderscheiden. In de eerste plaats zijn er ontwikkelingen, waarbij het aantal beoordelingsdimensies wordt uitgebreid, zodat bij eenzelfde aanbiedingstijd meer aangrijpingspunten in de afbeeldingen kunnen worden gevonden. In de tweede plaats blijken er ontwikkelingen te zijn, als gevolg waarvan plotseling het complex van tot dan toe gebruikte beoordelingsdimensies wordt gereduceerd tot een zeer beperkt aantal cruciale dimensies, dan wel wordt vervangen door een soort secondaire beslissingsdimensie. Secondair omdat deze alleen kon worden gevormd door eerdere identifikaties of door redeneerprocessen. Deze onderscheiding kwam vooral tot stand door observaties uit onze derde exploratie (waarbij geen limietenpresentaties werden gebruikt). Het lijkt erop dat de waarnemer bij een bepaalde presentatietijd een subjektieve zekerheid heeft verkregen over de identiteit en mogelijk ook over bijkomende aspekten van de op een bepaalde foto afgebeelde persoon. Op dat moment koppelt deze waarnemer echter bepaalde kenmerken van de konkrete foto aan zijn gemaakte identifikatie. Dergelijke kenmerken kunnen zijn:

a.     voor de geportretteerde in feite irrelevante details als "een donkere partij links boven", "een lichte vlek in het midden" e.d.
b.     eveneens irrelevante aspekten als de blikrichting e.d.
c.     wel relevante aspekten, die echter voor deze foto ter plaatse worden geaccentueerd: zware bril, hoog voorhoofd, sieraad, opgestoken haar e.d.

Op deze wijze blijkt de proefpersoon dus tijdens de aanbiedingen zijn herkenningskriterium te kunnen vereenvoudigen: "die lichte vlek was die en die". Op grond van de andere punten, die we hebben genoemd, zou men beurtelings ook kunnen spreken van een aanpassing, uitbreiding of complete verandering van het kriterium. Hierdoor kunnen de descripties bij verschillende aanbiedingstijden in het geheel niet meer op "dezelfde lijn" worden gezet. Betoogden we in de vorige paragraaf, dat er bij limietenpresentaties steeds verschillende verwachtingen kunnen worden geïntroduceerd, nu lijkt het bovendien waarschijnlijk dat, afhankelijk van de direkte voorervaring, ook door dezelfde proefpersoon steeds andere kenmerken kunnen worden gebruikt. (We wezen reeds op de mogelijkheid, dat verschillende waarnemers verschillende kenmerken zouden kunnen gebruiken).

Bovendien lijkt ook hier de mogelijkheid te bestaan, dat de waarnemer via redeneerprocessen, die mogelijk zijn geworden door het zojuist geleerde kenmerk, ook na een zeer rudimentaire waarneming, tot een correcte identifikatie kan komen. Niet alleen limietenpresentatie, maar elke herhaling van presentaties binnen dit onderzoekstype, lijkt dus ongeschikt voor het bereiken van ons onderzoeksdoel.

Een niet-specifiek leereffect hadden we kunnen uitsluiten door een stimulus presentatie geheel volgens de eisen van de methode der constante stimuli; dus ook met volgens toeval verdeelde aanbiedingstijden. De correspondentie tussen presentatietijd en presentatienummer zou dan immers komen te vervallen. Het specifieke leereffect zou onder dergelijke presentatiecondities echter blijven bestaan en waarschijnlijk zelfs sterker worden. De proefpersoon zou namelijk voorafgaande aan korte presentaties ook langere hebben gekregen en het ligt voor de hand, dat hij bij deze langere presentaties relatief veel kan leren! Door dergelijke effecten zouden prestatiecurves, bepaald volgens de methode der stijgende limieten dus een relatief grote helling blijven vertonen, terwijl curves resulterend uit de methode der constante stimuli meer horizontaal moeten verlopen. In de praktijk van de drempelbepalingen wordt dit zelden of nooit gevonden, maar deze drempel bepalingen hebben dan ook meestal geen betrekking op een objektidentifikatie maar meer op discriminatie binnen één enkele fysische dimensie.

## 2.3.4 CONSTITUERENDE EN RESULTERENDE KENNISASPEKTEN

Bij nader toezien lijkt er in de descripties ook nog een geheel ander type van relaties tussen - met name adekwate - descripties te zijn dan de dirigerende relaties, waarna wij zochten. Allerlei adekwate kategorieën bij eenzelfde aanbiedingstijd blijken namelijk vaak te bestaan uit, of samen te vallen met, min of meer omvattende totaalidentifikaties. In het protocol van een bepaalde presentatie gaan deze totaalidentifikaties bijna even vaak vooraf aan detailidentifikaties als dat ze er op volgen. Hierdoor dient zich een nieuwe interpretatiemoeilijkheid aan. Als de proefpersoon zegt; "Een oude, wat stugkijkende man met veel rimpels, ik geloof De Gaulle", kwam hij dan via de genoemde kenmerken op de hypothese "De Gaulle"; gebruikte hij deze kenmerken als toetsingskriterium voor de hypothese; of was hij er reeds min of meer in geslaagd deze hypothese te bevestigen op grond van niet genoemde operaties? In het laatste geval vormen de genoemde kenmerken dus alleen een nadere omschrijving van de naam "De Gaulle", zoals in de uitspraak "De Gaulle met zijn verwaande smoel".

Was in eerste instantie niet ondubbelzinnig vast te stellen welke hiërarchisch gerelateerde operaties van kennisverwerving het bereikte kennisniveau konstitueren, nu blijkt dus bovendien onduidelijk welke kennisaspekten uit het bereikte kennisniveau resulteren. Ook bij het genereren van kenmerken in de laatstbedoelde zin kan men overigens aan hiërarchische relaties denken, die dan samenhangen met een of andere geheugenopslag, die hiërarchisch (in de zin van een associatie- of habit-hiërarchie) is gerelateerd aan de  desbetreffende kategorie.

Als de waarnemer er in is geslaagd vast te stellen wat iets is, kan hij immers vervolgens een groot aantal aspekten van de desbetreffende zaak beschrijven, die hij weliswaar niet als zodanig behoeft te hebben gezien, maar die eenvoudig behoren tot de verzameling van kenmerken van de desbetreffende kategorie. Met andere woorden: als de waarnemer op grond van een toetsing van bepaalde kenmerken een of andere kategorisering kan maken, kan hij ook alle andere kenmerken van die kategorie afleiden; hij kan als het ware de definitie van de kategorie geven. Het door de Gibsons (1955, 1966, 1969) verworpen verklaringsbeginsel "enrichment" lijkt dus ook hier (vgl Postman, 1955) wel zeer toepasselijk. Wat b.v. de bij portretfoto's veelvuldig genoemde leeftijd betreft, geldt in ieder geval, dat vaak een aanzienlijke correctie optreedt, nadat werd geïdentificeerd. Zo wordt De Gaulle na herkenning van "50 à 60 jaar" opeens "80 jaar" en Indira Gandhi van een "Engelse prinses van een jaar of dertig" (een gezien de wat geflatteerde staatsiefoto overigens zeer begrijpelijke uitspraak) opeens van meer gevorderde leeftijd. Simultaan met de naamidentifikatie, maar ook met een adekwate typering van het gelaatstype gaan voorts veelvuldig veranderingen gepaard in de waarneming. Het gezicht wordt opeens nors, vriendelijk, intelligent, knap, saai, etc. In het algemeen geldt dat na een identifikatie opeens meer details en aspekten adekwaat worden beschreven.

De geheel verschillende waarden, die het subjekt bij eerdere en latere presentaties op sommige, ogenschijnlijk gelijk gebleven, beoordelingsdimensies geeft, maken het in ieder geval onwaarschijnlijk, dat hij vanuit die eerdere beoordelingen kon geraken op een speciale naamkategorie als een te toetsen hypothese. Of kende hij in feite dezelfde waarden toe, maar gebruikte hij daarvoor alleen verschillende bewoordingen? Dit laatste zou verklaren, dat vele proefpersonen de neiging vertonen ondanks de door hen zelf aangebrachte correcties, toch hun eerdere kwalifikatie te verdedigen: "Ik zei wel 60 jaar, maar ik had net zo goed 80 kunnen zeggen; wat ik bedoelde was oud". Het is dan echter in het geheel niet meer duidelijk hoe allerlei gedetailleerde omschrijvingen moeten worden opgevat! Als slot van dit gedeelte van ons betoog merken we nog op dat vele details juist ook vaak niet worden vermeld nadat eenmaal bepaalde identifikaties zijn gedaan. Als eenmaal bekend is dat de afbeelding De Gaulle voorstelt, is het voor velen kennelijk niet meer nodig om nog melding te maken van een oude man. Op grond van een verwante gedachtengang maken verschillende proefpersonen alleen melding van ongewone kenmerken of van beoordelingswaarden, die van een of andere norm verschillen. Neutrale gelaatsuitdrukkingen, "gewone" haardrachten en frontale blikrichtingen worden minder vaak beschreven dan de lach, het echte kapsel en de zijdelings of naar boven gerichte blik.

Door de voorafgaande argumentatie zijn ook de data, die werden verwerkt in de figuren 1, 2 en 3, niet meer zo eenduidig. Deze figuren suggereren een simpel eerder en later van bepaalde kategorieën, maar het is meer waarschijnlijk, dat de "eerdere" kategorieën op een bepaald moment ook weer "later" kunnen worden. De delen worden als het ware gemodificeerd door het geheel, om in Gestalttermen te spreken. De sympathiecurve uit EXPLORATIE III, die bovendien ook nog op zichzelf een raadselachtig verloop heeft, hebben wij in verband met de resulterende wel zeer grote onduidelijkheid maar weggelaten. Misschien dat er tussen de naam- en b.v. de expressiecurve in figuur 2 wat eenvoudiger interakties bestaan. Men zou zich kunnen voorstellen, dat het subjekt de expressie op een bepaald moment (als de naam eenmaal bekend is) ook kan raden, zodat als het ware informatie uit een nieuwe bron wordt toegevoegd.

## 2.3.5  EVIDENTIE VOOR "EENTRAPSHEURISTIEKEN"

Dat descripties, verzameld in een reeks van achtereenvolgende stimuluspresentaties, veel kunnen bijdragen tot een beter begrip van het proces van de onmiddellijke waarneming, is door het voorgaande onwaarschijnlijk geworden. In de descriptiereeks is minder te vinden van de neerslag van een hiërarchisch perceptueel redeneerproces, dan van allerlei processen, die samen hangen met de gevolgde onderzoeksprocedure. Het eigene van de onmiddellijke waarneming brengt kennelijk met zich mee, dat deze alleen kan worden bestudeerd bij een tamelijk kortdurende, ononderbroken stimuluspresentatie, die eigenlijk ook nog voor de allereerste maal moet plaatsvinden. Dit laatste wil overigens niet zeggen, dat een descriptie bij een dergelijke presentatie wel veel inzicht kan bieden. Deze descriptie zal meestal alleen een eindstadium of produkt van het proces vermelden, dat bovendien ook nog een aantal, uit de identifikatie, resulterende kennisaspekten kan bevatten. Als we echter voor een moment deze bezwaren en meer algemeen ook de bezwaren, die samenhangen met de herhaling van de stimuluspresentatie, terzijde zetten, dan kunnen we ons toch afvragen, in hoeverre de afzonderlijke descripties (alhoewel verkregen met een aktualgenetische procedure) nog enig inzicht kunnen bieden. Met name de vraag of er iets gemeenschappelijks valt te ontdekken in de aanvankelijk vaak weinig belovende en de later toch steeds adekwater wordende beschrijvingen, lijkt het overwegen waard.

Smith (1957) suggereert dat in de beginfase van de Aktualgenese allerlei mogelijkheden voor een verdere ontwikkeling worden overwogen en dat naarmate het proces vordert, steeds meer van die mogelijkheden worden verworpen tot er een laatste overblijft, die geschikt is voor definitieve uitwerking en die leidt tot een percept. Hij kan daarom zeggen: "...the preparatory stages should not be conceptualized in terms of established ones" (p 307). Laten wij trachten deze uitspraak te vertalen in "boomtermen". Als de waarnemer op een bepaald moment een deel of aspekt van de stimulusfiguur kan beschrijven (b.v. "iets ronds in het midden"), dan impliceert dit de detectie van een kenmerk, dat aan een verzameling van mogelijke waarnemingen of objekten kan worden toegekend. Een dergelijk kenmerk kan men dus opvatten als een knooppunt in de boom en de hypothetische objekten of mogelijkheden als uitspringende takken uitmondend in volgende knopen. Het waarnemingsproces, dat volgt is nu te omschrijven als het uittesten van de mogelijkheden door het zoeken van aanvullende evidentie, d.w.z. nieuwe kenmerken. Wil een bepaalde mogelijkheid verder worden uitgewerkt dan moeten dus eerst nieuwe kenmerken een hypothese bevestigen. Het is denkbaar, dat een dergelijke evidentie in eerste instantie ook wordt gevonden. Als na dat moment geen verdere stimulusinformatie meer kon worden verworven (omdat de stimulatie is gestopt) zal de waarnemer dus waarschijnlijk een beschrijving geven van een mogelijkheid, terwijl hij deze bij een langer verwerkingsproces al weer verworpen zou hebben, omdat er intussen toch sprake is van contradictoire evidentie. Door het stoppen van de stimulatie zou dan volgens Smith een prematuur percept worden geforceerd. Opgemerkt dient hier te worden dat een dergelijk percept niet het adekwate knooppunt betreft, maar verderliggende inadekwate knopen!

Bestudering van de protocollen vanuit dit standpunt sterkt in hoge mate de juistheid ervan. De descripties zijn namelijk bijna altijd enigszins stimulus-adekwaat te noemen en minstens op te vatten als de beschrijving van een nog niet verworpen mogelijkheid (of als men wil van een prematuur percept) in de hiervoor bedoelde zin.

Van alle identifikaties uit EXPLORATIE I blijkt - afgezien van het feit of deze identifikaties nu uiteindelijk ook "echt" correct dan wel incorrect zijn voor de afbeeldingen of delen daarvan - zeker 80% zonder moeite als "mogelijk" gescoord te kunnen worden. Dit percentage gold voor diverse scoorders, bij alle aanbiedingstijden en voor portret- zowel als niet-portretfoto's. Kriterium was of de scoorder aan de hand van de afbeelding de identifikaties als "begrijpelijk" kon navoelen. Zou men de proefpersoon zelf zijn descriptie onmiddellijk na de presentatie op de afbeelding laten toelichten, dan is zelfs waarschijnlijk dat bijna alle beschrijvingskategorieën "mogelijk" waren. Met andere woorden: als de waarnemer ook bij de allerkortste aanbiedingstijden iets noemt, is deze keuze geen zuiver kansgedrag, maar al gebonden door een zekere herkenning. De proefpersoon heeft dus bijna altijd een bepaald aspect goed gezien als hij zijn antwoord geeft. Zijn duiding van dit aspekt is echter vaak nog wel wat willekeurig, een soort van "schöpferische Synthese".

Het moge duidelijk zijn dat de scoorder bij niet "echt" correcte deskripties zelf in feite een knooppunt moest kunnen identificeren , om te zien of iets "mogelijk" was. Een goed voorbeeld biedt de beoordeling van de identifikaties van een portret van Joseph Luns. Deze is op dit portret afgebeeld tegen een donkere achtergrond in de zogenaamde 3/4 profielstand en met de blik enigszins naar beneden gericht. Het voorhoofd vormt daardoor een relatief groot en sterk dominerend vlak.

Op dit vlak vertonen zich vele rimpels, die samenhangen met een niet als zodanig identificeerbare, maar wel typische uitdrukking op Luns' gezicht. Kennelijk op grond van een primitieve waarneming van dit vlak, identificeren vele proefpersonen Luns' gelaat in nogal waterige termen. Sommigen spreken van een watervlakte, al of niet met bootjes; anderen van een overstroming of waterval; één maakt zelfs gewag van "een longdrink met ijsblokjes". De scoorders verklaarden hun waardering van deze descripties met "mogelijk", door de veronderstelling uit te spreken, dat de proefpersonen alleen op basis van de waarneming van zoiets als een "gegolfd lijnenpatroon", tot dergelijke descripties konden zijn gekomen. Met andere woorden zij achtten het onmogelijk dat dergelijke descripties op zuiver toeval zouden kunnen berusten. In feite verklaarden zij deze descripties dus door een bepaalde "knoop" te veronderstellen, met welke onder andere een aantal mogelijke waterpartijen, maar mogelijk in een verder verband ook wel een gezicht, zouden corresponderen, Een intrigerende vraag in dit verband is natuurlijk of de proefpersoon zelf in feite alleen een "gegolfd lijnpatroon" heeft gezien en daar vervolgens maar "water" van heeft gemaakt, of dat hij bij het stoppen van de stimulatie inderdaad in een of andere zin "water" heeft gezien. Deze vraag is echter niet te beantwoorden; zelfs de proefpersoon weet er geen weg mee als de vraag onmiddellijk na een descriptie wordt gesteld. Bedacht dient te worden, dat er bij deze korte aanbiedingstijden natuurlijk nooit die zekerheid kan bestaan, die gewoon is voor langdurige kijktijden. We zullen daarom aannemen, dat in het herkenningsproces minstens een moment de genoemde mogelijkheden werden overwogen.

Gegeven de identifikatie van een knoop( i.c. gegolfd lijnpatroon), nemen we aan dat een soort van toetsing van mogelijkheden heeft plaatsgehad, die (bij afwezigheid van verdere kenmerken, door het stoppen van de stimulatie) overwegende evidentie bood voor een of andere waterpartij. Deze knoop kan pas bij het zien van aanvullende zaken worden geduid als "gelaatsrimpels"; alleen gegeven dit patroon is een of andere variant van "waterrimpels" de oplossing. Kortom men kan - zij het uiteindelijk toch altijd alleen met behulp van speculatie - wel het bestaan van een hiërarchische "eentrapsheuristiek" verdedigen. Want veel meer dan de descriptie bij één bepaalde presentatietijd hebben we in het voorgaande natuurlijk nog niet besproken. Bovendien blijkt de overtuigingskracht vooral te moeten komen van de mogelijkheid om het bestaan van onjuiste heuristieken te demonstreren. Zodra in het waarnemingsproces een juiste heuristiek zou worden gebruikt (b.v. zou X een gezicht kunnen zijn?) dan is niet meer te constateren welke kenmerken de waarnemer op deze vraag deden komen. Het is denkbaar dat X "iets ronds" is, maar er zijn natuurlijk ook vele andere kategorieën denkbaar.

## 2.4 SLOTBESCHOUWING OVER DE AKTUALGENETISCHE STIMULUSPRESENTATIE EN ENKELSTIMULATIE

In het voorgaande is betoogd dat de reeks van descripties, die ontstaat bij een aktualgenetische stimuluspresentatie, moeilijk kan worden gezien als een weerspiegeling van een zuiver perceptuele genese, ook niet al zou men deze met Graumann (1959, p 414) nader omschrijven als: "Der Entfaltungsprozesz verlaüft nicht kontinuierlich bzw. summativ, sondern in Phasen, die oft sprunghaft auseinander hervorgehen". Met name als men in dit soort data een bevestiging ziet van het aspekt, dat centraal stond in onze belangstelling en dat hier wordt omschreven als "auseinander hervorgehen", lijkt de wens de vader te zijn van de bevestiging. Dit argument is echter nog veel meer van kracht als het gaat om de interpretatie van de merogene oplossingen, die in de laatste paragraaf werden beschreven. Het omschrijven van een dergelijke oplossing als een Vorgestalt, via welke de Aktualgenese zou tenderen naar een Endgestalt (waarbij de Vorgestalt een meeromvattende Ganzheit zou zijn die door Gliederung steeds individueler en konkreter zou worden), betekent in dit verband dan ook een bijzonder onduidelijke schildering van zaken. Echter ook Linschoten's typering van een dergelijke waarneming als "nicht endgültige Ordnung..., die unter dem Mangel an Information 'die vorlaüfig beste Ordnung' der Erscheinung vermitteln und insofern heuristisch sind" (1959 p 470), kan moeilijk echt duidelijk worden genoemd. Deze onduidelijkheden worden niet alleen veroorzaakt door de isomorfistische component in beide verklaringen, maar ook door de inadekwate - of minstens vage - schildering van de ontwikkelingslijn.

De laatste onduidelijkheid is vooral van toepassing op de funktie van "tussen "kategorieëen (zoals b.v. "water"), die ook reëel overwogen alternatieven kunnen zijn geweest in de proceslijn van een normale (niet steeds onderbroken) perceptuele identifikatie. Beschouwen we ter verduidelijking zowel het "groeien" van de boom als de "volgroeide" boom, waarbij boom staat voor identifikatie. In de min of meer volgroeide boom blijken dan vele takken, die nog welig tierden in de descripties bij vroegere presentaties inmiddels te zijn gesnoeid. In feite is eigenlijk alleen een kronkelig stuk hout (de gevolgde weg of het spoor) met vele knoesten overgebleven. Via de afgesneden takken kon echter moeilijk iets tenderen of worden gemedieerd; zulks kon alleen via het overgebleven hout.

In dit kader is tot slot ook Linschotens gebruik van de term heuristisch niet duidelijk. Het lijkt immers alsof hij zegt, dat een voorlopige ordening heuristisch zou zijn, omdat deze is betrokken op een eindoplossing in plaats van: omdat deze voorlopige ordening - of eventueel betrokkenheid - een proberend karakter heeft. Heuristisch betekent in de boommetafoor het op een bepaalde plaats of op een bepaalde tijd voorlopig in een zekere richting laten groeien van mogelijk wilde takken om te zien of er misschien gezonde appelen aankomen (dat wil zeggen dat een hoger niveau van objektadekwaatheid in de perceptie wordt bereikt). Alleen in dit laatste geval mag de tak doorgroeien. Een dergelijke groei, uitmondend in nieuwe knopen, hebben we echter niet ondubbelzinnig kunnen vaststellen. Al zou nu ook het aktualgenetisch onderzoek het bestaan van algemene - en zeker ook wezenlijke - interakties aantonen tussen kenmerken van verschillende processen (de Gestaltleer putte niet zonder reden veel aanwijzingen uit dit soort onderzoek), de methode levert toch weinig aanknopingspunten voor ons onderzoeksdoel .

Van een systematische logica van het perceptuele systeem wordt in ieder geval niet veel blootgelegd. Nu hebben we natuurlijk nooit verwacht dat deze logica zonder meer zou worden uitgesproken: het waarnemingsproces is immers juist niet- verbaal. Maar het was denkbaar geweest, dat de proefpersonen een zodanige procedure-beschrijving hadden gegeven, dat op indirekte wijze meer zou zijn af te leiden. Het enige dat we echter in de protocollen hebben kunnen vinden was dat uiteindelijk wel goede descripties worden gegeven, terwijl aanvankelijk veelal premature - door de aard van de aanbiedingsprocedure - niet onderdrukte produkten uit de eerste processtadia zichtbaar worden. Deze produkten kan men met Frijda (1965 p 82), behalve als "niet gesnoeide takken", ook als het "niet gewiede onkruid" bestempelen.

Kortom men kan met dit type observaties vele kanten op; men kan er ook van alles en niets mee bewijzen. Noch een theorie, die uitgaat van zuivere "trial and error", noch een theorie, die zich baseert op een hiërarchische heuristiek, zijn in dit onderzoek voldoende kwetsbaar gemaakt. Bij nader inzien lijkt het bovendien zeer wel mogelijk om deze data te verklaren met behulp van een parallel werkend model. Men zou immers kunnen aanvoeren dat er een aantal parallel werkende mechanismen zijn, die kenmerken vaststellen. Niet al die mechanismen werken echter even snel, of hebben evenveel aanbiedingsenergie nodig, zodat op een bepaald moment slechts die kenmerken bekend zijn, waarvan het desbetreffende mechanisme zijn taak heeft volbracht. Gegeven een aantal beschikbare kenmerken, kan echter op elk moment de best passende klassifikatie worden gemaakt. Naarmate er meer kenmerken worden gebruikt, zal de klassifikatie meer adekwaat zijn, meer details omvatten en ook op een hiërarchisch hoger niveau liggen. Een dergelijk systeem kan - met andere woorden - ook de resultaten verklaren, die zijn afgebeeld in de figuren 1,2 en 3 van dit hoofdstuk. Het feit dat verwachting (b.v. door het zien van het donkere jasje) effect heeft op de identifikatie, kan met handhaving van deze theorie (evenals van andere!) worden verklaard door te stellen, dat ten gevolge van een verwachting slechts één bepaalde toetsing wordt uitgevoerd. De verwachting zelf kan ontstaan door het afbreken van de presentatie en de aard van de aanbiedingsprocedure (herhaalde aanbieding van dezelfde afbeelding). Van een dergelijke parallelliteitsidee naar een stimulusadekwate variant van de "trial and error"-conceptie is natuurlijk niet zo'n grote stap.

Hier past de proefpersoon op een aanvankelijk vrij willekeurige wijze allerlei kategorieën toe op waargenomen aspekten van de stimulus. Door een combinatie van deze kategorieën zouden dan inconsistenties kunnen worden weggeselecteerd, terwijl voor de consistente combinaties eventueel aanvullende evidentie kan worden gezocht.

Het moge duidelijk zijn dat ook een meer geraffineerde Statushiërarchie, geconstrueerd via een ordening van onze data met behulp van statistische technieken, zoals b.v. Johnson's Hierarchical Clustering Schemes(1967), geen oplossing kan bieden in het bereiken van ons onderzoeksdoel. Een statistische relatie zegt nu eenmaal niets over het proces, dat aan die relatie ten grondslag ligt. Met andere woorden: bij elk van de in het voorafgaande beschreven of aangeduide procesmogelijkheden is een hiërarchische dataordening mogelijk, zolang er maar bepaalde relaties tussen de data bestaan. We zouden b.v. voor een dergelijke ordening, in navolging van Levelt's onderzoek naar de perceptuele verwerking van taalzinnen (1970), conditionele probabiliteiten (de kans op correcte identifikatie van een bepaald aspekt, gegeven de correcte identifikatie van een ander aspekt) kunnen bepalen. Het is echter denkbaar dat de "gevonden" hiërarchische struktuur, b.v. in het geval van een parallel proces, geheel berust op het feit, dat er bij onze presentatiewijze groeperingen van onafhankelijke detectors kunnen ontstaan op grond van de tijd of aanbiedingsenergie, die ze nodig hebben om tot een resultaat te komen. Ook zouden hiërarchische data kunnen voortkomen uit een hiërarchisch netwerk van kenmerken, dat het geïdentificeerde objekt in het geheugen representeert en die na de herkenning successievelijk kunnen worden verwoord.

Een meer gewenste onderzoeksstrategie lijkt daarom te zijn om een poging te doen de veronderstelde hiërarchische procesrelatie als zodanig experimenteel te manipuleren. Een mogelijkheid daartoe zien we in een snel opeenvolgende presentatie van twee stimuli. In het volgende hoofdstuk lichten we deze techniek toe, die we in tegenstelling met de voorafgaande techniek, "dubbelstimulatie" zullen noemen.

Hoofdstuk III

ONTWIKKELING VAN EEN NIEUW PARADIGMA VOOR DUBBELSTIMULATIE

3.1. DUBBELSTIMULATIE IN HET ONDERZOEK VAN AKTUALGENESE,
     SUBLIMINALE PERCEPTIE EN VISUELE MASKERING

In navolging van Allport (1955) betwijfelt ook Smith (1957) de waarde
van de herhaalde, onderbroken stimuluspresentatie (de aktualgenetische
methode) voor het onderzoek van de perceptuele Aktualgenese. Hij doet dit in
een kritiek op Kragh (1955). Deze laatste is waarschijnlijk één der laatste echte
Aktualgenetici, die na een relatering van Aktual- met ontogenese, het
aktualgenetische denkkader ook wil toepassen bij persoonlijkheidsonderzoek.
De kritiek wordt met name geformuleerd in de veronderstelling van Smith "that
the course of perceptual organization will change more or less drastically when
one of its erroneous alternatives appears as a conscious percept. The
Aktualgenese method also tends to hamper the feedback mechanics which
probably play an important role in normal perception" (p 309). Deze
veronderstelling heeft voor ons na de ervaringen, vermeld in het vorige
hoofdstuk, een zeer overtuigend karakter gekregen. Dit laatste ondanks het
feit, dat de begrippen bewustzijn en organisatie hier naar onze mening
uiteraard minder gelukkige termen zijn. Smith argumenteert nu dat voor een
goed begrip van de waarneming, de studie daarvan "cannot be restricted to the
characteristics of conscious end products" (p 310).

Vanuit deze stellingname licht hij vervolgens de geboorte toe van een
nieuwe techniek, die aanleiding heeft gegeven tot een specifieke ontwikkeling
van het sterk tot de verbeelding sprekende onderzoeksgebied, dat de naam
"subliminale perceptie" of "subceptie" is gaan dragen. Dit gebied als zodanig is
ontstaan uit de ideeën van Helmholtz over onbewuste redeneerprocessen
(unbewuszter Schlusz) en van Freud over onbewuste processen, die
verantwoordelijk zijn voor droomverschijnselen e.d. Door Klein (1954 p 23), die
de geestelijke vader van deze techniek schijnt te zijn, wordt het idee (ook
geciteerd in Flavell en Draguns, 1957 p 208) als volgt omschreven: "A working
hypothesis... is that the A figure... starts a cognitive process which is
interrupted or covered so quickly by the B process that it is, in effect, aborted.
Some kind of compromise formation results in the reported percept".

De A- en de B stimulus worden in feite snel na elkaar met behulp van een
tachistoscoop gepresenteerd. Een dergelijke techniek van stimuluspresentatie,
waarbij snel successief twee stimuli worden gepresenteerd, zullen we vanaf nu
"dubbelstimulatie" noemen. Overigens zullen we deze term ook gebruiken,
indien tachistoscopische presentatie van twee stimuli simultaan plaats vindt.

Gemakshalve zullen we ook de termen A- en B-stimulus overnemen. In het geval van successieve presentatie is A daarbij altijd de eerste stimulus. In het geval van simultaanpresentatie zal nader worden toegelicht welke stimulus A en welke B wordt genoemd.

Smith wijst reeds op de verwantschap van de dubbelstimulatietechniek, die hij zojuist heeft geïntroduceerd, met de veel oudere techniek van dubbelstimulatie van Werner (1935), die reeds werd genoemd als een der grondleggers van het aktualgenetische onderzoek. Ook Werners methode heeft echter al weer wortels in een verder verleden en wel in de techniek, die Stigler (1910) "metacontrast" doopte. Bij deze laatste techniek gaat het om het successief aanbieden van twee spatieel niet overlappende figuren, waarvan sommige contouren echter wel min of meer samenvallen. Metacontrast wordt tegenwoordig beschouwd als een variant van visuele maskering. Ook de kenmerkende techniek, gebruikt bij de visuele maskering, is dubbelstimulatie. Hierbij kan het gaan om meer of minder omlijnde stimuli (dus ook lichtflitsen en ruispatronen), die bovendien op allerlei wijzen over of naast elkaar kunnen worden gepresenteerd. De naam visuele maskering - en daarmee de techniek - is volgens Kahneman (1968) afkomstig van Piéron (1925). De techniek van Piéron staat, omdat deze alleen lichtflitsen gebruikte, wel bekend als de "dubbelflits"-methode.

Met betrekking tot de gebruikte techniek is er tussen het zojuist genoemde onderzoek van de subliminale perceptie en dat van de visuele maskering formeel geen verschil. Bij verschillende onderzoeken van de subliminale perceptie beschrijft de auteur zijn methode dan ook eenvoudig als "metacontrast". Met name de definitie van metacontrast is overigens lang niet altijd zuiver. In onderzoeken van Bokander (1965) b.v. wordt een techniek, waarbij een portretfoto voorafgaat aan een vage lijntekening van een gezicht, zonder meer "metacontrast" genoemd.

Als er tussen het onderzoek van de subliminale perceptie met behulp van dubbelstimulatie en het onderzoek van de visuele maskering formeel geen verschil bestaat, moet een verschil tussen beide onderzoekstypen dus worden gezocht in de doelstelling van het onderzoek of in de belangstelling voor bepaalde verschijnselen. Een dergelijk verschil is uiteraard te vinden. De belangstelling van het maskeringsonderzoek is (de naam suggereert dit ook) voornamelijk gericht op de fenomenale onderdrukking van één van de twee stimuli, terwijl in het onderzoek van de subliminale perceptie wordt bezien in hoeverre de onderdrukte stimulus zich toch nog op een of andere wijze (b.v. in de beschrijving van de niet onderdrukte stimulus) manifesteert. Vanuit dit standpunt zou men het bekende onderzoek van Fehrer en Raab (1962) en van Fehrer en Biederman (1962), dat de reaktietijden op "gemaskeerde" stimuli onderzocht, in zekere zin als onderzoek van subliminale perceptie kunnen betitelen.

Aangezien de onderzoekers van de subliminale waarneming verwachten, dat de A-stimulus op een of andere wijze een compromis aangaat met de B-stimulus, zou men ook kunnen spreken van een "forward" effect van A op B, dat onderwerp is van deze studies. Een dergelijk "forward" effect kan naar onze mening twee interessante vormen aannemen in verband met de identifikatie van B: STORING OF HULP.

Er kan sprake zijn van een vervorming van B, waardoor deze niet meer natuurgetrouw kan worden gezien. Dit zou impliceren dat "the effectiveness of a visual stimulus (the test stimulus) is reduced by presentation of another (the masking stimulus)". Dit laatste is de definitie, die Kahneman geeft (1968 p 404) van de visuele maskering. In dit geval zouden de subliminale theoretici dus eenvoudig belangstelling hebben voor een bijzonder aspekt van maskering en wel voor wat bekend staat als "forward masking". Een dergelijke exclusieve belangstelling voor destructieve aspekten van A lijkt echter moeilijk te rijmen met de aktualgenetische grondgedachte. Smith b.v. spreekt voortdurend over perceptuele stadia, waarbij bovendien "the final phases have to adhere to the logic and organization of outside reality" (p 307). Het alleen kunnen vervormen van B zou voor Smith (volgens onze interpretatie van diens ideeën) dan ook een weinig boeiende zaak moeten zijn. Er zou echter ook sprake kunnen zijn van een zodanig helpend A- effect, dat sneller of gemakkelijker een objektadekwaat stadium in de waarneming van de B-stimulus kan worden bereikt. Met name het laatste is intrigerend omdat nu de suggestie ontstaat, dat via de A-stimulus ook een eventueel hiërarchisch identifikatieproces van de B-stimulus zou kunnen worden gemanipuleerd.

Laat ons nu vanuit deze interesse de resultaten raadplegen van het onderzoek van de subliminale perceptie, dat ondanks de kritiek op de aktualgenetische methode van stimuluspresentatie, lijkt voort te komen uit (of samen te hangen met) een belangstelling voor de momentane perceptuele genese. Met name zijn we geïnteresseerd in wat er is geworden van de suggesties, die opkomen bij het lezen van Smith. We willen zien of eventuele effekten van de A-stimulus mogelijk samen kunnen hangen met een hiërarchisch identifikatieproces van B, of daar geheel los van staan. Maar ook als over dit hiërarchisch aspect niets valt te zeggen, kunnen we ons nog bezig houden met de vraag of (en in welke zin) de A-stimulus bij de identifikatie van B een zodanig "forward" effect kan hebben, dat behalve van storing (maskering) soms ook van hulp zou kunnen worden gesproken.

Met het oog op storende effecten zullen wij vervolgens ook de literatuur raadplegen over maskeringsonderzoek.

## 3.2. SUBLIMINALE PERCEPTIE

De termen "subliminale perceptie" en "subceptie" blijken bij nader toezien zeer onduidelijk. Enerzijds is er sprake van een onzuivere begripstoepassing (Rees, 1971), omdat de termen soms schijnen te worden gebruikt om een (onbewust) procesSTADIUM aan te duiden, terwijl men er een andere keer een compleet onbewust perceptueel *PROCES* mee bedoelt, waarbij men zich bovendien, ook volgens Rees, nog kan afvragen of de kwalifikatie "perceptueel" wel terecht is. Anderzijds is er sprake van een toepassing van geheel verschillende onderzoeksmethodieken. Hierbij wordt zowel gebruik gemaakt van sterk uiteenlopende stimuluspresentaties (de wijze van presentatie en de aard van het gepresenteerde materiaal) als van nauwelijks of niet vergelijkbare responsieregistraties. Als we ons beperken tot de visuele modus, zijn ook in dit soort onderzoeken, die vooral in de overgang van de vijftiger naar de zestiger jaren een hausse beleefden, enkel- en dubbel- stimulaties te onderscheiden. Het stimulusmateriaal bestaat uit woorden of figuren. De responsieregistratie kan verlopen van een autonome reaktie, via associatietests naar een beschrijving van hetgeen werd gezien.

Via tachistoscopische enkelstimulatie trachtten psychoanalytisch georiënteerde theoretici, vooral in navolging van Mc Ginnies (1949), het bestaan van Freud's primaire (wensvervullende) processen aan te tonen. Met name perceptuele defensiemechanismen in verband met de waarneming van emotioneel geladen woorden, stonden in de belangstelling. Na de publikatie van Lazarus en McCleary (1951) ontstond een grote interesse in weer een ander soort onbewuste processen, die bekend staan onder de naam "autonome discriminatie". Ook bij dit type onderzoek, dat nader wordt aangeduid als "subceptie", werden enkelstimulaties toegepast. De belangrijkste responsieindikator was de galvanische huidreaktie (GSR) op tachistoscopisch aangeboden en emotioneel geladen woorden, die wegens de korte presentatietijd niet konden worden benoemd. Bij dit soort onderzoeken gaat het kennelijk om de registratie van complete processen en niet om stadia van een proces, waarvan het resultaat op een bepaald moment ook "bewust" zou kunnen worden. Ook bij het derde type onderzoek, dat wel gebruik maakt van dubbelstimulatie en dat we reeds hebben ingeleid in de vorige paragraaf, is het bij nadere inspektie niet duidelijk of men nu de produkten van processtadia of van complete processen zoekt in de beschrijvingen van de B-stimulus.

Het funderende begrippenkader rond het onderzoek van de zogenaamde onbewuste waarnemingsprocessen is dus over de gehele linie even onduidelijk als rond de Aktualgenese. Daarbij komen allerlei methodologische bezwaren tegen de uitgevoerde experimenten (vgl Dember, 1960, Banréti Fuchs, 1964 en Neisser, 1967), die de gevolgtrekkingen uit de resultaten in hoge mate discutabel maken. Ook als we de experimentele uitwerking zien van de ideeën van onderzoekers als Klein en Smith en daarnaast de conclusies, die uit de resultaten worden getrokken, treffen we eenzelfde sfeer aan van vaagheid en mystificatie als rond het aktualgenetische en gestaltpsychologische onderzoek. Flavell en Draguns (1957 p 212) formuleren eerder een geloofsovertuiging (waarin de Aktualgenese met de subliminale perceptie wordt verweven) dan een toetsbare stellingname, als zij, in een reaktie op allerlei commentaar, hun artikel besluiten met:"...the experimentum crucis which would settle the matter is difficult to conceive at present...We are thus inclined to tolerate its ambiguities for a time out of sheer curiosity to see what will come out of it in the future".

Nu, ruim 15 jaar later, zijn de paradoxale bevindingen rond de subliminale perceptie en de subceptie (en meer algemeen rond de "New Look" beweging) min of meer tot een synthese gebracht in de concepties van de Cognitieve psychologie. Dember en vooral Neisser waren wegbereiders, die overigens bij hun interpretaties wel wat vrijelijk omspringen met andermans resultaten. Recentelijk doen Dixon (1971) en Erdelyi (1974) op een soortgelijke (zij het dat vooral Dixon zich duidelijk meer identificeert met het oorspronkelijke denkkader) wijze recht aan de inspanningen van de vijftiger jaren. Deze synthese komt er in het algemeen op neer dat perceptie (of liever: information processing) niet langer wordt beschouwd als alles-of-niets gebeuren, maar als een sekwentie van selectieve operaties. Hieronder kunnen er een aantal zijn, die betrekking hebben op emotionele variabelen. Het eenvoudig sluiten van de ogen en het verzwijgen (aan de proefleider) van bepaalde waarnemingen zijn hier evenzeer bij begrepen als allerlei instellingen (sets) van de proefpersoon en emotionele intrusies tijdens de informatieverwerking. Deze ontmythologiserende synthesen hebben over het algemeen een tamelijk globaal karakter en over de preciese aard van de sekwentie wordt niet zoveel duidelijk. Voor het begrijpen van een sekwentie van operaties, die normaliter leidt tot een bepaalde identifikatie, bieden ook de nieuwere opvattingen niet veel houvast. In het volgende zullen we daarom trachten te komen tot een - voor ons doel specifieke - analyse van enkele van de meest bekende en representatieve onderzoeken van subliminale waarnemingsverschijnselen, waarbij gebruik gemaakt werd van dubbelstimulatie.

In de eerste plaats blijkt dan, dat het gemeenschappelijke aan alle concretiseringen van het dubbelstimulatieparadigma uit de subliminale perceptieonderzoeken is, dat de A-stimulus eigenschappen of informaties bevat, die niet als zodanig ook aanwezig zijn in de B-stimulus. Dit hangt, bij nader inzien, natuurlijkerwijze samen met de grondgedachte van het betreffende paradigma. Deze is in feite, dat bepaalde aspekten in de beschrijving van de B-stimulus alleen toegeschreven *KUNNEN* worden aan een (onbewuste) perceptie van de A-stimulus. Dergelijke aspekten dienen derhalve niet in de B-stimulus te zijn gegeven.

De onderzoekers van de subliminale perceptie houden zich daardoor echter niet langer bezig met een studie van de groei naar objektadekwaatheid van de perceptie van een bepaalde stimulus. De theoretische verhandeling van Smith (1957) heeft weinig of niets te maken met zijn feitelijke onderzoek. Dit laatste heeft namelijk vrijwel uitsluitend betrekking op de relatie die Smith legt tussen "preparatory stages" in de waarneming en de "primary processes" uit de psychoanalyse. Deze relatie is echter hooguit van marginaal belang voor een goed begrip van de wijze waarop de perceptie zich tot object-adekwaatheid ontwikkelt. Toch is het kennelijk op grond van deze relatie, dat een fundamentele wending ontstaat in de aanvankelijk aktualgenetisch gerichte belangstelling. Immers, de oorspronkelijke belangstelling was gericht op spontane organisatieprocessen in de waarneming, die samenhangen met stimulatieeigenschappen, terwijl ze nu plotseling wordt gericht op een onbewuste emotionele beïnvloeding van het organisatieproces. Het onderzoek houdt zich dan ook in feite in het geheel niet bezig met de waarneming van de B-stimulus, maar met een soort samenvoeging of vermenging van twee percepties, die kwa stimuluseigenschappen vaak niets met elkaar hebben te maken. Aangezien men de B-stimulus vaak opzettelijk ambigu (Roskam, 1964) maakt, staat de objektadekwaatheid van de B-perceptie eigenlijk zelfs niet ter discussie. Van hiërarchische processen is nergens sprake. Er wordt evenmin gedacht in termen van "helpende" of "storende" A-stimuli .

In het veel geciteerde onderzoek van Smith en Henriksson(1955) werd met succes de bekende Zöllner illusie opgeroepen. Het perspectiefachtige lijnenpatroon, dat de ondergrond vormt van het vierkant, werd daartoe als subliminale A-stimulus gepresenteerd, voorafgaande aan de supraliminale B-stimulus, die nu werd gevormd door het vierkant. Bach en Klein (1957) en Smith, Spence en Klein (1959) presenteerden als A-stimuli subliminaal de woorden ANGRY en HAPPY op de plaats van het voorhoofd in een multiinterpreteerbare vage schets van een gezicht, die fungeerde als supraliminale B-stimulus. Het bleek, dat de betekenissen van de woorden zich in de beschrijving van het gezicht weerspiegelden. Fox (1959) gebruikt als A-stimuli lijntjes, waarmee aan een eveneens geschetst en neutraal kijkend B-gezicht een vrolijke of droevige uitdrukking kon worden verleend. Deze lijntjes werden op een zodanige plaats aangeboden, dat, in het geval de A- en B-stimulus tegelijk aanwezig waren, b.v. de mondhoeken van het samengestelde gezicht naar beneden of naar boven wezen. Ook Fox vond de verwachte effecten. In deze lijn ligt ook het onderzoek van Bokander (1964 en 1965), die als A-stimuli "neutraal kijkende" paspoortfoto's gebruikte van personen, die aan de proefpersoon onbekend waren. Als B-stimulus werd weer gebruik gemaakt van een ambigue gelaatstekening. Bokander vond met name effecten van een sympathiebeoordeling van A in de beschrijving van de B-stimulus. In 1959 deed Eagle een onderzoek, waarbij hij als A-stimuli complexe afbeeldingen gebruikte van een handeling, die men als agressief of als behulpzaam zou kunnen omschrijven. Als B- stimulus fungeerde een afbeelding van de hoofdpersoon van de A-handeling, echter nu in een neutrale situatie. Weer werden effecten van de A-handeling in de beschrijving van de(neutrale) B-situatie gevonden. In een reaktie op dit onderzoek toonden Guthrie en Wiener (1966) aan, dat niet een complete onbewuste identifikatie van de A-situatie, verantwoordelijk behoefde te zijn. In hun experiment bestonden de A-stimuli uit complexe houdingen, waarin een getekende menselijke figuur was afgebeeld. Er was een agressieve houding (zelfmoord) en een soort van peinzende houding. Van elk van deze A-houdingen bestond bovendien een hoekige en een meer in ronde lijnen getekende variant. De B-stimulus bestond ditmaal uit een figuurtje, dat praktisch dezelfde contouren bezat als de A-afbeelding. Alleen ontbraken hier bepaalde details, zoals het pistool uit de zelfmoordhouding. Bovendien waren de hoekpunten in de tekening open gelaten, zodat de afbeelding was opgebouwd uit onderbroken lijnen. De conclusie was dat niet een identifikatie maar de hoekigheid van de tekening van de A-stimulus, verantwoordelijk was voor de negatieve karakterdescripties van de B-stimulus.

Deze onderzoeken kunnen - zoals reeds gezegd - weinig bijdragen tot een beter inzicht in de normale perceptuele genese. De hiërarchiehypothese kan er zeker niet mee worden getoetst. Wij zijn echter van mening, dat, ook met betrekking tot de twee feitelijk gehanteerde hypothesen in dit onderzoek, er sprake is van een ondeugdelijke experimenteertechniek. De eerste van die hypothesen is: "Perception is an event over time" (de titel van het artikel van Smith, 1957).
Of met andere woorden: Waarnemen is geen onmiddellijk gebeuren, maar het resultaat van een zekere genese. De tweede hypothese is: De A-stimulus werd subliminaal of onbewust waargenomen.

De eerste hypothesebevestiging wordt kennelijk gebaseerd op het feit, dat A en B successievelijk werden gepresenteerd. Sinds Bloch (1885) zijn er echter theorieën geformuleerd over de perceptuele integratie en simultaneiteit van gebeurtenissen, die in de fysische tijd uiteenliggen (vgl ook Stroud, 1956, Neisser 1967, Efron, 1967, Haber en Hershenson, 1973). Het is dan ook beslist niet ondenkbaar, dat er een summatie of integratie van beide stimuli optreedt (b.v. in het icoon) en dat op basis van dit geïntegreerd produkt wordt waargenomen. In dat geval is er geen principieel verschil tussen successieve en simultane stimuluspresentatie. De successieve Zöllner illusie zou een gewone Zöllner illusie worden!

MEER ALGEMEEN: ALS BIJ SUCCESSIEVE STIMULUSPRESENTATIE EFFECTEN WORDEN GEVONDEN, DIE OOK ZIJN TE VERWACHTEN BIJ SIMULTANE PRESENTATIE, KUNNEN GEEN SEKWENTIELE WAARNEMINGSPROCESSEN (NATUURLIJK WEL TEMPOREEL SENSORISCHE INTEGRATIEPROCESSEN) WORDEN AANGETOOND.

Een soortgelijke argumentatie is van toepassing met betrekking tot de tweede hypothese. Immers als A supraliminaal zou worden gepresenteerd, kan men in verschillende van de zojuist beschreven experimenten ongeveer dezelfde tendenties verwachten in de gegeven beschrijvingen. Hoe stellen we nu vast of A sub- dan wel supraliminaal was, als we het aan de experimentele resultaten niet kunnen zien? Het antwoord kan alleen zijn, dat dit in principe niet vastgesteld KAN worden met behulp van de hier toegepaste wijze van dubbelstimulatie. Subliminaliteit is een a-priori veronderstelling, gebaseerd op het gegeven, dat aanvankelijk de A-stimulus op zich niet kon worden geïdentificeerd. Indien een A-stimulus later effect blijkt te hebben op de descriptie van B (sub- dan wel supraliminaal), wordt deze veronderstelling niet aangetast. Men kan echter evenzeer blijven volhouden, dat A later wel supraliminaal is geworden. Wat dit laatste betreft, merken b.v. Fuhrer en Erikson (1960) op, dat tijdens langdurig onderzoek een zekere donkeradaptatie kan optreden, waardoor een drempel zakt. Ook aan leereffecten valt in dit kader te denken.

Kortom, experimenten met betrekking tot beide thema's kunnen pas cruciaal worden, indien simultaanwaarneming van A en B of supraliminale waarneming van A, een ander resultaat doen verwachten, dan successieve perceptie van A en B of subliminale waarneming van A. Voorlopig kunnen we alleen constateren dat bij een snelle successieve presentatie van twee stimuli, in de waarneming effecten van beide kunnen worden teruggevonden. De kritiek, die in het voorgaande werd gegeven, is uiteindelijk het fundament, waarop een nieuwe variant van deze methode kon worden ontwikkeld. Daarvoor zullen we echter allereerst - zoals reeds aangekondigd - de maskeringsliteratuur bezien. In deze studie is geen plaats voor een bespreking van allerlei andere methodologische bezwaren, op het bestaan waarvan we hebben gewezen en die gewoonlijk worden omschreven met de termen "response bias" en "demand characteristics". Bij de ontwikkeling van een voor ons doel specifiek paradigma van dubbelstimulatie, zullen we echter trachten deze bezwaren te ondervangen.

## 3.3    VISUELE MASKERING

Onder deze verzamelnaam is vooral de laatste 20 jaar een ware stortvloed van onderzoeksresultaten gepubliceerd, die nog steeds voortgolft. Recente overzichtsartikelen zijn van Raab (1963), Kahneman (1968) en Lefton (1973). De meeste van deze onderzoeken hebben met ons onderzoeksthema alleen zijdelings iets te maken, omdat ze niet meer doen dan het signaleren van maskeringsverschijnselen (en daarmee voor ons onderzoek mogelijke storingsbronnen) om vervolgens verklaringen te zoeken voor deze maskeringsverschijnselen op zich. Ook alleen zijdelings relevant zijn de publikaties, die, met behulp van maskering, trachten kenmerken of stadia in het waarnemingsproces te onderzoeken. Voorbeelden van het laatste bieden de bekende onderzoeken van Averbach en Coriell (1961) en van Sperling (1960,1963,1971), die de karakteristieken en duur van de iconische opslag bestuderen alsmede de verwerkingstijd voor perceptuele eenheden uit dat icoon. Ook het onderzoek van Weisstein (1969), dat met behulp van een maskerings-paradigma het bestaan van "feature detectors" in het menselijke waarnemingssysteem tracht te demonstreren, behoort tot de laatste kategorie.

Er zijn globaal twee typen van maskerende stimuli: stimuli zonder en stimuli met interne contouren. In het eerste geval spreekt men van "maskering door licht". Zijn de contouren niet gestruktureerd dan is er sprake van "maskering met ruis". Zijn de contouren gestruktureerd, overlappen de A- en de B-figuur niet, maar hebben deze wel bepaalde aangrenzende contouren, dan gaat het om "metacontrast".

Crawford (1947), Kandel (1958), Boyton (1961) maakten waarschijnlijk de meest toonaangevende studies van lichtmaskering, die deze op een of andere wijze in verband brengen met zuiver sensorische processen. De lichtadaptatie (en daarmee de gevoeligheid) zou veranderen; de prikkelgeleidingssnelheid van de maskerende stimulus zou groter zijn, waardoor deze gaat domineren (overtake-hypothesis); de maskeringsstimulus geeft aanleiding tot een massieve "on discharge", zodat een temporele discontinuïteit wordt aangebracht.

Eriksen c.s. (vgl Eriksen en Collins, 1965. Eriksen, 1966. Eriksen, Becker en Hoffman, 1970) betogen in een lange reeks van publikaties, dat maskering het resultaat is van een luminantiesummatie van de twee stimuli. Hierdoor wordt het contrast gereduceerd. Beide stimuli (ingeval beide patronen zijn) zijn hierdoor minder goed identificeerbaar geworden. Een dergelijke summatie verklaart goed de vaak gevonden, monotoon afnemende maskeringsfunktie, waarin de maskering maximaal is bij simultaanpresentatie van de twee stimuli.

Zodra beide stimuli gecontoureerd zijn, wordt het maskeringseffect veel groter, dan in het geval alleen met licht wordt gemaskeerd. Behalve luminantiesummatie is er dus ook een specifiek effect van de contouren. Eriksen c.s. verklaren dit met het feit dat beide stimuli na summatie een nieuwe compositie vormen. Er zijn echter ook vele andere verklaringen gegeven van met name deze vorm van maskering.

Werner (1935) maakte - in tegenstelling tot Smith (1957) - aannemelijk dat perceptie geen onmiddellijk gebeuren is, maar een proces, dat tijd kost. Zijn metacontrastparadigma (vgl ook Alpern, 1953) is overbekend. Eerst wordt een schijfvormige figuur gepresenteerd. De waarnemer is, volgens Werner, kennelijk nog bezig met een opbouw van de buitencontour van deze schijf als een ring wordt aangeboden. De binnencontour van de ring past om de buitencontour van de schijf.
Deze binnencontour maakt nu als het ware een handig gebruik van de reeds verrichtte werkzaamheden, door de bijna voltooide schijfcontour over te nemen. Aangezien de schijf hierdoor wordt beroofd van zijn grenslijn, zal deze figuur perceptueel niet tot leven kunnen komen. De plaats waar de schijf zich bevindt neemt daarom de helderheid aan van de achtergrond. Deze demonstratie van het sekwentiele karakter van de perceptie heeft echter een negatief karakter: er moet iets NIET worden gezien. Een positieve en derhalve meer wezenlijke demonstratie, zou naar onze mening betrekking moeten hebben op de waarneming van de ring. We zouden ons b.v. af kunnen vragen of de ring "beter" is geworden van zijn handigheid. Of met andere woorden: wordt de ring MET voorafgaande schijf sneller of beter gezien dan zonder schijf?

Werner's verklaring is van toepassing op de z.g. U-vormige maskeringsfunkties, die in een groot aantal studies met twee gecontoureerde stimuli zijn gevonden. Bij simultaanpresentatie van de twee stimuli is er geen maskering, na enige tijd is de maskering maximaal om dan weer af te nemen. Schattingen voor het tijdsverloop (begin eerste stimulus tot begin tweede stimulus) waarbij maximale maskering optreedt, variëren tussen 30 en 200 ms. Het gebied rond 50 ms wordt het meeste genoemd. Kolers (1962) stelde meer algemeen dat U-funkties zijn te verwachten indien tussen de twee stimuli een zekere overeenkomst bestaat met betrekking tot grootte, contrast en helderheid van de respektievelijke lijnpatronen. Weisstein c.s. (1970) zijn van mening dat relatief energierijke maskerings- stimuli monotone, en relatief energiearme maskeringsstimuli U-funkties opleveren. Energie is hier gedefinieerd als het produkt van luminantie en aanbiedingsduur. Eriksen c.s., die sommige van de desbetreffende studies (o.a. het bekende onderzoek van Weisstein en Haber, 1965) repliceerden, konden overigens deze U-funkties niet vaststellen. Zij zijn dan ook geneigd om U-funkties te verklaren als methodologische artefakten.

Kahneman (1967) verklaart - in navolging van anderen - metacontrastmaskering op een geheel andere wijze dan Werner. Volgens hem is er sprake van een ogenschijnlijke beweging door de opeenvolgende presentatie van twee spatieel gescheiden stimuli. Deze beweging zou hier in twee verschillende richtingen verlopen en er zou daardoor sprake zijn van een "onmogelijke" ogenschijnlijke beweging. Als voorbeeld gebruikt hij het paradigma van Alpern (1953), waarin de eerste stimulus een vierkant is, terwijl de andere stimulus bestaat uit twee flankerende vierkanten. Het eerste vierkant zou nu naar twee zijden tegelijk moeten bewegen. Dit is onmogelijk en daarom wordt het eerste vierkant perceptueel onderdrukt. In een reaktie op dit onderzoek komen overigens Weisstein en Growney (1969) tot de conclusie, dat metacontrast en ogenschijnlijke beweging verschillende zaken zijn, die echter mogelijk wel ieder samenhangen met een of andere nog niet identificeerbare derde variabele.

Recentelijk worden vooral meer sensorische onderdrukkingsverklaringen gelanceerd. Er zou sprake kunnen zijn van een inhibitie vanuit visuele cortexcellen (van het type "featuredetector", zoals beschreven door Hubel en Wiesel), die samenhangt met een geometrische overeenkomst tussen de successievelijk binnenkomende stimuli. Mayzner en Tresselt (1970) spreken hier van "sekwential blanking". Andere verklaringen zijn gebaseerd op de zogenaamde laterale inhibitie (vgl Purcell, Stewart en Dember, 1968. Weisstein, 1968. Bridgeman, 1971). Hierbij gaat het om een inhibitieveld, dat is opgebouwd naast of om een zojuist gevormde contour van de A-stimulus. Met name rond deze inhibitieverklaringen wordt de laatste jaren intensief geëxperimenteerd (zie voor een overzicht Lefton, 1973).

Een laatste thema in verband met visuele maskering, dat wij hier willen noemen, heeft betrekking op het vaststellen van de nervale plaats, van waaruit het verschijnsel wordt veroorzaakt: perifeer-retinaal of centraal-corticaal. De meest gebruikelijke methode van onderzoek is hierbij binoculaire (resp. monoculaire of monoptische) stimuluspresentatie versus dichoptische presentatie van beide stimuli. In het eerste geval ontvangen één of beide ogen zowel de A- als de B-stimulus. In het tweede geval ontvangt één oog de A- en het andere oog de

B-stimulus. In het laatste geval kan een eventuele maskering alleen zijn ontstaan op corticaal niveau. De algemene bevinding is, dat maskering door licht alleen binoculair optreedt en contourmaskering zowel binoculair als dichoptisch (Schiller, 1965). Zuivere lichtmaskering heeft daarom waarschijnlijk een retinale oorsprong. Contourmaskering vindt mogelijk zowel op retinaal als op corticaal niveau plaats. Binnen het theoretische raamwerk van een globaal "information-processing System " heeft recentelijk vooral Turvey (1973) een zeer grondig onderzoek verricht over dit thema.

Samenvattend kunnen we met betrekking tot maskering in de eerste plaats concluderen, dat er (nog) geen algemene theorie bestaat. Waarschijnlijk is de voornaamste reden, dat er verschillende maskeringsprincipes of - verschijnselen bestaan. Globaal zijn er op dit moment minstens twee te onderscheiden: Summatie of integratie versus inhibitie of interruptie.

Het eerste principe betekent, dat twee stimuli op een zodanige wijze worden vermengd, dat als het ware een soort "derde stimulus" ontstaat, waarin noch de eerste noch de tweede stimulus zijn te herkennen. In dit opzicht bestaat er geen principieel verschil tussen "forward" en "backward masking". Het tijdsbestek (geschat op ± 100 ms) waarin deze vermenging kan plaatsvinden, wordt in navolging van Stroud (1956) wel het "psychologisch moment" genoemd. Overigens zijn er maskeringseffecten gevonden over veel langere tijdsintervallen, terwijl anderzijds (b.v. Robinson, 1967) melding wordt gemaakt van extreem kleine tijdsintervallen (in de orde van enkele milliseconden), tussen het begin van de eerste en het begin van de tweede stimulus, waarin al een tijdsvolgorde tussen de twee stimuli zou kunnen worden gezien.

Het tweede principe betekent een perceptuele uitsluiting van één der stimuli. Behalve een onderdrukking op sensorisch niveau, door een interaktie van cellen in het visuele systeem, kan men hieronder ook een onderbreking van het uitleesproces uit het icoon verstaan (vgl Kahneman, 1968. Turvey, 1973). Sensorische inhibitie zal echter alleen "forward masking" tot gevolg hebben, terwijl een onderbreking van het uitleesproces uiteraard een "backward masking" impliceert. Kahneman (1968 p 480) merkt met betrekking tot exclusiviteit van de interruptieverklaring voor het geval van "backward masking" op: "An interuption theory of backward masking is not incompatible with an integration theory of forward masking". In het kader van de interruptietheorieën zijn in het bijzonder de suggesties uit het onderzoek van Robinson (1966,168,' 71) die niet twee maar drie stimuli successief aanbood, nog interessant. De derde stimulus zou als maskeringsstimulus kunnen fungeren voor de tweede stimulus, die deze funktie oorspronkelijk bezat. Hierdoor zou echter de eerste stimulus weer zichtbaar (of gedisinhibeerd) worden. Dit laatste zou betekenen, dat de eerste stimulus op een of andere wijze aanwezig is gebleven en niet werd "uitgeveegd" (erased), zoals b.v. Averbach en Coriell (1961) suggereerden.

Het is niet goed mogelijk uit het maskeringsonderzoek gedetailleerde conclusies te trekken met het oog op het door ons voorgenomen onderzoek met behulp van dubbelstimulatie. Behalve verschillende maskeringsverschijnselen is er ook sprake van nauwelijks of niet vergelijkbare maskeringsstudies. Dit laatste hangt samen met het feit, dat veelal gebruik wordt gemaakt van sterk uiteenlopend stimulusmateriaal; de aandacht is gericht op verschillende stimulusparameters; en een registratie plaatsvindt van verschillende soorten van responsie. Lefton (1973 p 168 en 169) maakt bovendien nog gewag van andere methodologische problemen in de maskeringsstudies op zich. Deze problemen zijn sterk verwant aan de problemen, die wij ondervonden (en nog zullen ondervinden) bij ons onderzoek. Een van de grootste problemen in dit verband is een adekwate evaluatie (of produktie) van resultaten, die rekening houdt met de vaak enorme verschillen in sensitiviteit, taakconceptie en taakroutine tussen (maar ook vaak binnen) proefpersonen.

## 3.4 ONTWIKKELING VAN EEN PARADIGMA VAN DUBBELSTIMULATIE VOOR TOETSING VAN DE HIËRARCHIEHYPOTHESE

Op dit moment kunnen we de methode van dubbelstimulatie, zoals wij deze willen toepassen, trachten te onderscheiden van de andere methoden. Ook hier ligt het onderscheid in de doelstelling. Deze zal er namelijk niet op zijn gericht om een of andere vorm van stimulatiereduktie te bewerkstelligen ook al mag deze - in zoverre het tenminste "backward masking" betreft - eventueel wel optreden. Evenals bij het genoemde onderzoek van de subliminale perceptie zal ons doel zijn een "forward" effect te registreren. Hierbij zal het echter uitdrukkelijk niet gaan om een compromis van A met B en - zoals reeds gezegd - evenmin om een reduktie van de effektiviteit van B. Integendeel. Wij willen proberen de B-stimulus meer of minder effektief te laten benutten door middel van een voorafgaande *MEER OF MINDER HELPENDE* A-Stimulus.

De onderliggende gedachtengang is de volgende: Als er bij visuele stimulatie sprake is van een hiërarchisch-sekwentieel identificatieproces, dan kan tussen elke twee, binnen de duur van dit proces aangeboden visuele stimuli, een min of meer hiërarchische relatie worden gedacht. Nemen we aan dat het identificatieproces wordt gestart door de icoonvorming van A, dan zullen op het moment dat de B-stimulus arriveert nog bepaalde metingen moeten worden uitgevoerd op het icoon van A, die samenhangen met de tot dan gevolgde programmalijn. Indien nu het icoon van B, dat van A zou vervangen, dan wel daarmee zou samenvallen (b.v. door superponering, summatie, middeling e.d.), dan zou volgens onze hiërarchie-hypothese, de programmalijn in eerste instantie worden gecontinueerd op het B-icoon, dan wel op een of andere variant van een AB-icoon.

Afhankelijk van de mate van perceptuele overeenkomst of aansluiting tussen de A- en de B-stimulus, zal deze programmalijn nu min of meer succesvol (objekt-adekwaat) blijken. Het kan zijn dat de eerstvolgende programmastap onmiddellijk succesvol is; het kan ook noodzakelijk blijken één of meer stappen terug te gaan dan wel geheel opnieuw te beginnen. Als het programma op een dergelijke wijze geheel vastloopt, zal de nieuwe programmalijn mogelijk alleen betrekking hebben op B, omdat hiervan het meest "verse" icoon voorhanden is. Deze gang van zaken zal tot gevolg hebben, dat er een identifikatie plaats zal vinden van B, als het icoon daarvoor tenminste lang genoeg beschikbaar blijft. Echter ook als de identifikatieprocedure, die gestart is met A, wordt vervolgd met B, zal uiteindelijk een identifikatie van B het resultaat zijn. In beide gevallen zal er fenomenaal sprake zijn van een "backward masking" van A. Tussen het eerste en het tweede geval zal er echter bij een kritische aanbiedingsenergie van B, een verschil op moeten treden in de mate van correcte identifikatie van B.

Op basis van het voorafgaande kunnen we nu de volgende algemene verwachting (of grondhypothese) formuleren, die ten grondslag zal liggen aan het onderzoek, dat is gerapporteerd in de laatste hoofdstukken.

NAARMATE ER MEER VOOR DE B-IDENTIFIKATIE ADEKWATE PROGRAMMASTAPPEN WERDEN UITGEVOERD OP DE GEGEVENS VAN HET A-ICOON, IS DE KANS GROTER OP EEN CORRECTE IDENTIFIKATIE VAN B.

Om aan de meettechnische moeilijkheden te ontkomen, die samenhangen met het gebruik van allerlei vaak variërende kwalitatieve omschrijvingen, zullen we vanaf nu het begrip identifikatie alleen nog in de letterlijke zin hanteren. Met andere woorden :

EEN CORRECTE IDENTIFIKATIE IS EEN CORRECTE NAAMKEUZE.

In hoofdstuk I hebben we betoogd, dat het identificatieproces in eerste instantie betrekking moet hebben op globale objektkategorieën (b.v. "een gezicht") en op de bepaling van de condities waaronder dat objekt wordt gepresenteerd (b.v. de positie). Pas in de laatste fase kunnen kenmerken worden vastgesteld voor de identifikatie van een bepaald objekt (individu). De hiërarchische relatie tussen de A- en de B- stimulus, die zal fungeren als de onafhankelijke variabele, zal dus op laag niveau gezocht kunnen worden in globale kenmerken en vervolgens in toenemende mate in meer specifieke kenmerken. Deze relaties hebben altijd betrekking op aspekten waarin A en B (nog) niet verschillen. In volgende onderzoeken zal steeds een aantal experimentele condities worden onderscheiden, die samenhangen met de geoperationaliseerde hiërarchische niveaus. De concrete operationalisering zal bij de desbetreffende experimenten aan de orde worden gesteld.

3.5     ALTERNATIEVE HYPOTHESEN VOOR DE VERKLARING VAN "HELPENDE" OF "STORENDE" A-EFFECTEN

Willen we met het beschreven paradigma van dubbelstimulatie de hiërarchie-hypothese toetsen, dan dienen echter vooraf bedenkbare alternatieve verklaringen voor een positief of negatief resultaat uitdrukkelijk te zijn uitgesloten. Immers de mogelijkheid van zo'n alternatieve verklaring betekent, dat we uit de verkregen resultaten nog niet veel kunnen concluderen ten aanzien van de waarschijnlijkheid van onze hypothese in verhouding met andere hypothesen.

IN HET VOORGAANDE HEBBEN WIJ STILGESTAAN BIJ EEN AANTAL VAN DERGELIJKE ALTERNATIEVE VERKLARINGEN VOOR HET DUBBELSTIMULATIEONDERZOEK IN DE AKTUALGENESE, DE SUBLIMINALE PERCEPTIE EN VISUELE MASKERING. IN HET VOLGENDE ZULLEN WE TRACHTEN, OP BASIS VAN HET DAARBIJ ONTWIKKELDE INZICHT, SOORTGELIJKE VERKLARINGEN TE BEDENKEN IN VERBAND MET ONS PARADIGMA VAN DUBBEL STIMULATIE. HET DOEL HIERVAN IS UITEINDELIJK TE KOMEN TOT EEN ZODANIGE UITSLUITING OF CONTROLE VAN BEPAALDE A-B COMBINATIES, DAT DEZE VERKLARINGEN EENVOUDIG NIET MEER VAN TOEPASSING KUNNEN ZIJN.

Als EERSTE voorbeeld van een dergelijke alternatieve verklaring valt te denken aan een situatie, waarin de IDENTIFIKATIE VAN A OP ZICHZELF zou kunnen resulteren in een hogere identifikatiescore voor B. Een dergelijke situatie ontstaat als A en B dezelfde foto's zouden zijn. Echter ook als A en B weliswaar verschillende foto's zijn, die echter wel hetzelfde individu betreffen, kan deze alternatieve verklaring worden gegeven bij een eventuele verbetering van de identifikatiescore.

Een TWEEDE mogelijkheid is, dat ten gevolge van één of andere vorm van stimulusinteraktie, die niets te maken heeft met enig identifikatieprogramma, een verhoging van de kans op B-identifikatie zou kunnen optreden. Het is b.v. denkbaar, dat de A-stimulus door een soort voorbereidende SENSORISCHE ADAPTATIE, de kwaliteit van het B-icoon verbetert. Een dergelijke kwaliteitsverbetering zou ook optreden als ten gevolge van een SENSORISCHE SUMMATIE b.v. de contouren van het B-icoon zouden worden versterkt.

Ter voorbereiding van de derde en vierde alternatieve verklaringsmogelijkheid lassen wij nu eerst het volgende intermezzo in. De laatste tijd bepleiten namelijk bepaalde onderzoekers weer een "merogene" stimuluspresentatie (Aktual-genese) of "sekwential part presentation" (McFarland 1965 en 1973) voor de studie van hypothetische analyse- en integratieprocessen in het visuele systeem.
Met name de vaststelling van het verschijnsel van fragmentatie van het gestabiliseerde netvliesbeeld (Pritchard, Heron en Hebb, 1960. Pritchard, 1961. Heckenmüller, 1965) en de ontdekkingen van Hubel en Wiesel (1959, 1963) vormden de aanleiding voor recente experimenten met successieve deelpresentaties. Pritchard c.s. constateerden, dat de fragmentatieverschijnselen geen toevalskarakter bezaten, maar wezen op een zekere zinvolle organisatie. De aard van de fragmentatie zou dus kunnen wijzen op de werkzaamheid van bepaalde funktionele subsystemen in het waarnemingsproces. Eigenlijk werd allang gesteld, dat de geheel of gedeeltelijke regeneratie van een gestabiliseerd netvliesbeeld samenhing met verschuivingen van het stabilisatiemedium; met imperfecties van de gebruikte techniek dus (vgl Yarbus, 1967). Recentelijk stelt Cornsweet (1970) in

een uitgebreide voetnoot bij zijn behandeling van het gestabiliseerde netvliesbeeld, dat ook de aard van de fragmentatie hierdoor is te verklaren. Doordat er altijd sprake is van een slipbeweging in een of andere richting, zullen alleen bepaalde figuurfragmenten (waarvan de contouren min of meer haaks liggen ten opzichte van de sliprichting) aanleiding geven tot stimulatie. Al is het de vraag of met deze sliprichting ook alle partiele uitvalsverschijnselen bij retinale stabilisatie zijn te verklaren (vgl Leeuwenberg, 1968), toch zou het verschijnsel hierdoor minstens grotendeels zijn terug te voeren op de retinale stimulatie en daarmee op het icoon. Dit laatste vormt natuurlijk wel een belangrijke voorwaarde voor het zien, maar heeft - zoals eerder beschreven - met het identificatieproces als zodanig niets te maken. Zoals eveneens eerder aangevoerd, hebben ook de bevindingen van Hubel en Wiesel waarschijnlijk alleen betrekking op de organisatie van het icoon.

Maar zelfs als de fragmenten wel samenhingen met de aktiviteit van subsystemen in het waarnemingsproces, lijkt de methode van successieve deelpresentatie dubieus voor het toetsen van de hiërarchiehypothese. Immers er ontstaat door deze wijze van presentatie een DERDE alternatieve verklaringsmogelijkheid. Deze is dat door een of andere samenvoeging (in effect vergelijkbaar met een parallelle verwerking) van de effecten van de A- en de B-stimulus een zodanig GROTERE VERZAMELING VAN KENMERKEN resulteert, dat op grond daarvan een identifikatie van B meer waarschijnlijk wordt. Het doet er hierbij niet toe of deze samenvoeging zou plaatsvinden op retinaal niveau, in het icoon, of als resultaat van twee successieve identifikatieprocessen. De A-stimulus mag dus niet op een of andere wijze nieuwe informatie kunnen toevoegen aan de B-stimulus, zodat deze gemakkelijker kan worden geïdentificeerd. Een dergelijke situatie zou ontstaan indien op A een kenmerkend attribuut (b.v. een bril) zou zijn afgebeeld van het individu op de B-foto, terwijl dit attribuut niet óók voorkomt op de gebruikte B-foto. Het voorgaande geldt ook voor alle gevallen, waarin A en B sekwentieel gepresenteerde delen zijn van dezelfde figuur (i.c. de onderdelen van het gezicht).

Met een sekwentiele deelpresentatie hangt ook nog een VIERDE alternatief samen. Het is denkbaar dat twee of meer verschillende deelsekwenties kunnen worden bedacht, waarvan de ene veel beter dan de andere tot een identifikatie van B kan leiden. Te denken valt b.v. aan een geordende successieve presentatie van spatieel aangrenzende gezichtsdelen, versus een successieve presentatie van willekeurig gekozen delen. Bij een dergelijke successieve presentatie lijkt het echter niet goed mogelijk te onderscheiden tussen faktoren, die samenhangen met DE SEKWENTIELE AARD VAN DE SENSORISCHE "INPUT" en met de eventueel sekwentiele aard van het identifikatieproces. Met andere woorden de mogelijkheid lijkt aanwezig dat resultaten, gevonden met een dergelijke wijze van stimuluspresentatie, eerder zijn terug te voeren op bepaalde "leesprocessen" dan op de identifikatie-procedure. We zouden dus de normale visuele waarneming hebben veranderd in een soort van leesproces, waarvan de sekwentiele aard waarschijnlijk eveneens grotendeels samenhangt met de aard van de invoer. Green en Courtis (1966) verwierpen op grond van soortgelijke overwegingen, reeds de informatietheoretische aanpak van de visuele waarneming van met name Attneave (1954), waarbij de waarnemer (voor een berekening van de informatieinhoud) een figuur regel na regel en hokje na hokje als het ware moet uit- (of in-?) lezen.

Een VIJFDE type van alternatieve verklaringsmogelijkheden hangt in een meer algemene zin samen met experimenten waarbij tachistoscopische stimuluspresentaties en een meestal beperkte verzameling van antwoordmogelijkheden worden gebruikt. Welhaast berucht zijn in dit verband de zogenaamde ANTWOORDTENDENTIES (response bias), die niets te maken hebben met een identifikatie van de gepresenteerde stimulus, maar desondanks kunnen leiden tot verschillen tussen condities. Een eenvoudig voorbeeld is dat de proefpersoon, die niet voldoende heeft gezien voor een identifikatie, bij gedwongen keuze een spontane of beredeneerde voorkeur voor bepaalde naamalternatieven ontwikkelt. Indien nu de naamalternatieven niet gelijkelijk over de verschillende condities zijn verdeeld, haalt de proefpersoon met de spontane voorkeur een hogere score in die conditie, waarin de desbetreffende foto's worden gebruikt. Als één van de condities bijzonder moeilijk zou zijn, zou een andere proefpersoon b.v. systematisch kunnen kiezen voor die naamalternatieven, waarvan hij al enige tijd geen foto's heeft gezien. Er zou dan sprake zijn van een "sekwential response bias" (vgl Wagenaar, 1972). Tot slot zijn er in dit kader de zgn. "DEMAND CHARACTERISTICS" (vgl Neisser, 1967), waarmee vele experimentele resultaten uit dit type onderzoek zijn "wegverklaard". Deze uitnodigingsfaktoren berusten op niet experimenteel bedoelde, onwillekeurige suggesties aan de proefpersoon, voor een specifieke aanpak van de experimentele taak. Ze kunnen samenhangen met de wetenschappelijke verlangens en de daaruit voortkomende blindheid van de proefleider, maar ook met niet onderkende aspekten van de taak zelf, zoals de mogelijkheid van een partiele waarneming, waarop redeneringen kunnen worden gebaseerd. Samengevat gaat het bij dit vijfde type dus over alternatieve verklaringen, die samenhangen met conditiespecifieke succeskansen bij het gebruik van een of andere antwoordstrategie (met inbegrip van blind raden), die geen verband houdt met het veronderstelde identificatieproces. Deze vijfde mogelijkheid dient te worden ondervangen door een zodanige experimentele opzet, dat een of andere strategische aanpak van de proefpersoon, of differentiële raadkansen geen conditieverschillen kunnen veroorzaken, en waarin de proefpersoon geen (eventueel stilzwijgende) suggesties van de proefleider kan krijgen.

Behalve de zojuist besproken HELPENDE effecten van de A-stimulus, die moeten worden uitgesloten, zijn er natuurlijk ook STORENDE effecten denkbaar, waarvoor een soortgelijke argumentatie geldt. Immers, als de introduktie van de A- stimulus zou leiden tot een verstoring van het hiërarchische proces, dat kenmerkend zou zijn voor de normale waarneming (van B), is dit proces niet meer adekwaat aan te tonen. Hierbij valt met name te denken aan perifere of centrale maskeringseffecten van het "forward" type.

Een additioneel aspect van deze storingsmogelijkheid is, dat een eventuele A-storing in verschillende condities steeds anders is. Men zou zelfs kunnen denken aan een differentiële storing, die zodanig is, dat de volgens onze hypothese maximaal helpende A-stimulus, in feite de minst storende is en de minimaal helpende in feite de meest storende. Deze mogelijkheid is echter, gezien de kennis, die we momenteel bezitten met betrekking tot visuele maskering, niet erg plausibel te maken. We nemen dan ook aan, dat eventuele A-storing aan de "veilige" kant ligt. Met andere woorden: we nemen aan dat een dergelijke storing eerder zal leiden tot een - mogelijk ten onrechte - verwerpen van de gestelde hypothese (de z.g. Type II fout) dan tot een ten onrechte accepteren daarvan (Type I fout). We zullen tijdens het onderzoek nader bezien of en in hoeverre visuele maskering toepassing van de voorgestelde onderzoekstechniek mogelijk maakt.

Omdat we ook bij de volgende onderzoeken toch wel weer meerdere malen dezelfde foto's zullen moeten presenteren, zouden ook hier verwachtingen en leereffecten op basis van deelwaarnemingen een vertroebelende rol kunnen gaan spelen. Zeker als we vaak dezelfde foto's gebruiken, zullen we op een bepaald moment bovendien eerder bezig zijn met het onderzoek van de herkenning van bepaalde portretten, dan met de herkenning van de afgebeelde gezichten. De verwachtingen en leerprocessen kunnen betrekking hebben op de A- en/of de B-stimulus. Ook hierbij valt te denken aan een differentieel effect voor verschillende experimentele condities. Indien er sprake is van een adekwate experimentele (contra) balancering van condities, is echter opnieuw niet op voorhand plausibel te maken, dat de effecten nu juist zouden leiden tot een ordening van conditieresultaten, die ook volgens onze hypothese wordt verwacht. De verschillen tussen condities, die wij volgens onze hypothese verwachten, zullen door leerprocessen e.d. dus zeer waarschijnlijk worden "uitgemiddeld" of eventueel op een onregelmatige wijze vervormd. Omdat aldus de kans op een bevestiging van de hypothese wordt verkleind, kunnen we ook deze leereffecten e.d. als meer of minder storend opvatten.

Indien wij op deze plaats dieper zouden ingaan op allerlei storende of helpende faktoren, die een adekwate toetsing van de hiërarchiehypothese in de weg staan, zouden we melding moeten maken van inzichten, die pas konden worden verkregen via het onderzoek, dat in het volgende hoofdstuk is gerapporteerd. We verwijzen daarom naar het volgende hoofdstuk.

TOT SLOT VAN DEZE PARAGRAAF WILLEN WE NOG EEN OPMERKING MAKEN OVER HET EFFECT VAN EEN EVENTUELE ZICHTBAARHEID VAN DE A-STIMULUS. IN HET VOORGAANDE WERD REEDS UITEENGEZET, DAT EEN WAARNEMING VAN DE A-STIMULUS (OP WELKE WIJZE DAN OOK)

OP ZICHZELF OP GEEN ENKELE WIJZE MAG KUNNEN LEIDEN TOT EEN DIFFERENTIATIE VAN EXPERIMENTELE CONDITIES, DIE OVEREEN ZOU KUNNEN KOMEN MET DE HYPOTHETISCH VERWACHTE DIFFERENTIATIE. HET DOET ER BIJ ONS ONDERZOEK DUS IN THEORIE NIET TOE OF A SUB- DAN WEL SUPRALIMINAAL ZOU ZIJN. OF HET PRAKTISCH VAN BELANG IS, DAT A RELATIEF ZWAK OF KORT WORDT GEPRESENTEERD, ZAL UIT FEITELIJK ONDERZOEK MOETEN BLIJKEN. WE KUNNEN IN DIT VERBAND DUS EVENEENS VERWIJZEN NAAR HET VOLGENDE HOOFDSTUK.

## 3.6 MOGELIJKE PRESENTATIEWIJZEN VAN A EN B

Bij het tachistoscopisch aanbieden van twee verschillende stimuli A en B zijn vele variaties mogelijk. De meest voor de hand liggende variatie is die van de aanbiedingsenergie (tijd of lichtsterkte). Een soortgelijk effect wordt bereikt door variaties van de toestand van lichtadaptatie bij de proefpersoon met behulp van de verlichting van het zogenaamde pré- en post-adaptatieveld of door de omgevingsverlichting in de experimenteerruimte. In de volgende experimenten werden als onafhankelijke variabele zowel de tijden van A of B, resp. $t_A$ en $t_B$, gevarieerd als de verhouding van de aanbiedingstijden $t_A : t_B$.

Een andere bron van variaties is gelegen in het interstimulusinterval (ISI) of in de "stimulus onset asynchrony" (SOA), die betrekking heeft op de tijd welke verloopt tussen het begin van de A-stimulatie en dat van de B-stimulatie. In onze experimenten werd steeds langs empirische weg gezocht naar zodanige aanbiedingstijden, lichtsterkten, lichtadaptaties en stimulusintervallen, dat een differentiatie tussen experimentele condities kon worden verwacht.

Een derde, voor ons onderzoeksdoel zeer wezenlijke, variatiemogelijkheid is natuurlijk gelegen in de aard van het verschil tussen de twee stimuli zelf. Eén van de stimuli is, evenals bij de laatste twee van onze aktualgenetische exploraties, altijd een "halftoon" fotoportret. Halftoon wil zeggen dat er een continuüm is in de luminantie, verlopend van zeer donker naar zeer licht. Dit fotoportret is bovendien ook hier een afbeelding van iemand, waarvan de proefpersoon de naam kent. De andere stimulus kan dezelfde foto zijn, een soortgelijke foto van hetzelfde model, of een soortgelijke foto van een andere bekende, resp. van een onbekende. Deze andere stimulus kan echter ook een blank veld zijn, of een weliswaar gestructureerd beeld dat echter geen portret is, een gelaatscontour, een karikatuurtekening en een silhouet. Tussen twee afbeeldingen kan voorts een verschil zijn in afbeeldingspositie, beelduitsnede, plaats in het visuele veld, fysiognomie, gelaatsexpressie, leeftijd, sexe en in allerlei attributen zoals haardracht, bril etc. Bij de experimenten wordt vermeld welke stimuli werden gebruikt en waarom.

Afgezien van het voorgaande kunnen twee stimuli A en B door het bestaan van verschillende "invoerkanalen"(ogen) nog op zes verschillende wijze worden gepresenteerd:

100

|   |   |   | simultaan | successief |
|---|---|---|---|---|
| A | en B aan beide ogen: | binoculair | 1 | 2 |
| A | en B aan één oog: monoptisch Of | monoculair | 3 | 4 |
| A | aan het ene B aan het andere oog: | dichoptisch | 5 | 6 |

Wij hebben geen reden om in dit geval veel verschil te verwachten tussen binoculaire (1 en 2) presentatie en monoculaire (3 en 4) presentatie. Ten gevolge van mogelijk perifeer retinale interakties als refractaire perioden, adaptatie, summatie en inhibitie zou er bij korte ISI's wel verschil kunnen zijn tussen beide voorafgaande en dichoptische (5 en 6) presentatiewijzen. Wij wilden ons derhalve beperken tot de presentatiewijzen 1, 2, 5 en 6. Omdat het uiteindelijk om redenen van tijdslimieten voor proefleider en proefpersoon niet mogelijk bleek alle condities voldoende gecontrabalanceerd te krijgen, is in dit rapport geen onderzoek vermeld met betrekking tot de, overigens wel cruciaal gebleken, conditie 1.

# Hoofdstuk IV

# EXPLORATIES VANUIT DE HIËRARCHIE-HYPOTHESE MET BEHULP VAN DUBBEL-STIMULATIE

## 4.1 NIET-ONDERSCHEIDBARE A- EN B-IDENTIFIKATIES

### 4.1.1 PERMANENTE PRESENTATIE VAN A

METHODE EN PROBLEEMSTELLING:

Uit onze aktualgenetische exploraties is onder andere gebleken dat het aantal voorafgaande aanbiedingen van invloed is op de drempelwaarde. Willen we de hiërarchiehypothese toetsen door invoering van een aantal condities, waarin de A-stimulus wordt geacht in toenemende mate hulp te kunnen bieden voor de identifikatie van de B-stimulus, dan kunnen we in die condities dus niet dezelfde foto's gebruiken zonder een zorgvuldige balancering voor leereffecten. Om hier aan te ontkomen besloten we bij onze eerste poging tot een toetsing van de hypothese door binnen elke conditie verschillende foto's te gebruiken en met behulp van een afzonderlijk te bepalen weegfaktor te corrigeren voor een eventueel verschillende moeilijkheidsgraad tussen de foto's.

In het vorige hoofdstuk is naar voren gebracht dat de A-stimulus weliswaar hulp moet kunnen bieden voor de B-identifikatie, maar toch nooit zoveel dat bij inspektie van A al de identiteit (van B) zou zijn te achterhalen. Een tweede voorwaarde was dat de verschillende condities van A-stimulatie niet (bijvoorbeeld door contourversterking) mogen resulteren in verschillende "icoonkwaliteiten". In beide gevallen is immers een alternatieve verklaring van eventuele resultaten mogelijk.

Wij meenden aan de eerste voorwaarde te kunnen voldoen door in de A-stimulus slechts zodanig globale contourlijnen van B op te nemen, dat ook bij een rustige inspektie geen identifikatie mogelijk was. Aan de tweede voorwaarde meenden we te kunnen voldoen door de totale contourlijnlengte in alle condities gelijk te houden. Verschil tussen condities is dus gedefinieerd door de plaats waar zich de lijnsegmenten bevinden. We onderscheiden de volgende condities:

R       De contoursegmenten zijn zodanig willekeurig uit het B-portret genomen (overgetrokken), dat in de resulterende verzameling lijnstukjes geen gezicht is te zien.

C       De contoursegmenten zijn alle genomen uit de buitencontour van het B-portret met uitzondering van de haarpartij.

CH      idem, met inbegrip van de haarpartij

CHO     idem, met inbegrip van de binnencontouren van ogen, neus en mond.

Doordat de totale lijnlengte in alle condities gelijk is, moge het duidelijk zijn dat vooral in de conditie C de meest solide lijn ontstaat, terwijl er bij R en CHO een grote spreiding is van elementaire lijnstukjes.

Binnen elke conditie kozen we willekeurig 4 foto's van mannen uit een zeer omvangrijke verzameling tijdschriftfoto's van bekende politici, amusementsfiguren e.d. De fotografische kwaliteit en beelduitsnede werd daarbij, zo goed als mogelijk was, constant gehouden. De foto's vertoonden echter wel allerlei verschillende opnameposities, expressies, achtergronden en attributen. Deze foto's werden vervolgens in zwart-wit halftoon gecopieerd op het formaat 5 x 8 cm en wel zodanig dat de feitelijke portretten ongeveer even groot waren. Ook de contrasten binnen foto's werden door deze procedure vergelijkbaar. De foto's werden op het centrale deel van tachistoscoopkaarten geplakt en vervolgens werd op de corresponderende plaats van andere tachistoscoopkaarten de gewenste A-stimulus overgetrokken. Dit geschiedde in verband met de spiegel uit het tweede tachistoscoopkanaal, uiteraard in spiegelbeeld.

Voor de presentatie besloten we weer gebruik te maken van een tweekanaals-tachistoscoop (type Bettendorf). De visuele hoek van de complete A- en B-stimuli bedroeg hierin ongeveer 7°. De portretten waren uiteraard wat kleiner omdat deze visuele hoek ook een stuk achtergrond omvatte. De "clear field luminance" (corresponderend met de luminantie van de praktisch witte A-stimuli) was ongeveer 50 c/m².

In dit eerste experiment besloten we de A-stimulus permanent te tonen door deze aan te brengen op het adaptatieveld van de tachistoscoop. Van de B-stimulus, die geheel overlapte met de A-stimulus, bepaalden we via de methode der stijgende limieten de identifikatiedrempel. Begonnen werd daarbij met een B-presentatie van 3 ms. De tijd werd tot 10 ms verhoogd in stappen van 1 ms en vanaf 10 ms tot 100 ms in stappen van 5 ms. Alleen tijdens de B-presentatie, was de A-stimulus afwezig. De presentatie kan worden omschreven als successief-binoculair.

Aan het experiment namen 14 proefpersonen deel, allen tweedejaars psychologie, die volkomen vertrouwd waren met methode en doel van het onderzoek. Vóór het onderzoek konden zij de gebruikte serie B-foto's inspekteren om de benoembaarheid van alle foto's te verzekeren. Na elke presentatie, die de proefpersoon zichzelf deed via een drukknop, werd een gedwongen naamkeuze verlangd. De condities waren in de aanbiedingsvolgorde gecontrabalanceerd volgens het abba-schema. We verwachten dat de prestaties beter zullen worden (de drempel lager zal zijn) naarmate er in de A-stimulus meer hulpinformatie wordt geboden.

RESULTATEN:

De over foto's binnen condities en over proefpersonen gemiddelde drempelwaarden (eerste correcte identifikatie) zijn afgebeeld in figuur 4. Elk meetpunt heeft derhalve betrekking op 14 x 4 = 56 drempelobservaties. Voor een drempelbepaling waren gemiddeld 10 tot 15 presentaties vereist.

CHO blijkt signifikant slechtere (U-toets $p < .05$) resultaten te geven dan de andere condities, waartussen onderling geen signifikant verschil kon worden aangetoond.

(U-toets α = .05)

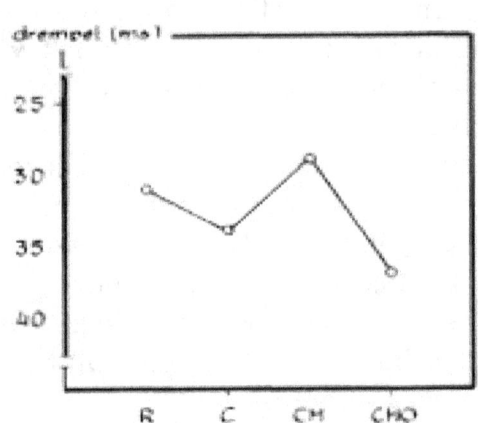

*Figuur 4* Gemiddelde identifikatie drempels voor B in funktie van een toenemende verwachte "hulp" van A (voor verklaring afkortingen zie tekst)

CONCLUSIE EN DISCUSSIE:

De voorspelling wordt niet bevestigd. Met uitzondering van de conditie
CH lijkt er eerder een trend te zijn, die tegengesteld is aan de verwachting. Het
is mogelijk dat de foto's in de verschillende condities verschillen met betrekking
tot de herkenbaarheid of de moeilijkheidsgraad. Het lag in onze bedoeling
hiervoor te corrigeren via een weegfaktor voor elke foto. Deze faktor zou
worden bepaald door een tweede presentatie van alle foto's maar nu zonder A-
stimulus. Mogelijk ook ten gevolge van leereffecten, kon echter bij deze
tweede presentatie nauwelijks verschil tussen de drempels worden gevonden.
Het lijkt echter onwaarschijnlijk dat de moeilijkheidsgraadverschillen geheel
verantwoordelijk zouden kunnen zijn voor de vrij systematisch slechtere
prestaties van alle vier de foto's uit de conditie CHO. Mede gezien de verbale
rapporten van de proefpersonen lijkt ons een meer plausibele verklaring dat de
proefpersonen tengevolge van de permanente presentatie van A in een
toestand van storende stabiele eindwaarneming verkeerden die moeilijk is te
doorbreken (cf. Bruner en Potter, 1964). De proefpersoon ziet eenvoudig een
duidelijk gestruktureerde gelaatstekening, die door de overtrekprocedure niet
identificeerbaar is, maar desondanks wel een geheel eigen karakter hebben
kan. In de conditie CHO is dit karakter het meest geprononceerd en het zou
daardoor moeilijker kunnen worden om er van los te komen bij de B-
identifikatie.

4.1.2 KORTDURENDE PRESENTATIE VAN A

METHODE EN PROBLEEMSTELLING:

Naar aanleiding van de moeilijkheden, die werden gesignaleerd in de
laatste discussie, besloten we het voorgaande experiment in een gewijzigde
vorm te herhalen.

104

We gebruikten op de eerste plaats dezelfde 4 condities als in het voorgaande experiment, maar voegden ook een nieuwe conditie toe: BL. De A-stimulus is een geheel blank veld.

We besloten nu bovendien in elke conditie niet langer verschillende foto's te gebruiken. Het aantal foto's moest daarom iets worden teruggebracht. Het bepalen van drempels voor 10 foto's in 5 condities leek ons binnen één experimentele zitting nog juist haalbaar. We konden deze schatting baseren op onze ervaringen bij het voorgaande onderzoek, medegerekend het feit dat ditmaal geen extra drempelbepaling was vereist voor het bepalen van een weegfaktor. Ten gevolge van leereffecten is bovendien te verwachten dat het gemiddeld aantal presentaties voor één drempelbepaling aanzienlijk lager zal zijn. Het risico van deze procedure is natuurlijk wel dat de spreiding tussen de drempelwaarden veel kleiner zal worden. Uiteraard diende bij deze procedure nu behalve voor condities ook te worden gecontrabalanceerd voor dit leereffect.

Het meest wezenlijke verschil met het voorgaande experiment is echter dat de A-stimulus nu slechts 5 ms werd gepresenteerd direkt voorafgaande aan de B-presentatie. Voor dit doel maakten we gebruik van een driekanaalstachistoscoop (Scientific Prototype type GB) voor kaartpresentaties. De visuele hoek van de foto's werd hierdoor verkleind tot ongeveer 3,5°. De "clear field luminance" was hier ongeveer 65 c/m². Aan het experiment namen 13 nieuwe proefpersonen deel uit dezelfde populatie als die van het voorafgaande experiment.

RESULTATEN:
De resultaten zijn afgebeeld in figuur 5. Elk meetpunt heeft nu betrekking op 13 x 10 = 130 drempelobservaties. Voor een drempelbepaling waren nu gemiddeld iets minder dan 10 presentaties vereist.

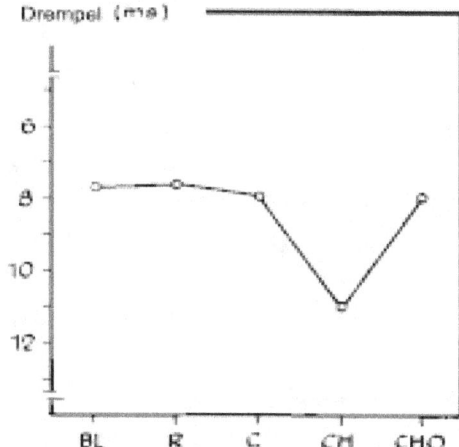

*Figuur 5* Gemiddelde identifikatie-drempels voor B in funktie van een toenemende verwachte "hulp" van A.

CONCLUSIE EN DISCUSSIE:
Op de y-as is te zien dat we hier om nog enige differentiatie te kunnen zien, een geheel andere schaal moeten gebruiken.

De luminantie van de verschillende velden was hier weliswaar iets hoger dan bij het vorige onderzoek, het is echter duidelijk dat ook geheel andere faktoren een rol hebben gespeeld. In de eerste plaats is er een leereffect ten gevolge van herhaalde presentaties, in de tweede plaats "stoort" de A-stimulus waarschijnlijk niet in dezelfde mate als bij het vorige onderzoek.

Opnieuw zijn echter de resultaten niet zoals voorspeld. De enige conditie die signifikant afwijkende resultaten geeft is de conditie CH. Ook hier is het echter weer een ogenschijnlijk hoog informatieve conditie die aan de verwachting tegengestelde resultaten geeft. We hebben hiervoor, ook na controle van de introspectieve gegevens, geen plausibele reden kunnen vinden. Mogelijk is er alleen sprake van toeval.

Dat er in het algemeen geen verschil wordt gevonden met de conditie BL(ank) lijkt meer betekenend. Is er mogelijk te weinig contrast in de A-stimuli om enig effect te kunnen sorteren bij deze korte aanbiedingstijden? Om een antwoord te kunnen vinden op deze vraag, voerden we enkele exploraties uit. Een eerste exploratie bestond hierin dat we de A-stimulus presenteerden met dezelfde aanbiedingstijd, maar nu niet gevolgd door de B-stimulus. De A-stimulus bleek duidelijk zichtbaar voor de meeste proefpersonen. Kennelijk werd de A-stimulus dus in ons vorige experiment gemaskeerd door de B-stimulus en wel zodanig dat de effectiviteit van deze A-stimulus geheel werd gereduceerd. Er was immers ook geen verschil als A een blank veld was.

In een tweede exploratie presenteerden we A en B aan weerszijden van een fixatiepunt, dus op verschillende plaatsen in het visuele veld. Deze methode had tot gevolg dat de drempels gemiddeld drie maal zo hoog werden als bij een aanbieding op dezelfde plaats. Het subjekt ziet bij de eerste aanbiedingen (waarbij $t_A = 5$ ms en $t_B = 1$ ms) in feite de A-stimulus. Naarmate de aanbiedingsduur van B langer wordt schakelt de proefpersoon nu over naar B. Ook bij deze methode ziet hij overigens op een bepaald moment A niet meer. Aangezien er bij deze methode voor was gezorgd dat de A-stimulus volgens een toeval schema links of rechts kon verschijnen, gevolgd door de B-stimulus aan de andere zijde, is het waarschijnlijk dat er bij de proefpersoon een zekere "aandachtsverdeling" of verwarring optreedt, welke een verklaring kan vormen voor de drempel verhoging. Gezien deze drempel verhoging, leek het minder aantrekkelijk om deze laatste procedure verder uit te werken. Er zou dan immers alleen nog maar vastgesteld kunnen worden of de mate van de drempelverhoging kon worden gemanipuleerd door de aard van de A-stimulus.

### 4.1.3 ULTRAKORTE PRESENTATIE VAN A GEVOLGD DOOR EEN ISI

PROBLEEMSTELLING EN METHODE:
Gezien de laatste exploraties is het waarschijnlijk dat ook bij $t_A = 5$ ms nog steeds een stabiele eindwaarneming van

deze A-stimuli mogelijk is, terwijl we deze juist wilden uitsluiten. Kennelijk is de aanbiedingsenergie van A dus nog te groot. Anderzijds lijkt deze juist weer te laag (waarschijnlijk) door de snelle successie van B om effectief te zijn. In het volgende onderzoek besloten we daarom enerzijds $t_A$ te verkorten en anderzijds een kort ISI van een halve seconde in te voeren, zodat A tot op zekere hoogte toch verwerkt zou kunnen worden vóór de aankomst van B. Omdat we de "optimale" $t_A$ niet kennen, besloten we tevens $t_A$ experimenteel te variëren: $t_A$ = 1 ms en $t_A$ = 3 ms. Bij deze beide tijden was er voor de meeste proefpersonen nauwelijks meer iets te zien van de A-contouren.

Voorts leek het gewenst meer nauwkeurig te weten wat het effect was van herhaalde presentaties (van een leereffect dus) op het verschil tussen drempels in verschillende condities. Met name de vraag of er, tengevolge van een leereffect, geen verschil meer tussen condities zal worden gevonden, had de aandacht.

Een derde vraag was of meer natuurlijke A-stimuli misschien meer efficiënt zijn dan de tot nu toe gebruikte lijntekeningen. Behalve de condities BI, CH en CHO uit het vorige onderzoek definieerden we daarom de volgende drie nieuwe condities, waarin ook de A-stimuli bestaan uit foto's van hetzelfde type als de B-stimuli, maar alleen qua opnamepositie min of meer verschillend. In de eerste twee van deze condities is bovendien sprake van foto's van voor de proefpersoon totaal onbekende fotomodellen. In relatie tot de B-stimulus kunnen de A-foto's als volgt worden omschreven:

HET   verschillende sexe
HOM  gelijke sexe
$ID_2$     gelijke identiteit (twee verschillende foto's)

De laatste conditie is natuurlijk niet geschikt voor het toetsen van de hypothese, maar kan ons mogelijk wel inzicht bieden in het effect van de A-stimulus. Als zelfs deze conditie geen effect sorteert, zijn we kennelijk op een verkeerd spoor beland.

Omdat we het leereffect afzonderlijk willen bestuderen, kunnen we nu in de verschillende condities niet dezelfde B-foto's gebruiken. In elk van de zes condities kozen we daarom willekeurig drie foto's uit dezelfde verzameling als gebruikt werd bij het eerste experiment. In verband met de sexevariaties in de A-stimulus, kozen we voor de B-stimuli nu evenveel (bekende) vrouwen als mannen. In elke conditie werden echter ten hoogste twee B-foto's van hetzelfde geslacht opgenomen.

Een groep van 10 proefpersonen (weer uit dezelfde-populatie als bij de voorgaande onderzoeken) ontving een $t_A$ van 1 ms voor deze 18 foto's, en een ander groep van eveneens 10 proefpersonen ontving een $t_A$ van 3 ms. Nadat bij beide groepen (weer met limietenpresentaties) de drempel voor alle B-foto's was bepaald, werd de gehele procedure nogmaals herhaald om het leereffect vast te stellen.

RESULTATEN:

De binnen condities over foto's en over proefpersonen gemiddelde drempelwaarden voor $t_A = 1$ ms en $t_A = 3$ ms, alsmede voor de eerste en tweede presentatie, zijn afgebeeld in figuur 6. Per meetpunt zijn 3 x 10 drempelwaarden verwerkt. Voor een drempelbepaling waren gemiddeld ongeveer evenveel presentaties vereist als in het vorige onderzoek.

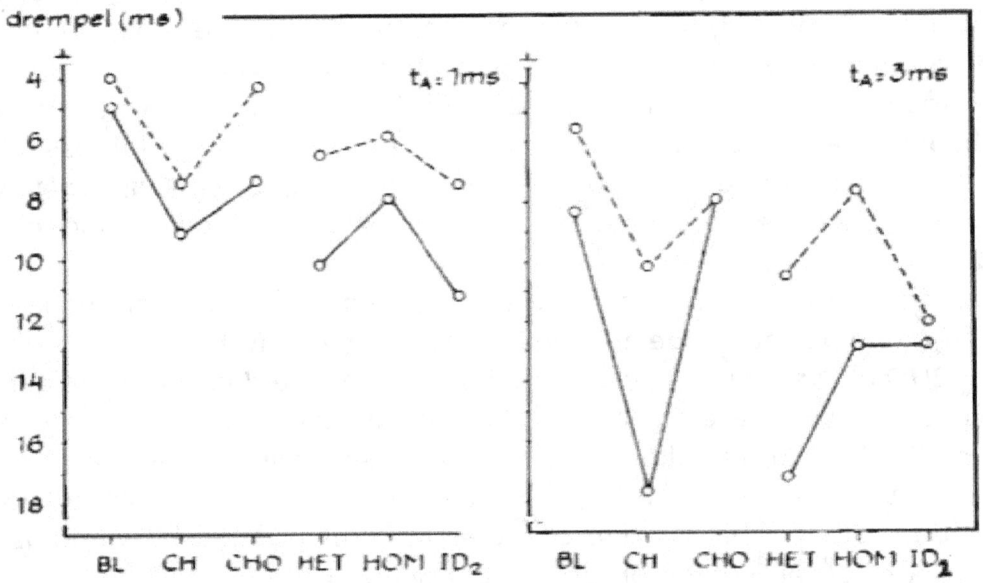

FIGUUR 6 Gemiddelde identifikatiedrempels voor B in funktie van een toenemende verwachte "hulp" van A in geval van lijnstimuli (B, CH, CHO) en fotostimuli (HET, HOM, ID$_2$) bij een $t_A$ van 1 ms en 3 ms (resp. linker en rechter grafiek) en voor de eerste en tweede presentatie (resp. solide en onderbroken lijn).

In de grafiek wordt voldoende duidelijk dat tengevolge van een leereffect over praktisch de gehele linie de prestatie verbetert (onderbroken lijnen). De typische differentiatie tussen condities blijft daarbij echter behouden. Tussen condities lijken ook nu weer verschillen te zijn, die niet werden verwacht. Aangezien nu binnen verschillende condities ook verschillende foto's waren gebruikt, is het mogelijk dat verschillen tussen condities in belangrijke mate worden bepaald door fotokwaliteiten.

We besloten daarom een poging te wagen via variantieanalyse het effect van foto's en van condities te onderscheiden. We voerden deze analyse driemaal uit op de log-drempelwaarden;

(I)    op de waarden van de eerste meting,

(II)   op de waarden van de tweede meting en

(III)  op de gemiddelde drempel van de eerste en tweede meting samengenomen.

In het laatste geval werd als drempelwaarde echter niet $t_B$ bij de eerste correcte identifikatie genoteerd, maar die $t_B$, waarbij de proefpersoon te kennen gaf zeker te zijn van zijn antwoord. Voor de analyse onderscheiden we de volgende factoren:

T      aanbiedingstijden van A
S(T)   subjekten binnen aanbiedingstijden
C      condities van de A-B relatie
F(C)   B-foto's binnen condities van de A-B relatie

    Het resultaat van de analyse, die plaats vond met gebruikmaking van het rekenprogramma Varian/01 (Kwaaitaal en Roskam, 1968), is vermeld in de volgende tabel.

| | | I | | II | | III | |
|---|---|---|---|---|---|---|---|
| | df | MS | F | MS | F | MS | F |
| T | 1 | 1.5251 | 3.28* | 1.8726 | 3.93* | 2.3570 | 6.75** |
| S(T) | 18 | .3190 | 3.61*** | .3860 | 6.13*** | .3493 | 11.91*** |
| C | 5 | .4578 | .46 | .3376 | .61 | .3972 | .51 |
| F(C) | 12 | .9990 | 11.30*** | .6054 | 9.61*** | .7784 | 26.54*** |
| TxC | 5 | .1648 | .95 | .0420 | .40 | .0216 | .86 |
| S(T)xC | 90 | .0883 | .99 | .0645 | 1.02 | .0250 | .85 |
| TxF(C) | 12 | .1736 | 1.96** | .1060 | 1.68* | .0253 | .86 |
| S(T)xF(C) | 216 | .0884 | | .0630 | | .0293 | |

         *    p ± .05
         **   p < .05
         *** p < .001

## CONCLUSIE EN DISCUSSIE:

    Er blijkt opnieuw geen verschil te zijn tussen het effect van verschillende condities van de relatie tussen A en B. Foto's blijken binnen condities echter hoogst significant verschillende drempelwaarden op te leveren. Mogelijk is het effect van de fotokwaliteit zo groot dat daarmee het hele conditie-effect verdwijnt. Op dezelfde manier zou men kunnen redeneren ten aanzien van de subjekten binnen de aanbiedingstijden van A.

    Het lijkt ons echter meer waarschijnlijk dat er onder deze aanbiedingscondities inderdaad geen conditie-effect is en dat bij dit ISI een kleine verlenging van $t_A$ leidt tot slechtere prestaties. Voorts is - zoals reeds opgemerkt - zeer waarschijnlijk dat een leereffect niet leidt tot het verloren gaan van een bestaande differentiatie. Als we de introspectieve gegevens bezien, wordt de volgende verklaring aannemelijk: De proefpersoon drukt op de knop tengevolge waarvan er een ondefinieerbare A-stimulus oplicht, dan is er een duidelijk interval merkbaar en vervolgens verschijnt tamelijk onverwacht de B-stimulus. Door de lengte van dit interval (500 ms) wordt dus een eventuele relatie tussen A en B geheel of grotendeels verbroken, waardoor de A-stimulus, afhankelijk van de aanbiedingssterkte, alleen nog als een meer of minder sterke storingsbron kan werken.

    Een kleine hoop bij dit alles geeft de significante interaktie tussen aanbiedingstijden van A en de identifikatie van B, als voor de drempelwaarde $t_A$ van de eerste correcte identifikatie wordt gebruikt. Het blijkt namelijk dat 1 foto uit de conditie ID, 1 uit CHO en 2 uit CH bij $t_A$ = 3 ms sneller worden herkend dan bij $t_A$ = 1 ms, terwijl alle andere foto's een slechtere herkenning geven. Opvallend is dat alle foto's waarbij verbetering optreedt uit die condities komen, waar de kans om een ander individu te zien dan B, is uitgesloten. Inspektie van de desbetreffende A-stimuli, alsmede enkele tachistoscopische exploraties met de A-stimuli op zich, maakt het tot slot waarschijnlijk dat toevallig deze A-stimuli een "betere" perceptuele struktuur bezitten. In ieder geval worden ze meer nauwkeurig omschreven bij een tachistoscopische presentatie dan de andere A-stimuli. Alles pleit er dus voor bij een volgend experiment $t_A$ weer langer te maken en geen of slechts een kort ISI toe te passen.

## 4.1.4  LANGDURIGE PRESENTATIE VAN  A, GEEN ISI

PROBLEEMSTELLING EN METHODE:
De mogelijkheid werd reeds geopperd dat het tot nu toe gebezigde contrast in de A-stimuli bij gebruik van contourtekeningen te zwak was. We besloten daarom in dit onderzoek gebruik te maken van silhouetten. Voorts besloten we in alle condities weer dezelfde B-foto's te gebruiken. Ditmaal maakten we daarvoor niet gebruik van tijdschriftfoto's maar van eigen laboratoriumopnamen van een aantal mannelijke stafleden uit onze onderzoeksafdeling. Deze opnamen werden gemaakt tegen een witte achtergrond in de zogenaamde en-face positie. Bij het afdrukken werden de gezichtsafmetingen op een standaardformaat gebracht. Op deze wijze ontstond een serie foto's (van 10 mannelijke stafleden) die kwalitatief in hoge mate vergelijkbaar waren, vooral omdat ook de belichting nauwkeurig was gelijk gehouden.

We hanteerden de condities CH, CHO en ID uit het vorige onderzoek, zij het met enige modificaties. We gebruikten namelijk dit keer als A-stimuli eenvoudig (spiegelverkeerde) afdrukken van dezelfde foto's die ook werden gebruikt als B-stimuli. In de conditie CH werd op de desbetreffende A-foto's het gehele gezicht zwart gemaakt; in de conditie CHO werden echter ogen, neus en mond uitgespaard; in de conditie ID werd niets veranderd. A en B zijn hier dus dezelfde foto. We zullen deze conditie aanduiden met $ID_1$. Het zwartmaken gebeurde met toevoeging van zodanig kleine variaties in de buitencontour, dat het resultaat (voor een aantal beoordelaars, die weliswaar de stafleden goed kenden, maar niet van tevoren wisten dat hun beoordeling betrekking had op foto's van deze stafleden) onherkenbaar was geworden. Tot slot hanteerden we ook de conditie BI, waarvoor nu echter werd gebruik gemaakt van geheel zwarte tachistoscoopkaarten.

Bij de presentatie volgden we een nogal buitennissige procedure, die naar later zal blijken, voor de hypothesetoetsing niet noodzakelijk is. De bedoeling van deze procedure was een $t_A$ van 50 ms te hanteren, zonder dat de proefpersoon daarbij tot een stabiele eindwaarneming zou komen. Voor dit doel werden de tachistoscooplampen geheel afgeplakt met isolatieband, op een uitsparing na ter grootte van een speldenprik. Voorts werden de proefpersonen (stafleden en studenten, die de afgebeelde fotomodellen goed kenden) volledig donker geadapteerd, door een aan het eigenlijke onderzoek voorafgaand verblijf van een half uur in de bijna geheel verduisterde experimenteerruimte. Het enige licht bestond uit het lokale uitschijnsel van een kleine afgeschermde zaklantaarn, waarmee de bedieningsknoppen van de tachistoscoop werden verlicht en waarbij de proefleider zijn observaties moest doen.

Voor de presentatie werd gebruik gemaakt van een zodanig omgebouwde twee-kanaalstachistoscoop, dat met constanthouding van alle andere faktoren ook presentaties in omgekeerde volgorde konden worden gegeven. De bedoeling hiervan was om behalve de tot nu toe gebruikte A-B volgorde ook B-A toe te passen. De onderliggende gedachtengang heeft betrekking op de aard van de nu gebruikte A-stimuli. Het is niet ondenkbaar dat de proefpersonen deze na een zekere tijd van B-identifikaties zullen gaan herkennen en bijgevolg alleen op grond van de A- stimulus tot een identifikatie kunnen komen. In dat geval is de A-verwerking niet langer een hiërarchisch eerder stadium in de identifikatie van B, maar worden A en B eenvoudig optelbaar, ongeacht de volgorde. Als deze gedachtengang juist is, moet de presentatie van A na B hetzelfde resultaat geven als A vóór B. We besloten daarom de drempel voor B zowel te bepalen bij een presentie van A ($t_A$ = 50 ms) voorafgaand aan B als volgend op B.

Bij de nu gebezigde opstelling ziet ook voor de donkergeadapteerde proefpersoon zelfs een permanent gepresenteerde stimulus (A of B) er uit als een vage schim. Desalniettemin bleken enkele proefpersonen de B-stimuli al bij aanbiedingsduren van enkele milliseconden perfect te kunnen identificeren. De niet donkergeadapteerde proefpersoon ziet in het geheel niets, ook niet bij permanente presentatie. De luminanties (ongeveer 0,3 c/m² voor de witte achtergrond van gezichten) waren dan ook zo extreem laag, dat er alleen sprake kan zijn van een extra-foveale, scotopische receptie. In verband hiermee was ook de visuele hoek van de portretten vergroot tot ca 12°, door deze op een groter formaat dan bij vorige proeven af te drukken.

De metingen geschiedden volgens een schema, waarin voor condities, aanbiedingsvolgorden en leereffecten was gecontrabalanceerd volgens het abba-schema.
Aan het onderzoek namen 5 proefpersonen deel, waarvan 3 meerdere malen.

RESULTATEN EN DISCUSSIE:
De resultaten zijn afgebeeld in figuur 7. Ongeveer driekwart van alle gepresenteerde foto's werd herkend bij aanbiedingstijden beneden 10 ms. Bij ogenschijnlijk willekeurige presentatie werden onder deze aan-biedingscondities echter extreem hoge waarden gemeten soms tot zelfs 300 ms. We berekenden daarom per conditie zowel binnen als over proefpersonen mediane waarden in plaats van gemiddelden. De curven van individuele proefpersonen, bepaald met deze mediane waarden, vertoonden met betrekking tot de vorm een grote mate van overeenkomst met de groepscurve uit figuur 3.4. Alleen het niveau, waarop de

individuele curven verliepen, verschilde enigszins tussen proefpersonen. Gezien deze overeenkomst en gezien de duidelijkheid van de resultaten, hebben we niet meer proefpersonen gevraagd voor deze wel zeer arbeidsintensieve procedure. We hebben evenmin gepoogd een toetsing uit te voeren op verschillen tussen condities. In figuur 7 zijn de resultaten verwerkt van 11 aanbiedingsronden bij de 5 proefpersonen.

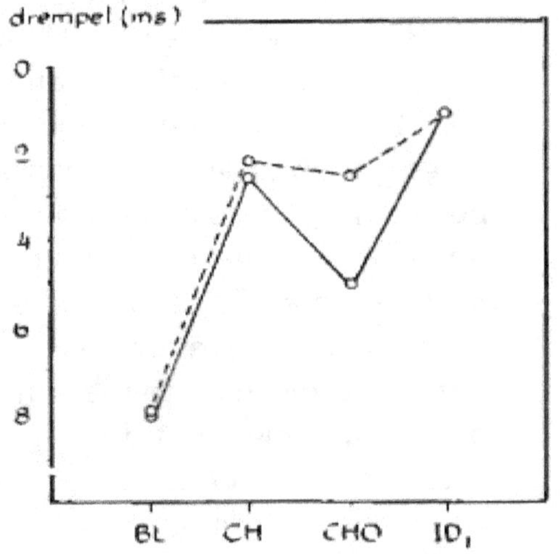

Figuur 7 Mediane identifikatiedrempels voor B in funktie van een toenemende verwachte "hulp" van A. Presentatievolgorde A-B, solide lijn; B-A, onderbroken lijn.

Het is duidelijk dat we nu over het algemeen wel het verwachte resultaat krijgen. Hoe meer "hulp" hoe beter de prestatie (hoe lager de identifikatiedrempel). Tegelijk wordt echter duidelijk dat de omgekeerde aanbiedingsvolgorde ongeveer dezelfde resultaten te zien geeft en mogelijk zelfs betere. De hiërarchie-hypothese komt dus niet sterker te staan. Kennelijk zijn de A-stimuli inderdaad op zichzelf identificeerbaar en is deze methode met twee stimuli van dezelfde identiteit ook niet geschikt om de hypothese te toetsen.

Merkwaardig is de knik in de curven bij de conditie CHO, die we bij praktisch alle aanbiedingsronden terugvonden. Het gewone silhouet is dus effectiever dan het silhouet met de uitgespaarde gelaatsonderdelen. Bij nader inzien is dit ook niet zo verwonderlijk, want door het zwart maken, was hier een zeer hoog contrast ontstaan, die de afbeeldingen enigszins het voorkomen gaf van een bij bepaalde gelegenheden gebruikelijke negervermomming. Deze vermomming gaat dus ten opzichte van de silhouetten storen, maar blijft helpen in vergelijking met de conditie Blank. Interessant is nu het feit dat deze vermomming kennelijk minder stoort indien deze volgt na de niet-vermomde B-foto dan wanneer de volgorde omgekeerd is. Het lijkt er als het ware op of een korte presentatie van de B-foto helpt om de vermomming van de langer gepresenteerde A te doorzien.

## 4.1.5 KORTDURENDE PRESENTATIE VAN A GEVOLGD DOOR EEN KORT ISI

PROBLEEMSTELLING EN METHODE:

De interaktie uit het voorlaatste onderzoek en het verschil in resultaten tussen A-B en de B-A volgorde uit het laatste onderzoek hebben in ieder geval de suggestie laten bestaan dat een A-stimulus op de door ons voorgestelde wijze werkzaam zou kunnen zijn.

Waarschijnlijk is intussen geworden dat kleine leereffecten niet onmiddellijk desastreus zijn voor een differentiatie tussen condities. We weten echter nog niet wat zeer sterke leereffecten doen.

Voorts lijkt de A-stimulus voldoende struktuur en prikkel energie te moeten hebben om in helpende zin aktief te kunnen zijn. Tegelijk lijkt het echter ongewenst dat de A-stimulatie leidt tot een van B gescheiden percept. Dit laatste zal naar alle waarschijnlijkheid ook gebeuren als de A-stimulatie voldoende sterk en het ISI wat lang is (b.v. 500 ms) of als de A-stimulatie plaats vindt in een andere plaats van het visuele veld dan de B-stimulatie. A-stimulatie op dezelfde plaats als de B-stimulatie en een SOA van 50 ms ($t_A$+ ISI) lijkt gezien onze ervaringen een meer geschikte methode.

Bij dit alles mag de A-stimulus niet (ook niet als de proefpersoon zich bewust is van de verzameling van B-namen) op zichzelf kunnen leiden tot een "B-identifikatie", omdat in dat geval de hiërarchiehypothese niet is te toetsen. Wel lijkt het nuttig enkele condities van op zichzelf identificeerbare A-stimuli op te nemen om te kunnen zien of er hoe dan ook differentiatie tussen condities optreedt, dus als controlecondities. Dit alles overwegende, besloten we een hernieuwde poging te wagen met duidelijk gestruktureerde maar niet identificeerbare A-stimuli, een $t_A$ van 5 ms, een ISI van 50 ms en dezelfde B-foto's in alle condities.

Tot nu toe maakten we gebruik van limietenpresentaties van B. Het is denkbaar dat daarbij, evenals bij enkel presentaties, interferenties (Bruner, 1964) of facilitaties (Haber en Hershenson, 1965) optreden. Weliswaar kan het eventuele verschil tussen condities niet worden verklaard door het effect van herhaalde aanbiedingen van B (omdat de condities in dit opzicht niet verschillen), het is wel denkbaar dat een eventueel klein conditieeffect wordt genivelleerd door een effect ten gevolge van herhaalde aanbiedingen. Een en ander betekent dat we de serie aanbiedingen van een bepaalde A-B combinatie zullen vermengen met die van andere A-B combinaties. Deze presentatiewijze is een variant van de zogenaamde methode der constante stimuli.

Bij nader inzien lijkt het ook niet nodig van elke B-foto een drempel te bepalen. Dit is een zeer tijdrovende procedure, terwijl een drempelwaarde slechts een geringe meetbetrouwbaarheid bezit. Indien we van de B-stimuli bij een aantal aanbiedingstijden eenvoudig scores voor correcte identifikatie bepalen, wordt waarschijnlijk een minstens even bruikbare afhankelijke variabele gedefinieerd.

We onderscheiden de volgende (na onze voorafgaande ervaringen) enigszins gemodificeerde condities. De A-stimulus is: een blank veld (BL); een krachtige, maar "slordige" schets van de contour- en haarlijn van de B-foto (CH); idem, met daaraan toegevoegd ogen, neus en mond (CHO); een foto van een onbekende van hetzelfde geslacht, leeftijd en type en bovendien met een soortgelijke expressie, positie en grootte als de B-foto (HOM); idem, maar nu van een verschillende sexe. Uiteraard zal nu ook met betrekking tot het type minder gelijkenis worden verkregen (HET); een foto van hetzelfde individu als de B-foto, echter in een duidelijk verschillende opnamepositie ($ID_2$); een volkomen met B identieke foto ($ID_1$). Bij de contourtekeningen is niet langer gelet op de contourlijnlengte maar alleen op het feit, dat A niet op zichzelf identificeerbaar was qua naam.

Als aan een waarnemer, bij inspektie buiten de tachistoscoop, werd verteld wie deze tekeningen voorstelden, ontstond niet de reaktie: "O ja, nu zie ik het" maar eerder: Dat lijkt er totaal niet op". Natuurlijk werd deze schets, evenmin als de condities HET en HOM, gebruikt om de proefpersoon in verwarring te brengenl Volgens onze hiërarchiehypothese zal de waarnemer de uiteindelijke identifikatie echter niet onmiddellijk aanvangen na de stimuluspresentatie, maar eerst een meer globale objektkategorisering en conditiedescriptie maken, b.v. "een gezicht dat in deze positie staat". Deze informatie nu zou hij wel adekwaat kunnen afleiden uit de A-contour tekening en evenals tot op zekere hoogte uit HET en HOM.

Als B-foto's werden uit de reeds eerder beschreven tijdschriftfoto's afbeeldingen van 5 bekende mannen en 5 bekende vrouwen gekozen. Deze 10 foto's werden in alle condities gebruikt. De proefpersoon werd, voorafgaand aan het experiment vertrouwd gemaakt met deze foto's en de bijbehorende namen. Als $t_B$ werd, na enig vooronderzoek met deze stimuli, gekozen voor resp. 1, 2, 3, 4 en 5 ms. De foto's werden in een willekeurige volgorde aangeboden, terwijl was gecontrabalanceerd voor condities. Begonnen werd met een complete aanbiedingsronde (alle foto's in alle condities) met $t_B$ = 1 ms, gevolgd door een aanbiedingsronde met $t_B$ = 2 ms enz. Er is dus wel sprake van een contaminatie van over-all leereffect met de toename van $t_B$. De aanbieding was voorts weer gelijk aan die van het tweede en derde onderzoek (3K-tachistoscoop, vis. hoek 3,5°, "clear field luminance" 65 c/m²). Er werkten 20 proefpersonen (ouderejaars studenten) mee.

RESULTATEN:
De resultaten zijn afgebeeld in figuur 8. Er is daarbij een vergelijking gemaakt tussen enerzijds $ID_1$ en BL en anderzijds resp. lijnstimuli (CHO en CH) en fotostimuli (HET, HOM en IDg). In de linker twee grafieken zijn de resultaten bij de verschillende waarden van $t_B$ vermeld. Per meetpunt zijn er in deze grafieken 20 x 10 observaties. Het is duidelijk dat vooral bij lage waarden van $t_B$ differentiatie optreedt tussen condities, maar dat deze verloren gaat bij hogere waarden van $t_B$. In de twee rechter (verzamel)grafieken hebben we daarom alleen de resultaten van de eerste drie $t_B$ waarden verwerkt. Op de basis zijn in deze grafieken de condities voor lijnstimuli en fotostimuli gerangschikt in volgorde van de verwachte hulp van de A-stimulus:
CHO > CH en $ID_2$ > HOM > HET.
$ID_1$ zal beter moeten zijn dan alle andere condities en BL (afhankelijk van de mate van verwerking van de A-stimulus) slechter of beter dan bepaalde andere condities.
In deze grafieken zijn 600 observaties verwerkt in elk meetpunt. Verschillen tussen condities werden getoetst op deze (per proefpersoon) per conditie

over de eerste waarden van $t_B$ gemiddelde scores voor correcte identifikatie. Het resultaat van de toetsing is: IDj > CHO = $ID_2$ = H0M > CH = HET > BL. Met het teken > is aangegeven dat CHO, $ID_2$, en HOM juist *niet* significant (p ± .07) verschillen van CH en HET maar *wel* significant van BL. Op dezelfde wijze is er juist geen significant verschil tussen CH en HET enerzijds en BL anderzijds, (toets van Wilcoxon voor gekoppelde paren a = .05).

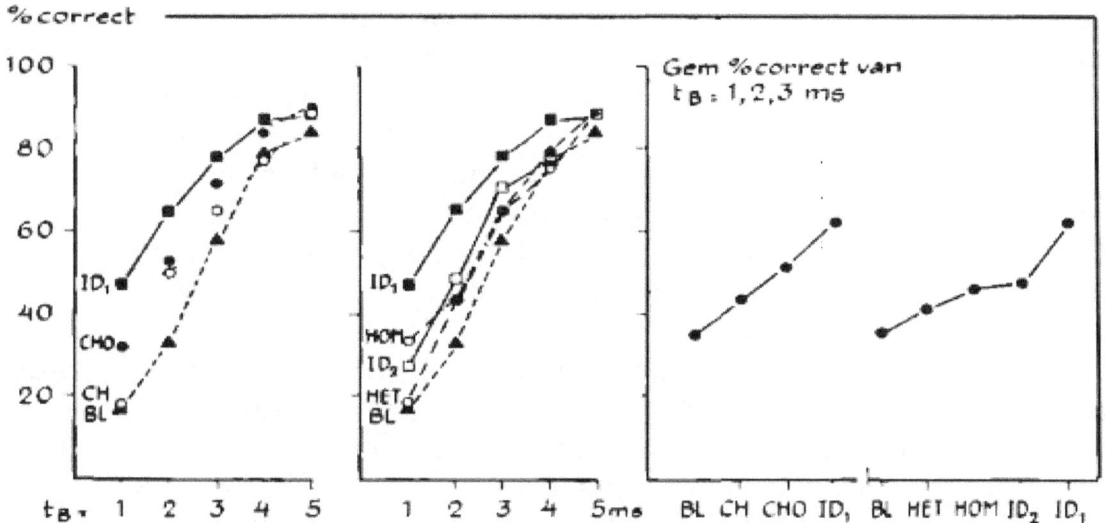

Figuur 8 Links en midden: % correcte identifiksaties van B voor resp. A-lijnstimuli en A-fotostimuli in funktie van $t_B$. In beide grafieken zijn ter vergelijking de condities $ID_1$ en BL opgenomen.
(Voor verklaring termen zie tekst.)
Rechts: % correcte identifikaties van B in funktie van een toenemende verwachte "hulp" van A.

CONCLUSIE EN DISCUSSIE:
   Opmerking: Ondanks de nu gevolgde presentatiewijze, blijkt het toevalligerwijze nog wel mogelijk om, op basis van de data van alle proefpersonen tezamen, eventueel de meest gangbare identifikatiedrempels te bepalen (de benodigde stimulusenergie voor 50% correcte identifikaties). Deze drempels schommelen dan voor de verschillende condities tussen de 1 en 3 ms. Omdat met deze procedure echter niet alle individuen dit 50%-punt bereikt hoeven te hebben, is een toetsing van verschillen tussen deze waarden niet mogelijk. We zullen deze waarden dan ook niet verder analyseren.
   Algemeen: De proefpersonen rapporteren niet langer de hinderlijke ervaring van een dubbelwaarneming in de tijd, die optrad bij een ISI van 500 ms. Ook sterke leereffecten doen de differentiatie tussen condities niet verloren gaan.
   Vergelijking met A-lijnstimuli: De verwachtingen worden bevestigd. $ID_1$ blijkt beter te zijn dan de andere condities en CHO wat beter dan CH. BL blijft slechter dan de andere condities. Een en ander zou kunnen pleiten voor onze

115

hiërarchiehypothese, die stelt dat bij de A-verwerking bepaalde aspecten worden geïdentificeerd, die de B-identifikatie gemakkelijker of sneller doen verlopen. Natuurlijk is - juist met betrekking tot deze serie condities - ook een verklaring mogelijk die uitgaat van een toenemende mate van "icoonverbetering".

Vergelijking met fotostimuli: De verwachtingen worden slechts gedeeltelijk bevestigd, $ID_2$ is gelijk aan HOM maar beide zijn wel duidelijk beter dan BL en lijken ook iets beter dan HET. Een verklaring in termen van icoonverbetering kan hier minder gemakkelijk worden gegeven of het zou zo moeten zijn dat de relatief donkere A-stimuli hier leiden tot een zekere donkeradaptatie in vergelijking met Blank, waardoor de gevoeligheid voor B zou kunnen toenemen. Bij een volgend experiment zullen we inverband met deze mogelijkheid een nieuwe conditie (Random, zie volgend hoofdstuk) toevoegen, waarbij A geen gezichtsinformatie biedt, maar wel een dergelijke adaptatie tot stand kan brengen. Gezien de verschillen tussen condities is het echter waarschijnlijk dat ook bepaalde aspekten van de A-stimulus geïdentificeerd moeten zijn.

Ook als we de foutieve naamidentifikaties nader analyseren wordt zulks waarschijnlijk. Bepalen we bij de incorrecte naamidentifikaties b.v. de wél correcte identifikaties van de sexe van de B-foto's, dan vinden we voor $ID_1$, HOM en ID2 resp. 66, 65 en 63% correct, voor CH, CHO en BL resp. 52, 50 en 49% correct en voor HET slechts 40% correct (en bijgevolg 60% correcte identifikaties van de sexe van de A-stimulus). In dit opzicht wordt dus met name in het effect van de A-stimuli, die ook foto's zijn, een grotere differentiatie gevonden dan in de A-lijnstimuli. De lijnstimuli en natuurlijk ook de conditie Blank zijn kennelijk sexloos en leiden bijgevolg tot een kansgedrag, dat gezien de twee mogelijkheden, man of vrouw, 50% correcte sexe-identifikaties moet opleveren.

De voorgaande discussie besluitend menen wij in ieder geval te mogen concluderen dat een minstens gedeeltelijke identifikatie van de A-stimulus plaatsvindt. Door het feit dat er in verschillende condities verschillende typen van A-stimuli zijn opgenomen en door het feit, dat er slechts één goede naamkeuze per A-B combinatie mogelijk is, moet deze A-identifikatie ook tot uitdrukking komen in de scores van de B-identifikatie. Dit alles gebeurt zonder dat de proefpersoon zich bewust is van twee in de tijd onderscheiden stimulaties. Hij ziet ten hoogste af en toe een dubbelbeeld maar meestal alleen meer of minder duidelijke afbeeldingen van één gezicht.

De kardinale vraag is nu geworden of uit het resultaat van dit experiment kan worden geconcludeerd dat er bij bepaalde condities sprake is van een hiërarchisch continuüm van het proces van A-identifikatie naar het proces van B-identifikatie. We hebben al de mogelijkheid genoemd van een icoonverbetering als gevolg van summatie van stimulatie, die met name de resultatenreeks BL, CH, CHO en $ID_1$ zou kunnen verklaren. Mede op grond van verbale rapporten dringt zich bij nader inzien nog een tweede alternatieve verklaring op. Men kan zich namelijk afvragen of de proefpersoon misschien óf A óf B (resp. A én B) ziet en of, ondanks alle voorzorgen, een dergelijke gang van zaken, die niets heeft maken met een hiërarchisch-sekwentiele overgang "van A naar B", de resultaten toch kan verklaren. Welnu, met betrekking tot de reeks BL, $ID_2$ en $ID_1$ lijkt dat zeer wel mogelijk, zeker als we deze verklaring aanvullen met die van stimulussummatie. Er zijn nu immers ten opzichte van BL twee onafhankelijke en optellende kansen voor correcte identifikatie, terwijl in het geval $ID_1$ een herhaalde presentatie van dezelfde stimulus bovendien welhaast noodzakelijkerwijze moet leiden tot een icoonverbetering. Het enige minder gemakkelijk te verklaren (maar wel zeer kleine) verschil dat nu nog overblijft is dat tussen HOM en HET en eventueel dat tussen deze beide condities en BL. Toch lijkt het wel mogelijk ook dit laatste verschil te verklaren op basis van een onafhankelijke waarneming van A.

Bij een waarneming van een A-foto in de condities HOM en HET kan de proefpersoon eigenlijk geen naamidentifikatie geven omdat de desbetreffende persoon hem onbekend is. Het is echter denkbaar, dat hij bij het vagelijk zien van een brildragende vrouw van middelbare leeftijd, die de A-stimulus vormde voor een B-foto van Koningin Juliana, door associatie denkt aan één van zijn antwoordmogelijkheden of eenvoudig via eliminatie op de juiste naam komt. Uiteraard zal in de conditie HET dan een foutieve keuze worden gedaan. Op soortgelijke wijze zou hij bij de waarneming van een A-lijnstimulus, de bijbehorende B-stimulus (en daarmee het goede antwoord) kunnen raden. Hij heeft de B-stimulus immers meestal al meerdere malen te zien gekregen en het zou daarom b.v. de typische houding van de A-stimulus kunnen zijn, die hem op de gedachte brengt.

ONDANKS HET OGENSCHIJNLIJK GUNSTIGE RESULTAAT MOETEN WE DUS CONCLUDEREN DAT EEN EXPERIMENT VAN HET VOORGAANDE TYPE NIET BESLISSEND KAN ZIJN. BIJ VOLGENDE PROEVEN ZULLEN WE EFFECTIEVER MOETEN CONTROLEREN VOOR SENSORISCHE VERKLARINGEN EN VOORAL OOK OF EEN ONAFHANKELIJKE OF PARALLELLE IDENTIFIKATIE VAN A-KENMERKEN, DIE WAREN BEDOELD ALS EEN "HULP" BIJ DE AANZET VAN EEN HIËRARCHISCH-SEKWENTIEEL IDENTIFIKATIEPROCES, REEDS ZAL LEIDEN TOT DE VERWACHTE EFFECTEN. BIJ DIT LAATSTE DENKEN WE MET NAME AAN EEN SOORT ELIMINATIEREDENERING MET BETREKKING TOT B OP BASIS VAN PARTIËLE IDENTIFIKATIE VAN EEN A-FOTO VAN EEN ONBEKENDE.

## 4.2  ONDERSCHEIDBARE A- EN B- IDENTIFICATIES

### 4.2.1 ONTKRACHTING VAN VOORGAANDE RESULTATEN

PROBLEEMSTELLING EN METHODE:
 In de bespreking van beide voorgaande experimenten werd de mogelijkheid geopperd, dan ondanks alle voorzorgen bij de keuze van de A-stimuli, EEN AFZONDERLIJKE WAARNEMING VAN DE A-STIMULUS TOCH ARTEFACT-BIJDRAGEN ZOU KUNNEN LEVEREN AAN DE IDENTIFIKATIE VAN DE B-STIMULUS. Doordat steeds dezelfde B-stimuli werden gebruikt zou het subjekt, indien als A-stimulus een contour wordt gepresenteerd, kunnen beredeneren welke B moet zijn geweest ook al zou hij deze in het geheel niet hebben gezien. Deze situatie verschilt dan niet wezenlijk van die waarin A en B identiek zijn en waarin het subjekt een hoge score kan danken aan een langere presentatieduur, luminantiesummatie of meerdere kansen tot identifikatie. Een andere mogelijkheid was dat het subjekt aan de hand van het waargenomen "type van de onbekende op de A-foto zijn verzameling van antwoordalternatieven kan reduceren, waardoor de raadkans en daarmee de score toeneemt.
 INDIEN DE A-FOTO EVENEENS VAN EEN BEKENDE AFKOMSTIG IS, ZOU HET SUBJEKT DEZE FOTO MOGELIJK OOK KUNNEN IDENTIFICEREN. DE B-SCORE ZOU DAN LAGER UITVALLEN OMDAT NU EERDER AFTREKKING DAN OPTELLING PLAATSVINDT.
 Om na te gaan of deze verklaring plausibel is modificeerden en combineerden we beide voorgaande experimenten. Dit leverde de volgende experimentele condities (geordend volgens verwachte hoogte van de percentages voor correcte identifikatie van A en B tezamen):

ID1      A en B zijn kopieën van dezelfde foto

ID2      A en B zijn foto's van hetzelfde individu, nu echter in dezelfde positie, met een verschillende expressie. Deze conditie lijkt enigszins op CHO uit het voorlaatste onderzoek.

VG      A en B zijn foto's van verschillende individuen: De positie en de expressie zijn echter gelijk en voorts werden slechts paren samengesteld van een maximale gelijkenis. Hiertoe werd uitgegaan van een verwarringsmatrijs uit een vooronderzoek, waarbij 10 subjekten de afzonderlijk gedurende 2 ms gepresenteerde foto's moesten herkennen. Deze conditie lijkt dus op HOM uit het laatste onderzoek.

BL      A is een blank veld.

R      A is een random vlekkenpatroon, enigszins lijkend op een aardappel met zeer ruwe schil en van grillige vorm. Deze conditie is bedoeld als een aanvulling voor BL omdat eventuele verklaringen var. verschillen tussen BL en andere condities op grond van donkeradaptatie en ook van een minder contrastreducerende (en daardoor gunstiger) luminantiesummatie, zo kunnen worden gecontroleerd. Volgens onze opvatting geeft een dergelijke vlek echter storende informatie en zal er dus een slechter resultaat moeten zijn dan bij Blank.

Als stimuli werden portretten gebruikt van 10 mannelijke stafleden, allen rond 30 jaar oud, uit onze onderzoeksafdeling. De portretten waren opgenomen tegen een witte achtergrond. Het fotomodel kreeg opdracht achtereenvolgens recht voor zich uit, naar rechts en links boven en naar rechts en links onder te kijken Bij elke stand werd een opname gemaakt. Er werd voor gewaakt dat de standen niet geheel en-profil werden maar ongeveer 3/4 profil, zodat de opnamen lijken op pasfoto's. Belichting, opnamehoek en afstand werden zowel bij de opname als bij het afdrukken (op een zodanig formaat dat de visuele hoek weer 3,5° zou zijn) zorgvuldig gecontroleerd. Fotoherkenning op grond van non-faciale kenmerken, zoals belichting en achtergrond, is aldus goeddeels uitgesloten.

Als B-foto werd voor elke conditie zodanig één foto van elk individu gekozen, dat alle condities dezelfde verdeling van opnamepositie hadden. De toewijzing van een bepaalde foto aan een bepaalde conditie was verder willekeurig. Als A-foto in de conditie $ID_2$ werd gebruik gemaakt van foto's die onder dezelfde omstandigheden waren opgenomen, maar waarbij het fotomodel aan het lachen was gebracht. De 10 x 5 (fotomodellen x opnameposities) foto's werden dus alle binnen de serie slechts éénmaal als B-foto gebruikt. Herkenningsfacilitatie van bepaalde foto's op grond van training tijdens het experiment is daardoor eens te meer uitgesloten. Na "schudden" van de foto's binnen condities werd een serie samengesteld waarin was gecontrabalanceerd voor condities volgens het abba-schema.

Als proefpersonen fungeerden 15 stafleden en ouderejaars studenten, die de stafleden zeer goed kenden. In eerste instantie werd aan de proefpersonen gevraagd via gedwongen keuze beide foto's te identificeren. Veel proefpersonen beschouwden deze taak als zeer onaangenaam. Ze zouden al moeite genoeg hebben er één te zien! Een klein vooronderzoek met enkele goed getrainde subjekten maakte duidelijk dat de score "correct" in geval twee identifikaties gevraagd werden, veel lager was dan indien slechts één naam werd gevraagd. Het deed er hierbij niet toe of deze score alleen voor de A- dan wel voor de A- en B-foto tezamen werd bepaald. Verschillende subjekten merkten op dat zij af en toe wel twee foto's meenden te zien, maar dat zij dan vergeten waren van wie de tweede was als ze de eerste hadden benoemd. We vroegen daarom slechts de duidelijkst waargenomen foto te benoemen, maar bleven daarbij voor de vergelijkbaarheid van scores wel gebruik maken van gedwongen keuze.

De fotoserie werd na enig proefdraaien met andere subjekten aangeboden met $t_B$ = resp. 1, 2, 4 en 8 ms, terwijl $t_A$ = 5 ms, evenals in het voorgaande experiment. Het effect van een toenemende tijd en een leereffect zijn voor B dus wel gecontamineerd! De belichting voor het A-, B- en ISI-kanaal was, evenals bij het vorige onderzoek, weer zo ingesteld dat een "clear field luminance" van ongeveer 65 $c/m^2$ resulteerde. Het ISI bedroeg weer 50 ms, gedurende welke tijd hetzelfde blanke veld werd gepresenteerd, dat diende als pré- en postadaptatieveld.

RESULTATEN :

De resultaten zijn afgebeeld in figuur 9. In de linker grafiek zijn per meetpunt 15 x 10 observaties verwerkt. We vinden nu over het gehele presentatiebereik praktisch parallelle lijnen. We menen daarom voor de toetsing zonder veel bezwaar binnen elke conditie over alle aanbiedingstijden te kunnen middelen. Grafisch (nu dus 600 observaties per meetpunt) is het resultaat van deze middeling weergegeven in de rechterhelft van figuur 4.6. Op de basis zijn de condities ook nu weer gerangschikt in volgorde van de verwachte hulp.

Uit de toetsing blijkt: $ID_1 > ID_2 = VG_{A+B} > BL > VG_B = R$(Toets van Wilcoxon voor gekoppelde paren $\alpha = .05$). Opmerkelijk is de duidelijke - zij het niet significante - trend, dat $VG_{A+B}$ hoger is dan $ID_2$, terwijl de laatste score toch waarschijnlijk ook uit een A- en een B-bijdrage is samengesteld!

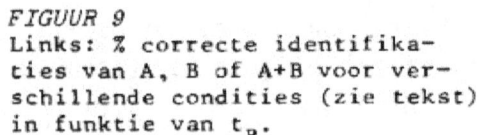

FIGUUR 9
Links: % correcte identifikaties van A, B of A+B voor verschillende condities (zie tekst)
in funktie van $t_B$.

Rechts: % correcte identifikaties van B, of A+B in funktie van
een toenemende verwachte "hulp"
van A.

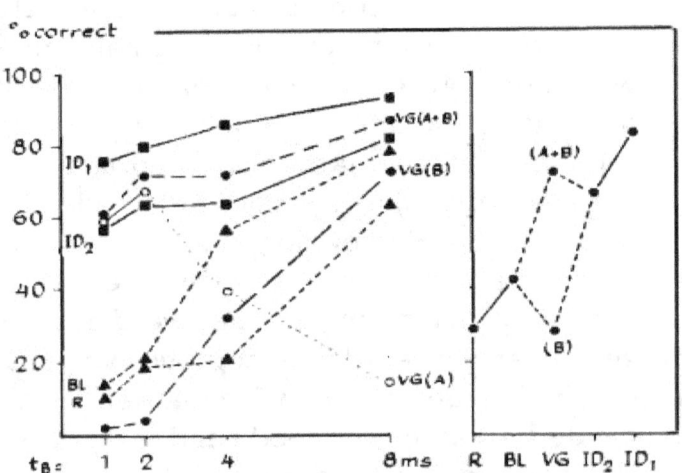

CONCLUSIE EN DISCUSSIE:

Met name bij de verhouding van de aanbiedingstijden $t_A : t_B$ van 5 : 1 en 5 : 2 (waarvan de eerste ook in het vorige onderzoek werd gebruikt) ziet de proefpersoon in feite de A-stimulus. Het afnemen van deze identifikatie naarmate de verhouding $t_A : t_B$ verloopt naar 5 : 8 is duidelijk zichtbaar in de aflopende curve van de linker grafiek. De lage prestaties in de conditie Blank en de nóg lagere ten gevolge van kennelijk alleen "aftrekkende" effecten van de A-stimulus in de conditie Random, zijn hiermee verklaard. De hoge prestaties bij ID kunnen om dezelfde reden worden toegeschreven aan een eenvoudig opteleffect van onafhankelijke kansprocessen.

Het feit dat $ID_1$ de allerhoogste scores te zien geeft is geen bewijs voor hiërarchie. Zoals in het vorige experiment reeds uiteengezet, dient deze conditie dan ook niet ter toetsing van de hypothese maar alleen om te zien of er hoe dan ook differentiatie optreedt. De meest voor de hand liggende verklaring voor deze prestatiehoogte is waarschijnlijk dat de presentatieduur eenvoudig werd verlengd. Over wat er tijdens deze duur gebeurt, kan men echter allerlei geheel verschillende theorieën opstellen, die hetzelfde zullen voorspellen. Een theorie over hiërarchisch-sekwentiele verwerking voorspelt betere resultaten, maar ook een theorie, waarin wordt verondersteld dat er een aantal parallelle identifikatieprocessen plaatsvindt, die elk een verschillende tijd of hoeveelheid prikkelenergie nodig hebben, doet zulks.

Uit de resultaten, verkregen in de conditie met afzonderlijk identificeerbare A-stimuli, bleek dat deze A-stimuli ook vaak op zichzelf worden geïdentificeerd. De verwerking van A is derhalve ook bij een successieve presentatie van twee herkenbare foto's, en zelfs bij een relatief zwakke aanbiedingsenergie van A, niet per definitie een hiërarchische fase in het identifikatieproces van B.

Het feit dat $VG_B$ slechtere resultaten geeft dan Blank is derhalve vernietigend voor deze operationalisering van de hiërarchiehypothese.

Dit betekent dat ook bij niet-afzonderlijk identificeerbare A-stimuli de waarneming van A iets anders zou kunnen betekenen dan een hiërarchische fase in het identifikatieproces van B. Nu hebben we met deze mogelijkheid voortdurend rekening gehouden. Ons streven was er daarbij op gericht ervoor te zorgen dat een afzonderlijke (of in ieder geval niet als onderdeel van een hiërarchische procesgang plaatsvindende) waarneming van de "A-hulp", niet zou kunnen leiden tot een differentiatie tussen condities met betrekking tot de B-identifikatie. Hierin zijn we mogelijk niet erg succesvol geweest. Bij nader inzien is het commentaar dat wij hebben uitgeoefend met betrekking tot het onderzoek van de subliminale perceptie ook van toepassing op ons onderzoek:

NOCH SUCCESSIEVE PRESENTATIE NOCH EEN RELATIEF ZWAKKE $t_A$ BIEDEN OP ZICH DE GARANTIE DAT HET VERKREGEN EFFECT BERUST OP HIËRARCHISCHE PROCESSEN. HET IS MISSCHIEN ALTIJD MOGELIJK DAT A, ÓF ONAFHANKELIJK, OF IN EEN OF ANDERE SIMULTAAN-COMBINATIE MET B, SLECHTS OGENSCHIJNLIJK LEIDT TOT HIËRARCHISCHE DIFFERENTIATIES IN DE B-IDENTIFIKATIE.

We deden overigens enkele informele pogingen om (met het paradigma van twee successief gepresenteerde en herkenbare foto's en een $t_B$ van gelijkblijvende duur) $t_A$ metterdaad zo kort te maken dat A niet meer afzonderlijk wordt geïdentificeerd, terwijl toch een differentiatie in de B-identifikaties zou worden behouden (of mogelijk zelfs vergroot). Bij deze pogingen kregen we echter de indruk dat bij vermindering van $t_A$ weliswaar de score voor B stijgt en die van A daalt, maar dat dan tevens de differentiatie tussen de condities verloren gaat. Het merkwaardige resultaat dat we eerder verkregen bij ons onderzoek met een ISI van 500 ms en waarbij een kleine afname van $t_A$ (zelfs als A een blank veld was) resulteerde in een betere B-identifikatie wijst mogelijk in dezelfde richting.

EEN RELATIEVE ENERGIEVERMINDERING VAN A LIJKT DUS JUIST GEEN BETER HIËRARCHISCH EFFECT OP TE LEVEREN, MAAR VOORAL TE PLEITEN VOOR EEN EENVOUDIGE VERMINDERING VAN DE "DOMINANTIE" VAN A IN EEN SOORT SENSORISCHE A-B COMBINATIE. Tot Op zekere hoogte zijn deze effecten natuurlijk ook waar te nemen in de figuren 8 en 9.

Omgekeerd betekent de voorgaande observatie (althans indien B niet een zodanig grote aanbiedingsenergie heeft, dat B altijd kan worden geïdentificeerd, waardoor elke differentiatie tussen condities verloren zou gaan) dat een relatieve verhoging van $t_A$ (eveneens binnen zekere grenzen! ) leidt tot:

a.      Verhoging van de A-identifikaties en verlaging van de B-identifikaties.

b.      toename van de differentiatie in de mate van A- en B-identifikaties tussen verschillende condities, die zijn gedefinieerd door de aard van de foto-combinatie.

Het eerste verschijnsel kan wellicht zonder meer worden beschouwd als een sensorisch effect, dat samenhangt met de relatieve dominantie van A of B. De vraag is echter of het tweede effect nu eveneens moet worden toegeschreven aan een dergelijk sensorisch proces, of eerder aan het feit dat A nu effectiever kan worden verwerkt en daardoor in hiërarchische zin kan differentiëren in de identifikatiescores van verschillende condities. Het lijkt derhalve nodig om een nieuwe onderzoeksstrategie te bepalen voor een betere analyse van het effect van $t_A$ in het geval A een herkenbare foto is.

### 4.2.2 AANPASSING VAN HYPOTHESE EN METHODE: NIEUWE DIFFERENTIATIES VAN DE A-B RELATIE EN DE WIJZE VAN STIMULUSPRESENTATIE

PROBLEEMSTELLING EN METHODE:

      Resultaten in verband met de conditie "Blank" uit het vorige onderzoek maken het waarschijnlijk dat door introduktie van een gestruktureerde A-stimulus, die een "andere identiteit" bezit dan de B-stimulus, geen verbetering van de identifikatie van B kan worden aangetoond ten opzichte van de identifikatie van B als alleen de B-stimulus wordt gepresenteerd. Kennelijk is onafhankelijk van de A-verwerking een minimale aanbiedingsenergie voor B noodzakelijk om tot een identifikatie te kunnen komen. Op een bepaald moment schijnt bovendien slechts één identifikatie tegelijk mogelijk te zijn. Een eventuele identifikatie van A zal dan ten koste moeten gaan van die van B. Het is echter ook onder deze omstandigheden aannemelijk te maken, dat het identifikatieproces vanuit bepaalde herkenbare A-stimuli gemakkelijker "aansluiting kan vinden" voor de B-identifikatie dan vanuit andere A-stimuli.

ONZE STRATEGIE ZAL ER DAAROM VANAF NU OP ZIJN GERICHT OM MET GEBRUIKMAKING VAN VERSCHILLENDE TYPEN ONAFHANKELIJK VAN B IDENTIFICEERBARE A-STIMULI, DE MATE VAN B-IDENTIFIKATIE ZODANIG EXPERIMENTEEL TE MANIPULEREN DAT DE HIËRARCHIEHYPOTHESE STERKER KOMT TE STAAN.

Ook voor dit doel zullen we dus weer een aantal condities moeten ontwerpen, waarin de A-B relatie zodanig varieert dat het veronderstelde hiërarchische proces dat begint met A, meer of minder gemakkelijk aansluiting kan vinden in B.

DE TE TOETSEN HYPOTHESE LUIDT DAN NIET LANGER EENVOUDIG DAT DE B-IDENTIFIKATIE BETER ZAL WORDEN NAARMATE VIA DE VERWERKING VAN A REEDS HIËRARCHISCH EERDERE STAPPEN KONDEN WORDEN GEZET, MAAR EERDER DAT DE B-IDENTIFIKATIE ZAL VARIËREN MET DE AARD EN DE STERKTE VAN DE RELATIES TUSSEN A EN B. DE "AFWEZIGHEID" VAN EEN RELA-

TIE (BLANK) VALT NU DUS BUITEN HET CONTINUÜM VAN DE ONAFHANKELIJKE VARIABELE.

Kiezen we nu allereerst de volgende algemene relatie tussen twee herkenbare portretfoto's van verschillende individuen: Laat A, in twee verschillende dubbelstimulaties, een foto zijn van hetzelfde individu, echter in twee verschillende opnameposities en laat B in beide stimulaties dezelfde foto zijn waarvan de positie in de ene dubbelstimulatie wél, maar in de andere niet overeenstemt met die van de A-foto. In feite gaat het bij deze A-B relatie om een differentiatie binnen de conditie VG uit het vorige onderzoek. We zullen de nieuwe condities aanduiden Pos(itie)+ en Pos-. Als we het criterium voor de selectie van foto's hetzelfde houden dan valt Pos+ geheel samen met VG uit het vorige onderzoek. Voor Pos- kiezen we dezelfde individuen in de fotocombinaties. De A- en de B-foto vertonen dus weer zoveel mogelijk gelijkenis. Als A-stimulus kiezen we nu echter de diametrale opnamepositie van A uit de conditie Pos+, b.v. $Pos+_A$ kijkt naar links onder: $Pos-_A$ kijkt dus naar rechts boven. De foto's, waarin het model recht voor zich uitkijkt worden dus niet gebruikt. Indien we alle resterende opnameposities (4) van alle modellen (10) uit het vorige onderzoek zowel in Pos+ als in Pos- eenmaal gebruiken als B-stimulus zijn er dus in elke conditie 40 A-B-combinaties, die paarsgewijs alleen verschillen door een diametrale opnamepositie van A. Bij de samenstelling van de fotoserie hebben wij uiteraard gezorgd voor de meest adekwate balancering van fotomodellen, en opnameposities in de condities en van de condities in de aanbiedingsvolgorde.

Volgens de hiërarchiehypothese is er sprake van een hiërarchische "identifikatieredenering". Deze redenering zal in eerste instantie betrekking hebben op de A-stimulus. Als de redenering echter in de fase van de eindconclusie verkeert, wordt de B-stimulus geïntroduceerd. Als nu de positie van beide foto's overeenstemt, zal deze redenering gemakkelijker worden gecontinueerd op de B- stimulus en deze dus eerder identificeren dan A. Bij twee foto's in verschillende posities is een extra omschakelingsfase noodzakelijk of zal het proces vastlopen. We zullen daarom bij een overeenstemming van positie, meer B-identifikaties moeten vinden.

Volgens eenvoudige alternatieve hypothesen zullen variërende abstrakte verwantschappen tussen A en B (die bij rustige inspektie kunnen worden ontdekt en die bij een hiërarchisch-sekwentieel identifikatieproces, dat onmiddellijk na de presentatie van A begint, zouden kunnen leiden tot een variatie van de identifikatie van B) geen rol spelen bij de identifikatie. De onafhankelijkheidshypothese stelt dat willekeurig A of B, resp. hoofdzakelijk de eerste dan wel de laatste stimulus, zal worden gezien. De summatie-of eventueel de hypothese van sensorische interaktie stelt dat de stimuluskeuze geheel zal worden bepaald door de relatieve aanbiedingssterkte van A en B, of dat die foto, waarvan de essentiële contourplaatsen het minste worden aangetast (dan wel versterkt) door prikkelinterakties, zal worden gezien. Volgens deze simpele versies van een onafhankelijkheids- of summatiehypothese zal er dus tussen Pos- en Pos+ geen verschil bestaan in de mate van de B-identifikatie, al zullen de meeste versies van deze hypothese wel op grond van recentheid of dominantie vóórspellen dat voornamelijk B-identifikaties worden gemaakt. Pas in de discussie zullen we meer complexe varianten van deze alternatieve hypothese trachten uit te werken om de dan bekende resultaten op alternatieve wijze te verklaren.

Met de 40 stimuluscombinaties besloten we in een eerste onderzoekspoging enig inzicht te verwerven in het effect van de verhouding $t_A$ : $t_B$. In een tweede onderzoek willen we een poging wagen om de effectiviteit van A te variëren zonder daarbij de verhouding $t_A$ : $t_B$ aan te tasten. We besloten hiervoor de tijd te kiezen, die als het ware kan worden beschouwd als de verwerkingstijd voor A, dat wil zeggen de tijd die verloopt tussen het begin van de presentatie van A en het begin van de presentatie van B. Deze tijd wordt SOA genoemd. De conditiebalancering was in beide onderzoeken hetzelfde als in het voorgaande onderzoek. Tevens werd nu echter gebalanceerd over de aanbiedingstijden van A en B in het eerste onderzoek en over de SOA's in het tweede experiment. Op deze wijze is er geen contaminatie van leereffecten met de wijze van aanbieden. Aan beide onderzoeken namen weer 15 proefpersonen deel; 6 proefpersonen in beide experimenten hadden ook reeds deelgenomen aan het vorige experiment, 9 subjekten waren in beide experimenten identiek, geen enkel subjekt participeerde aan alle drie de experimenten.

In het onderzoek met variaties van $t_A$ : $t_B$ besloten we bij een constant ISI van 50 ms $t_A$ resp. in te stellen op 1, 2 en 4 ms en $t_B$ resp. op 1, 2, 4 en 8 ms. Dit levert dus 12 combinaties van $t_A$ : $t_B$. In elk van deze tijdcombinaties zijn er van elke proefpersoon van Pos+ en Pos- 40 observaties. Per proefpersoon waren er derhalve 12 x 2 x 40 = 960 observaties. Voor verschillende proefpersonen moesten deze worden gespreid over meerdere zittingen. Gemiddeld was ongeveer 5 uur zittingstijd per proefpersoon vereist. In *FIGUUR 10* zijn de resultaten weergegeven, waarbij werd gemiddeld over proefpersonen. Derhalve vertegenwoordigt elk meetpunt hier 15 x 40 = 600 observaties.

In het onderzoek met variaties van het SOA, besloten we op grond van enig vooronderzoek voor zowel A als B een aanbiedingstijd van 10 ms te gebruiken, omdat deze een goede differentiatie tussen Pos+ en Pos- waarschijnlijk maakte. Als SOA's kozen we resp. 0. 10, 20, 30, 60 en 90 ms. Per proefpersoon waren er derhalve 6 x 2 x 40 = 480 observaties, die in één enkele experimentele zitting van gemiddeld 2½ uur konden worden gedaan. De resultaten zijn afgebeeld in *FIGUUR 11*. Ook hier zijn er 600 observaties per meetpunt. De luminanties en de visuele hoek in beide onderzoeken waren gelijk aan die van het voorgaande onderzoek.

De gegevens, afgebeeld in de figuren 10 en 11 werden getoetst met behulp van Wilcoxon's toetsing voor gekoppelde paren ($\alpha$ = .05).

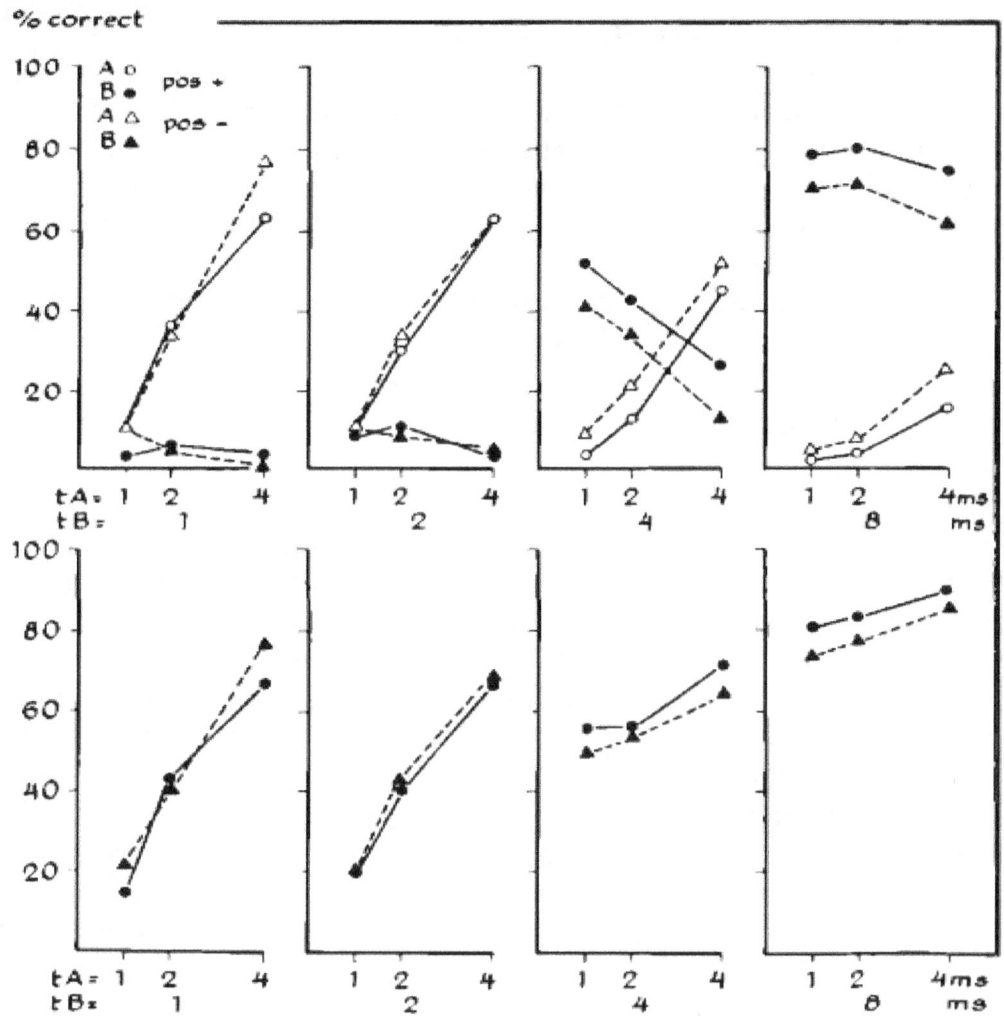

FIGUUR 10. Boven: % correcte identifikaties van A en B voor Pos+
en Pos- in funktie van verhoudingen van $t_A$ : $t_B$.
Onder: idem voor A en B samengeteld.

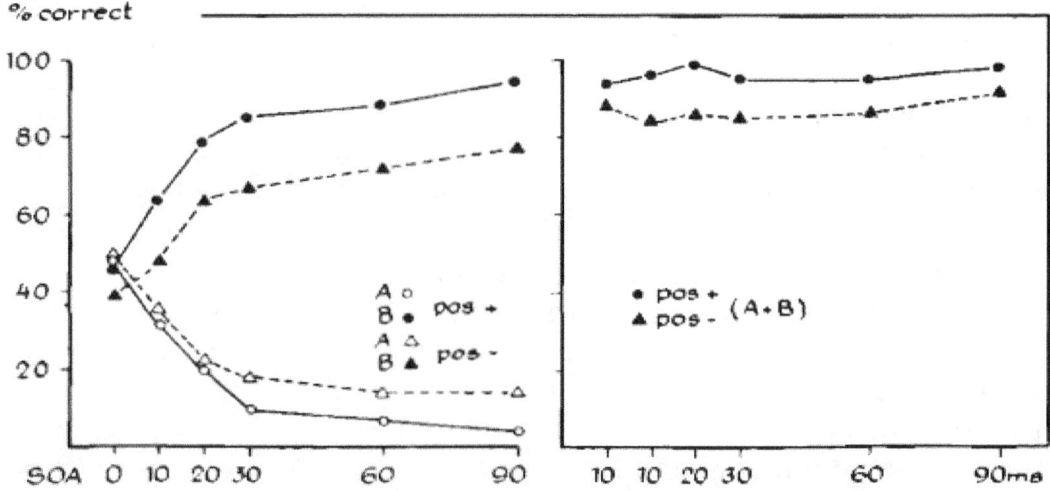

FIGUUR 11. Links: % correcte identifikaties van A en B voor Pos+
en Pos- in funktie van een groter wordend SOA.
Rechts: idem voor A en B samengeteld.

FIGUUR 10

bovenste grafiek   Pos+(A) < Pos-(A)   bij     $t_A : t_B = 4$                    :(1 en 8)
                                                                      =(1, 2 en 4) : 4

                   Pos+(B) > Pos-(B)   bij     $t_A : t_B$  =(1, 2 en 4) :(4 en 8)

Tellen we A en B samen (onderste grafiek) dan vinden we bij praktisch alle
combinaties van A met wat langere tijden van B (4 en 8 ms) significante
verschillen: Pos+ > Pos-. Is A relatief lang en B kort (4 : 1) dan geldt Pos+ < Pos-.

FIGUUR 11

linker grafiek     Pos+(A) < Pos-(A) vanaf SOA = 30 ms
                   Pos+(B) > Pos-(B) bij alle SOA's.

Tellen we A en B samen (linker grafiek) dan vinden we over de gehele linie
behalve bij SOA = 0 (waar .05 < p < .10) : Post > Pos-.


DISCUSSIE:

Bij de tijdsverhoudingen $t_A : t_B = 4 : 1$ en $4 : 2$, welke die van het vorige
experiment het meest nabijkomen, vinden we geen differentiatie meer in de
identifikatie van de B-foto's. Hierdoor lijken alternatieve hypothesen met
betrekking tot dominantie of onafhankelijke verwerking te worden bevestigd
als verklaring van de resultaten uit vorige experimenten. Merkwaardigerwijze is
er wel een verschil in de identifikatie van A, dat we bij langere tijden van B
steeds zien en dat geheel onverwacht is!

Bij langere tijden van B vinden we duidelijk wel differentiaties in de B-
identifikatie, die pleiten voor een verklaring in termen van hiërarchische
invloeden van A. Men zou immers kunnen stellen dat aan de A-stimulus het
gelaatsaspect wordt geïdentificeerd en bovendien de positie, waarin dit gelaat
is geplaatst en dat aldus soms een adekwate basis is gelegd voor de
uiteindelijke persoonsidentifikatie die automatisch plaatsvindt op de meest
recente stimulatie.

Bij Pos- zou het identifikatieproces van B dan starten vanaf een foutieve basis.
Als aanvullende verklaring voor het omgekeerde resultaat met betrekking tot
de A-foto zou men kunnen aanvoeren dat een identifikatieproces dat minder
"vloeiend" verspringt van A naar B, per definitie langer of vaker blijft doorgaan
op de A-stimulatie. Daardoor wordt ook de kans op een identifikatie van  A
groter.

De resultaten afgebeeld in figuur 11, waarbij een toenemend SOA het
effect lijkt te hebben van een sterker wordende B of verzwakkende A, geven
aanleiding tot een verwante interpretatie. Indien overigens het SOA nog groter
zou zijn gemaakt, zou op een bepaald moment A weer worden gezien omdat er
sprake zou zijn van twee gescheiden fotopresentaties met een zodanige
tijdsduur dat een hoog percentage correcte identifikaties kan worden
verwacht. Zeker de A-curve zou hierdoor het raadselachtige U-profiel krijgen
dat zo vaak wordt gevonden bij maskeringsonderzoek.

Zou men uitgaan van een geheel afzonderlijke verwerking van A of B, dan
is het merkwaardig dat met een toenemend SOA in het algemeen een afname
van A- en een toename van B-identifikaties gepaard gaat. Met betrekking tot
de A-identi-

fikatie zou men eerder het tegenovergestelde verwachten omdat nu immers meer tijd beschikbaar is alvorens een storing wordt geïntroduceerd. Vanuit het onafhankelijkheids standpunt kan men nu aanvoeren dat B kennelijk werd geintroduceerd op een moment dat de identifikatie van A juist in een kritiek stadium verkeerde. De A-identifikatieprocedure zou dan eenvoudig worden gestopt en een nieuw identifikatieproces van de storingsbron gestart.

Een andere verklaring vanuit het onafhankelijkheidsperspectief zou kunnen zijn dat de identifikatieprocedure misschien wel wordt gestart door de A-stimulatie, doch dat er alvorens deze procedure enigszins specifiek kan worden, al sprake is van een sensorische summatie. Op dat moment is het residu van de A-stimulatie ten gevolge van verval echter al relatief zwak geworden ten opzichte van het verse B-effect.

In beide verklaringen moet echter juist voor het effect van de meest interessante onafhankelijke variabele (i.c. positie) een geheel nieuwe hypothese ad hoc worden uitgedacht. Een dergelijke hypothese, waarbij nog steeds het onafhankelijkheidsprincipe wordt gehandhaafd en die bovendien plausibel lijkt is de volgende: De identifikatieprocedure vindt inderdaad plaats op een produkt van sensorische summatie. Als het stimulatie-effect van A nog enige tijd bewaard blijft als icoon (Neisser, 1967), zou er na de B-stimulatie sprake kunnen zijn van een sensorisch dubbelbeeld, waarin bovendien de meest recente stimulatie relatief sterk is gerepresenteerd.

Vatten wij dit beeld op naar analogie van een fotografische afdruk, dan is er in de conditie Pos+ sprake van één duidelijk portret met op vele plaatsen vage dubbelcontouren en bij Pos- van één duidelijk portret, waardoorheen diagonaalsgewijze vaag een tweede portret zichtbaar is. In het geval Pos- zullen gelaatscontouren op kritische plaatsen vaak gescheiden blijven. De typische contouren van het A-gezicht zullen derhalve dikwijls een afzonderlijk onderscheidbare eenheid blijken te vormen, zij het dat deze wat vager is dan die, welke bestaat uit de contouren van het B-gezicht. In een groter aantal gevallen dan bij Pos+, zal bij Pos- dus de mogelijkheid bestaan dat het subjekt, toevalligerwijze of door het intrigerende appèl dat uitgaat van het vage "Janusgezicht", de A-foto identificeert.

Het is duidelijk dat de extra kansen op een identifikatie van A in Pos- kleiner zijn dan het kansvoordeel bij de identifikatie van B in Pos+. Zouden deze kansen wel gelijk zijn, dan zou immers ook het percentage correcte identifikaties, voor A en B samengeteld, in beide condities gelijk moeten zijn. Dit is niet het geval, noch bij veranderingen van de verhouding $t_A : t_B$, noch bij veranderingen van het SOA. Er blijkt een steeds weer terugkerend verschil te zijn tussen Pos+ en Pos-. Voor het feit dat A- en B-identifikaties in verschillende condities niet complementair blijken te zijn, moet de hypothese-ad-hoc dus nog verder worden uitgebreid. Dit kan gebeuren door te veronderstellen dat er door de

Januskop bij de waarnemer in Pos- ook enige verwarring ontstaat, ten gevolge waarvan de algemene prestatie zakt.

Door ontwikkeling van deze ogenschijnlijk geheel sluitende verklaringsmogelijkheid hebben we ons in grote moeilijkheden gemanoeuvreerd met betrekking tot de doelstelling van dit hoofdstuk: discriminatie tussen de hiërarchie- en de onafhankelijkheidshypothese. We zochten daarom naar nieuwe kriteria in het verloop van de identifikatiecurven in beide experimenten.

Indien we uitgaan van de zojuist ontwikkelde onafhankelijkheids-hypothese, dan mogen we ook verwachten dat er een interaktie zal zijn van de aanbiedingswijze en de relatieve voorkeur voor A of B in beide condities. Naarmate A ten opzichte van B sterker wordt zullen zich in Pos- in steeds sterkere mate twee onderscheidbare eenheden aftekenen. In het ideale geval (bij een normale inspektie buiten de tachistoscoop van twee over elkaar afgedrukte foto's) zijn gemakkelijk A én B te zien. Bij een soortgelijke inspektie van twee foto's in de conditie Pos+ is het of beide portretten elkaar camoufleren of vermommen. Men ziet nog steeds slechts één gezichtsafbeelding, waarin nu echter met veel meer moeite óf A óf B ( en soms ook wel A én B) zijn te onderscheiden. Als we veronderstellen dat wij met een relatieve versterking van A naar deze situatie tenderen, dan mogen we volgens de alternatieve hypothese verwachten dat (afgezien van allerlei andere effecten) de identifikatiescore voor A sneller stijgt in de conditie Pos- dan in de conditie Pos+. De curven van de A-identifikaties voor de beide condities zouden dus volgens de alternatieve hypothese moeten divergeren, als de aanbiedingsenergie van A toeneemt.

Bezien we figuur 10, dan blijkt zulks eigenlijk alleen op overtuigende wijze het geval te zijn bij de verhouding $t_A : t_B = 4 : 1$. Gezien de andere curven betreft het hier mogelijk een extreem geval. In de grafiek met de grootste differentiatie ($t_B = 4$ ms) is er geen spoor van divergentie. Merkwaardigerwijze is er bij $t_B = 8$ ms, waar de toename van $t_A$ toch relatief zwakker is dan bij $t_B = 4$ ms, juist wel een divergentie te zien. Het lijkt er derhalve op dat een divergentie in de A-curven als gevolg van een sterker worden van A, alleen optreedt indien B óf zeer goed óf zeer slecht afzonderlijk identificeerbaar is en dat de relatieve A-sterkte op zichzelf niet de verklarende faktor kan zijn.

Bezien we figuur 11 dan blijkt de verwachting op grond van de alternatieve hypothese bij successieve presentaties geheel te worden tegengesproken. De verwachting is hier dat de A-curve bij Pos- ten opzichte van de A-curve bij Pos+ sneller moet dalen als het SOA toeneemt. De scores zouden dus moeten convergeren. Immers, bij een groter SOA zou er een groter verval optreden van A alvorens A en B worden gesummeerd. De aanvankelijk grotere onderscheidbaarheid van de A-foto in Pos+ moet aldus geleidelijk verloren gaan. Het is duidelijk dat de A-curven echter niet convergeren, maar juist divergeren.

Bij al deze interpretatiepogingen werkt nu het feit, dat bij SOA = 0 de identifikatie van A en B binnen Pos+ niet samenvallen, verwarrend. De A- en de B-stimulus worden hier immers tegelijkertijd aangeboden terwijl is gecontrabalanceerd voor fotomodellen en opnameposities. Een voorkeur voor bepaalde modellen of opnameposities kan derhalve geen verklaring vormen. Er had bij simultaanpresentaties (SOA = 0) uitsluitend een eventueel verschil tussen Pos+ en Pos- mogen zijn, maar niet tussen A en B binnen een bepaalde conditie. Laat ons ter verduidelijking één bepaalde fotocombinatie XY bezien. Van deze combinatie bestaan er twee presentaties:

X kanaal 1 - Y kanaal 2 en Y kanaal 1 - X kanaal 2. Bij successieve presentatie (en derhalve ook bij simultaanpresentatie) bevond zich in kanaal 1 steeds de A-stimulus en in kanaal 2 de B-stimulus. Bij simultaanpresentaties zou het idealiter dus om twee volkomen identieke beeldcombinaties gaan waarbij men in beide gevallen dezelfde keuze (resp. beschouwd als A- en als B-keuze!) zou verwachten. Aangezien dit niet het geval is, moet er bij Pos- een voorkeur bestaan voor een bepaald kanaal, i.c. kanaal 1. Iets dergelijks kan alleen worden verklaard doordat de aanbiedingsenergie (tijd of lichtsterkte) van dat kanaal groter was. Het feit dat de A-identifikatie van Pos+ en Pos- wel samenvallen, pleit in dezelfde richting. Een dergelijk verlichtingsverschil heeft dan bij Pos- kennelijk meer effect dan bij Pos+.

Men kan stellen dat uit een simultane dubbelstimulatie niets anders dan een sensorisch dubbelbeeld kan resulteren. In dit geval geldt daarbij toevalligerwijs ook nog dat A relatief sterker is dan B. Er blijkt nu - in overeenstemming met de alternatieve hypothese - inderdaad bij Pos- eerder een voorkeur voor de sterkere stimulus op te treden dan bij Pos+. Kennelijk verschuift hierdoor tevens het effect van de Januskop-verwarring, zodat ogenschijnlijk alleen de B- identifikatie in Pos- lager is dan in Pos+. Bij gelijke lichtsterkte van A en B zou derhalve de lagere prestatie in Pos- (zie de (A + B)-score in figuur 11) meer gelijk over de A- en B-identifikaties verdeeld zijn. In dat geval zou ook de A-curve voor Pos- aanvankelijk lager verlopen dan de A-curve voor Pos+. Omdat de aanbiedingsenergie van A in het SOA-onderzoek bij de successieve presentaties naar alle waarschijnlijkheid niet is veranderd, zou de divergentie bij langere SOA's niet wezenlijk veranderen. Er zou dan een kruising van de A-curven voor Pos+ en Pos- zijn gevonden, waardoor de alternatieve hypothese met betrekking tot successieve presentaties nog sterker zou worden verworpen.

CONCLUSIE:
De identifikaties van A of B in successieve dubbel stimulaties lijken te worden bepaald door DRIE FAKTOREN:
1. DE RELATIEVE DOMINANTIES OF AANBIEDINGSENERGIEËN VAN A EN B, samenhangend met de verhouding $t_A : t_B$.
2. DE RECENTHEID: Indien A en B gelijke aanbiedingsenergieën bezitten, zal met de toename van het SOA - in ieder geval tot minstens 100 ms - B in toenemende en A in afnemende mate worden geïdentificeerd.

3. SPATIELE RELATIES TUSSEN A EN B.

   Deze faktor modificeert de verloopscurven die het resultaat zijn van 1 of 2. Indien echter de verhoudingen van $t_A$ : $t_B$ extreme waarden hebben en bij een SOA = 0, zal deze faktor niet effectief zijn. Een variatie van $t_A$ of $t_B$ resp. van het SOA zal dan tot gevolg hebben dat de modifikatie geleidelijk wel zal gaan optreden. Indien eenmaal een bepaald optimum is bereikt, is het effect van de spatiele relatie min of meer constant. Een relatieve verlenging van $t_A$ ten opzichte van $t_B$ bij een gelijkblijvend SOA blijkt onder bepaalde omstandigheden een vergelijkbaar effect te hebben als een verlenging van het SOA bij een gelijkblijvende $t_A$. Deze twee gegevens zijn in tegenspraak indien wordt getracht het effect van de spatiele relaties te verklaren met behulp van een summatiehypothese. Ze zijn daarentegen in overeenstemming indien men uitgaat van de hiërarchiehypothese, omdat immers in beide gevallen de A-stimulus effectiever kan worden verwerkt.

Deze hiërarchiehypothese dient echter tevens te worden aangevuld met een nieuw onderdeel voor het effect van sensorische summatie. Na presentatie van de A-foto komt er een identifikatieproces op gang. Na enige tijd is er sprake van een kritieke periode, waarin als resultaat van het voorafgaande proces, wordt gezocht naar evidentie voor de uiteindelijke persoonsidentifikatie. Of deze evidentie wordt gevonden in de A- of in de dan ook aanwezige B-stimulatie, hangt af van de relatieve positie van de B-foto. Bij een A-identifikatie in de conditie Pos- bestaat er perceptueel nog geen B-gezicht maar zijn er alleen een aantal bijzonder storende (door de recentheid van de B-stimulatie) contouren, die diagonaalsgewijze "door het beeld" lopen. Bij een B-identifikatie in het geval Pos+ vallen het A- en het B-gezicht samen en zijn er alleen zwakke (door het verval van de A-stimulatie) dubbelcontouren. Daarom zal de A-identifikatie bij Pos- een geringere kans op succes hebben dan de B-identifikatie bij Pos+ en het percentage correcte identifikaties voor A en B tezamen zal derhalve bij Pos- lager zijn dan bij Pos+.

Schematisch:

Uit de hiërarchiehypothese werd voor deze wijze van stimuluspresentatie voorafgaande aan het onderzoek de eerste, en tijdens de datanalyse de tweede voorspelling afgeleid:

1.    $Pos+_B > Pos-_B$

2.    $Pos+_A < Pos-_A$

Beide lijken te worden bevestigd. Uit de data bleek vervolgens dat:

3.    $Pos+_{A+B} > Pos-_{A+B}$

Dus geldt:

4.    $(Pos-_A - Pos+_A) < (Pos+_B - Pos-_B)$

Dit verschil werd verklaard als een gevolg van stimulussummatie. De tweede en derde (resp.vierde) "conclusie" hebben uiteraard een exploratief karakter.

   De methode der dubbelstimulatie lijkt dus geschikt voor het demonstreren van de hiërarchisch successieve aard van het waarnemingsproces en is dat mogelijk ook voor meer gedetailleerd onderzoek van die processen. Indien wij de uiterste konsekwentie zouden willen trekken uit de constatering van een verschil tussen de energiewaarden van verschillende tachistoscoopkanalen, dat zou een extra balancering voor die kanalen moeten plaatsvinden. Het is nu eenmaal onmogelijk om de aanbiedingsenergie in twee verschillende kanalen absoluut gelijk te houden. In de eerste plaats moet er gebruik worden gemaakt van verschillende lampen, die van meet af aan of gaandeweg verschilkarakteristieken kunnen gaan vertonen. In de tweede plaats zijn, in ieder geval bij successieve presentatie met dit soort apparatuur voor elk kanaal verschillende besturingseenheden vereist. Een dergelijke balancering betekent echter een verdubbeling van het aantal aanbiedingen. Daardoor zouden meer zittingen zijn vereist, waaruit weer een grotere spreiding in de metingen zou resulteren, die meer aanbiedingen zou vereisen om tot significanties te kunnen besluiten etc.

We besluiten daarom bij volgend onderzoek voorlopig geen kanaalbalancering toe te passen en betrekkelijk kleine interpretatieproblemen (na de voorgaande analyse) op de koop toe te nemen.

### 4.2.3. UITBREIDING VAN DE DIFFERENTIATIE: CONDITIONELE- PLUS IDENTITEITSRELATIES

PROBLEEMSTELLING:

In beide voorgaande experimenten hebben we in feite een conditionele relatie van A en B (positie) gevarieerd, terwijl A onafhankelijk van B identificeerbaar was. Zoals eerder betoogd, kan de identifikatie van een stimulusconditie op zich geen mogelijkheden bieden om tot een verdere reduktie van alternatieven te komen met betrekking tot de identiteit van de stimulus dan de klasse-identifikatie (b.v. "een gezicht"), die tevens moet hebben plaatsgehad. Hierbij moeten we natuurlijk veronderstellen dat de conditie ook binnen de stimulusverzameling van het experiment een variatiemogelijkheid is, die van toepassing kan zijn op alle elementen van die klasse. Er moet b.v. niet een bepaald model in een zeer specifieke positie zijn afgebeeld, omdat in een dergelijk geval eenvoudig beredeneerd kan worden welk model was afgebeeld als de positie werd geïdentificeerd. Als deze veronderstelling juist is kan volgens het geschetste hiërarchieprincipe een reduktie van mogelijkheden alleen plaatsvinden door een verwerkingsstadium, waaruit bepaalde veronderstellingen resulteren over een nadere identiteit (waarvoor dan vervolgens bevestiging wordt gezocht). Een adekwate positie-identifikatie is echter in dit proces zowel middel of voorwaarde voor generatie van reële (dat is bevestigbare) veronderstellingen als voor een toetsing van die veronderstellingen. In het geval van dubbelstimulaties met variërende positierelaties tussen A en B impliceert dit twee mogelijke verklaringsniveaus voor de resultaten van de voorafgaande experimenten:

1.  Bij "aankomst" van B is alleen het gezichtsaspect en de positie van A

onderkend. Hierna volgt het positiespecifieke hypothesegeneratieproces en de toetsing, waarbij steeds de oorspronkelijke positie richtsnoer blijft. De kans is dan in Pos- groter om A, en in Pos+ groter om B te identificeren. Bepaalde identiteitsrelaties tussen A en B spelen in beide gevallen geen rol.

2. Bij aankomst van B zijn er reeds veronderstellingen over een identiteit. In dit geval zal bij Pos- geen verschil optreden met de A-identifikatie uit het vorige geval. Bij Pos+ zal nu echter de identiteitsrelatie een rol gaan spelen. Immers naarmate de identiteitsrelatie tussen A en B meer of minder adekwaat is, zullen de veronderstellingen worden bevestigd of verworpen. Worden de veronderstellingen niet bevestigd dan zal het waarnemingssysteem dus evenzeer "opnieuw moeten beginnen" als in het geval waarin ten gevolge van inadekwate conditierelaties (Pos-), de identifikatie van A door verval van het stimulatieeffect en door storing vanuit de B-stimulatie, niet kan worden voltooid. Dit betekent met andere woorden dat er bij hantering van het tweede verklaringsniveau een interaktie zal moeten bestaan tussen de conditievariabele en de identiteitsvariabele: Alleen bij overeenstemming van positie is de identiteitsrelatie van invloed en wel des te sterker naarmate de relatie groter is. Het eerste verklaringsniveau is meer toepasbaar als we vinden dat Pos+ altijd verschilt van Pos- , maar als we binnen elk van deze condities geen effect vinden van variërende identiteitsrelaties en dus ook geen interaktie met positie.

In beide vorige experimenten was steeds sprake van een adekwate identiteitsrelatie tussen A en B en we kunnen dus niet tussen beide mogelijkheden onderscheiden. De idee van een voorwaardelijke positieidentifikatie is dus wel sterker komen te staan, maar over hiërarchisch dirigerende relaties tussen "hogere" identifikatieniveaus kunnen we nog niet veel zeggen. Onze experimenten tot aan beide voorgaande hadden echter juist tot doel om deze hiërarchie door het effect van verschil in de grootte van een identiteitsrelatie aan te tonen; in het eerste experiment dat in dit hoofdstuk werd besproken b.v. door een manipulatie van de experimentele condities $ID_1$, $ID_2$ en VG. De vergelijking van ID met VG bleek echter problematisch omdat in ID geen onafhankelijk effect van A en B is te onderscheiden. De vergelijking van $ID_1$ met $ID_2$ biedt wel een zekere steun maar geen echt uitsluitsel omdat de betere prestatie bij $ID_1$ op verschillende manieren kan worden verklaard. We zullen daarom nu trachten een nieuw niveau binnen VG te introduceren, waarbij de gezochte kenmerken (vanuit de A-verwerking) ook bij een gunstige positierelatie niet in B kunnen worden gevonden.

METHODE:
We handhaven voor een nadere controle op het niveau van de identiteitsrelaties de condities ID, Random en Blank uit het voorlaatste onderzoek en voegen naast VG een nieuwe variant toe. Om de laatste condities te onderscheiden

zullen we ze resp. aanduiden als SET+ en SET-. Binnen elke identiteitsconditie introduceren we vervolgens de positieconditie uit het laatste onderzoek. Omdat de suffixen 1 en 2 bij ID nu verwarrend zouden kunnen werken, zullen we deze conditie eenvoudig ID(entiek) noemen. Schematisch:

| | | |
|---|---|---|
| R(andom) | | A is het reeds beschreven vlekkenpatroon |
| BL(ank) | | A is een blank veld |
| SET- | Pos+ | A is een identificeerbare foto van een ander individu dat |
| | Pos- | weinig perceptuele gelijkenis vertoont met het individu afgebeeld op B en dat ten opzichte van B rsp. dezelfde of een verschillende opnamepositie vertoont. |
| SET+ | Pos+ | idem, maar nu van individuen die een zekere percetuele Pos- gelijkenis vertonen. |
| | Pos- | |
| ID | Pos+ | idem, maar nu van hetzelfde individu. |
| | Pos- | |

Met het reeds beschreven fotomateriaal kunnen we deze condities als volgt concretiseren:

SET- In de eveneens reeds vermelde verwarringsmatrijs kunnen blokken worden onderscheiden van personen , die onderling zelden verward worden. De belangrijkste bepalende dimensies lijken zaken te zijn als globale schedelvorm en haarcoupe. Een eveneens belangrijke faktor lijkt betrekking te hebben op het feit of het model al of niet brildragend is. Het komt overigens wel voor dat er verwarring is tussen twee "rondschedeligen met krullend haar", waarvan de één wel en de ander geen bril draagt. We besloten daarom verschillen zodanig te maximaliseren dat er in de SET- conditie sprake is van een geringe mate van verwarring tussen A en B, terwijl bovendien geëist wordt dat de één wel en de ander geen bril draagt. Aangezien er slechts 4 brildragers waren in onze collectie foto's van 10 modellen, konden slechts portretten van 8 modellen worden gebruikt

SET+ Voor een goede contrabalancering kozen wij hier uit dezelfde 8 modellen. Behalve de eis van een hoge mate van verwarring, die ook bij de vorige onderzoeken gold, werd nu echter bovendien geëist dat A en B gelijk waren op de "faktor bril".

Als B-foto's in Pos+ en Pos- binnen elke identiteitsconditie kozen we steeds twee kopieën van dezelfde foto. Ook voor de vergelijking van BL met R volgden we dit principe. Als A-foto werd in Pos- steeds een foto van een aan B diametrale opnamepositie gekozen en in Pos+ een foto van hetzelfde model als voor A in Pos- werd gebruikt, nu echter in dezelfde opnamepositie als B. Evenals in het eerste experiment van dit hoofdstuk was de verdeling van opnameposities van de B-foto's (en daarmee van de A-foto's) gelijk verdeeld binnen elke conditie. Voorts balanceerden we ook nu weer binnen condities de A-B sekwentie met dien verstande dat als een bepaalde foto van model X A-stimulus was voor een bepaalde foto van model Y, die fungeerde als B-stimulus, ook de permutatie YX van dezelfde foto's werd gehanteerd. Hierdoor worden verklaringen van b.v. een verbeterde B-identifikatie in een bepaalde conditie in termen van een specifiek gunstige contourversterking door A, gecontroleerd. De keuze van concrete foto's voor een bepaalde conditie was overigens willekeurig. Het moge echter duidelijk zijn dat door het beschreven eisenpakket reeds na enige willekeurige keuzen de rest van de toewijzingen is vastgelegd. Van een bepaald fotomodel werd binnen elke identiteitsconditie slechts één foto gekozen als B-stimulus (en derhalve ook slechts één A-stimulus). De gehele stimulusserie bestond derhalve uit 64 A-B paren, samengesteld uit 112 fotoafdrukken plus 16 niet-foto A-stimuli, terwijl er sprake was van 8x4 (modellen x opnameposities) verschillende foto's. Na "schudden" binnen elke conditie werd de presentatie-volgorde zodanig vastgesteld dat was gecontrabalanceerd volgens het abba-schema. Gegeven de beschikbare foto's is de kans op specifieke trainingseffecten door de beschreven seriesamenstelling, althans binnen één aanbiedingsronde, geminimaliseerd.

Als proefpersonen waren op het moment, dat dit experiment kon plaatsvinden, twee groepen van elk 15 tweedejaarsstudenten ter beschikking, die in het kader van hun opleiding ook aan opzet en uitvoering deelnamen. Omdat deze proefpersonen de meeste van de afgebeelde fotomodellen niet kenden, kregen zij voorafgaande aan het feitelijke experiment een kleine leertaak. Deze bestond hierin, dat zij elke foto van een speciaal vervaardigde nieuwe fotoserie van de fotomodellen moesten kunnen benoemen. Deze serie bestond uit 4 tegen een natuurlijke achtergrond gemaakte opnamen van elk fotomodel. De proefpersonen konden deze serie in eigen tempo doornemen en kregen van de proefleider zo vaak de corresponderende namen te horen, tot zij deze zonder fouten bij elke foto zelf konden noemen.

Bijna alle tot nu toe beschreven experimenten stelden hoge eisen aan het uithoudingsvermogen van de proefpersoon. De duur van een experimentele sessie met inbegrip van de altijd toegepaste gewenningsfase aan apparatuur en type van stimuluspresentatie lag vaker (soms zelfs aanzienlijk) boven de twee uur dan er onder. De toch al wat monotone waarnemingstaak wordt hierdoor, maar ook ten gevolge van het in één bepaalde houding door een tunnel moeten kijken naar de altijd wat flikkerende tachistoscoopvelden, tot een vrij oncomfortabele bezigheid. De proefpersonen kunnen deze taak dan ook slechts gedurende beperkte tijd gemotiveerd volhouden.

Ook experimenteel kleven grote bezwaren aan deze situatie. De proefpersoon wordt op den duur onzorgvuldig en bovendien gaat hij steeds vaker verzitten en kijkt hij even rond in de experimenteerruimte. Dit heeft voortdurend veranderingen van de lichtadaptatie tot gevolg omdat het verlichtingsniveau van het adaptatieveld bij de gebruikte presentatietijden nu eenmaal relatief hoog moet zijn om voldoende differentiatie te krijgen. Het zou derhalve zeer welkom zijn als de lengte van een experimentele zitting aanzienlijk zou kunnen worden gereduceerd. Bij de tot nu toe gebruikte apparatuur is dit echter niet mogelijk omdat de belangrijkste tijdfaktor is gelegen in de stimulusinvoer, die alleen met de hand kan geschieden.

Tijdens deze periode van ons onderzoek kwam echter een 6-kanaals stereo-tachistoscoop ter beschikking van onze onderzoeksafdeling, waarbij de stimulusinvoer was geautomatiseerd. Deze tachistoscoop, evenals de reeds genoemde 3-kanaals tachistoscoop van het merk "Scientific Prototype", maakt daartoe geen gebruik van kaarten, maar van dia's, die in twee magazijnen met elk een capaciteit van 100 stuks, in het apparaat worden geplaatst. Na elke stimuluspresentatie, die ook hier via een drukknop door het subjekt zelf wordt gestart, kan het apparaat automatisch de dia's wisselen, zodat zeer snel een volgende presentatie mogelijk wordt. Afhankelijk van de ervaring en snelheid van de proefpersoon konden we op deze wijze binnen dezelfde tijd twee tot viermaal zoveel aanbiedingen geven en antwoorden verwerken.

Een bijkomend experimenteel voordeel lijkt te zijn dat nu ook perifeer retinale interakties van A en B kunnen worden voorkomen. De ene stimulus kan nu immers via het ene oog worden "ingevoerd", de andere stimulus via het andere. Adaptatie, laterale inhibitie en summatie op retinaal niveau, maar ook refractaire perioden na A-stimulatie (vgl Smith 1967) zijn daarmee onder controle.

Omdat we de beschikking hadden over twee proefgroepen besloten we tevens een vergelijking van de presentaties met de verschillende tachistoscopen te maken. Een groep zal de tot nu toe gebezigde binoculaire presentatie van A gevolgd door B ontvangen met behulp van de 3K- tachistoscoop; de andere groep krijgt deze stimulatie dichoptisch via de 6K-tachistoscoop.

Hiertoe werden de reeds geselecteerde A-B stimuli gecopieerd op dia's. Om een goede oogconvergentie (en daarmee spatiele overlapping van A en B) te bereiken, werden de kaarten bij het copiëren in een zwart kader geplaatst. Op diaformaat (36 x 24 mm) resulteerde dit in een wit veld van 15 x 15 mm (vis.hoek =3°). In dit veld waren de portretten afgedrukt (vis.hoek ± 1,5°). De omgeving van het 15 x 15 mm grote veld was zwart. Ook de fixatievelden, gebruikt als pré- en postadaptatieveld en tijdens het ISI, hadden dit kader. Bovendien was hier als een extra convergentiesteun een zeer kleine centrale fixatiestip geplaatst. Om extra variantie ten gevolge van "oogdominantie" te vermijden, kozen we voor een vaste presentatievolgorde voor beide ogen. De A-foto wordt altijd aan het linker oog gepresenteerd, de B-foto altijd aan het rechter. Tijdens het ISI hadden beide ogen hun eigen adaptatieveld evenals voor en na de stimuluspresentatie.

Bij de binoculaire presentatie besloten we - in een te groot optimisme naar later bleek - een $t_A$ van 1 en 5 ms toe te passen bij een $t_B$ van 8, 4 en 2 ms. Op deze wijze zouden we een zo klein mogelijke kans hebben de optimale conditie te missen. De tijden van B waren in de gegeven volgorde gerangschikt om de effectiviteit van de leerfaktor nog wat op te voeren. Er ontstaat dan wel een leereffect dat is gecontamineerd met de aanbiedingstijden (in dit geval tegengesteld aan de grootte daarvan). We zijn op dit moment echter niet meer geïnteresseerd in het specifieke effect van aanbiedingstijden, maar alleen in een gunstige presentatieconditie ter demonstratie van de veronderstelde effecten.

Tijdens het experiment bleek dat deze proefpersonen veel hogere scores behaalden, dan die van beide voorgaande proeven. De oorzaak is mogelijk dat de gemiddelde leeftijd van deze studenten aanzienlijk lager is en daarmee de lichtgevoeligheid hoger. Het is echter ook niet uitgesloten dat de omgevingsverlichting lager was en daardoor de adaptatie hoger! Bij een $t_B$ van 8 ms had ongeveer de helft van de proefpersonen een score van 100% correcte identifikatie van B zodat geen enkele differentiatie tussen condities meer optrad. Daarom gaven we deze proefpersonen een extra ronde op $t_B = 1$ ms. Mede door deze controle ging echter zoveel tijd verloren, dat bij $t_A = 5$ ms alleen nog $t_B = 1$ ms kon worden bezien.

Aangezien het 6K-experiment iets later gepland was besloten we daarbij gebruik te maken van inmiddels opgedane ervaring dat $t_A = 5$ ms (zie resultaten) waarschijnlijk de meeste kans op succes bood. Als $t_B$ besloten we resp. weer 8, 4 en 1 ms te geven. Hierbij bleek echter dat vele proefpersonen (ondanks de hogere "clear field luminance" van het A-, B- en ISI-kanaal, die bij de maximale belichtingsstand op deze tachistoscoop ongeveer 175 c/m² bedroeg) zelfs bij $t_B = 8$ ms nog zo weinig zagen dat hun scores voor alle condities ongeveer op kansniveau lagen. Een mogelijke reden is, dat in de dia's het contrast of de dekking wat anders was dan in de foto's. Een belangrijker punt is waarschijnlijk, dat voor het dichoptische kijken meer ervaring is vereist. We pasten daarom de presentatie aan door, bij handhaving van $t_A = 5$ ms, te zoeken naar een zodanige $t_B$, dat de proefpersoon ongeveer 4 van de 8 foto's uit de conditie ID Pos+ correct kon identificeren. Voor de eerste aanbiedingsronde bleek $t_B$ aldus gemiddeld ongeveer 15 ms te moeten zijn en voor de tweede en derde ronde resp. ongeveer 9 en 6 ms. Het ISI duurde in alle gevallen 50 ms.

RESULTATEN EN DISCUSSIE:

De resultaten (over proefpersonen gemiddelde percentages voor correcte identifikaties) zijn vermeld in de figuren 12-I, 13-I en 14-I. De figuren 12-II, 13-II en 14-II vermelden de gemiddelde PI cfs (zie voor een verklaring paragraaf 5.2 en 5.3). In figuur 12 werd gemiddeld over 15 proefpersonen, 8 stimuluscombinaties per conditie en 3 aanbiedingsronden. ($t_A = 1$ ms, $t_B$ voor 8 proefpersonen was bij de drie ronden resp. 8, 4 en 2 ms en voor 7 proefpersonen resp. 4, 2 en 1 ms). Het aantal observaties per meetpunt is derhalve 360. In figuur 13 zijn slechts de gegevens vermeld van één aanbiedingsronde ($t_A = 5$ ms, $t_B = 1$ ms) Het aantal observaties per meetpunt is dus 120. Figuur 12 en 13 hebben betrekking op binoculaire presentatie, figuur 14 op dichoptische presentatie. Voor figuur 14 geldt dezelfde omschrijving als voor figuur 12; alleen zijn nu de aanbiedingstijden anders ($t_A = 5$ ms, $t_B$ is gemiddeld over de 15 proefpersonen voor de drie aanbiedingsronden resp. 15, 9 en 5 ms).

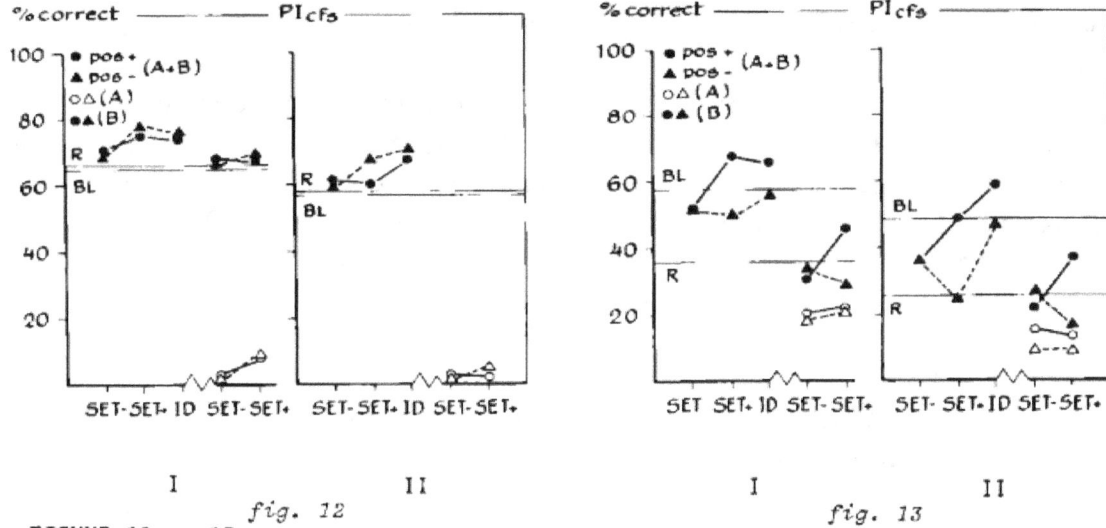

fig. 12                                        fig. 13

FIGUUR 12 en 13
I : % correcte identifikaties van A, B en A+B voor Pos+ en Pos- in funktie
van een toenemende identiteitsrelatie, alsmede voor Blank en Random, bij
binoculaire presentatie. ($t_A$ : $t_B$ voor figuur 12 en 13 is resp. laag en
hoog)

II : idem, gecorrigeerd voor kans (voor verklaring correctie $PI_{cfs}$ zie volgende paragraaf).

FIGUUR 14
I : % correcte identifikaties van
A,B en A+B voor Pos+ en Pos- in funktie van een toenemende identiteitsrelatie, alsmede voor Blank en Random, bij dichoptische presentatie
van A en B. ($t_A$ : $t_B$ is laag)

II : idem, gecorrigeerd voor kans.

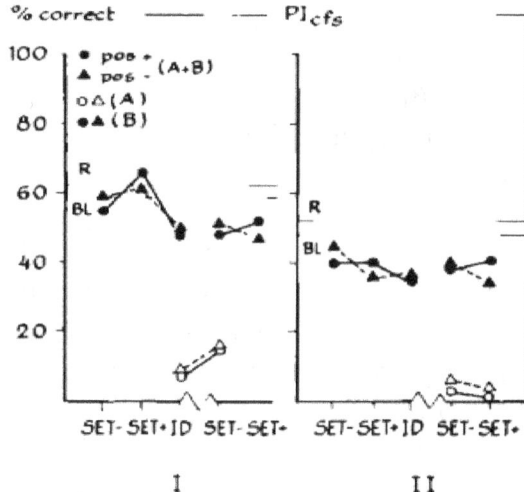

Bij de binoculaire presentatie op de 3K-tachistoscoop waarbij $t_A = 1$ ms, was bij geen enkele $t_B$ sprake van een significant verschil tussen condities waarbij de identiteitsrelatie varieerde, noch in de vergelijking bij Pos+ noch bij Pos-, Evenmin was er binnen een van de identiteitscondities verschil tussen Pos- en Pos+. We hebben daarom over de tijden van B gemiddeld (zie figuur 12). Onverwacht blijkt nu alleen bij de (A + B-)score voor Pos- : SET+ > SET-, terwijl er voor de A-score een tendens is in die richting voor zowel Pos+ als Pos-.

Vergelijken we de gemiddelde score voor ID met de B-score voor SET+ of SET- (zoals we in principe bij voorgaande toetsingen deden) dan vinden we wel een significant verschil, dat echter reeds voldoende uitgebreid werd besproken als procedureartefact. Bovendien blijkt dat de (A + B)-scores in de conditie SET+ en ID hoger zijn dan Blank en Random, die onderling nauwelijks verschillen. Ook hier is de bijdrage van de A-identifikatie, die bij Blank en Random natuurlijk ontbreekt, debet aan (zie A-score bij SET+). Vreemd is echter dat dit niet het geval is bij SET-.

Alles bij elkaar dus nogal teleurstellende resultaten, temeer daar we - gezien de gegevens van figuur 10 - ook bij $t_A$ = 1 ms, iets meer mochten verwachten. Mede gezien het relatief hoge niveau bij Blank, de geringe A-bijdrage en het ontbreken van differentiatie tussen Blank en Random, lijkt de meest plausibele verklaring dat $t_A$ eenvoudig te kort was om enig differentiërend effect te hebben.

Als we de gegevens van figuur 13 bezien wordt deze conclusie bevestigd. Deze data hebben immers betrekking op dezelfde proefpersonen (zij het dat deze intussen een grotere ervaring hadden opgedaan) en dezelfde binoculaire presentatie. Alleen de verhouding $t_A : t_B$ is zodanig gewijzigd dat A nu veel sterker is dan B. Ondanks de evidente invloed van A (zie de hoogte van de A-scores en het verschil tussen Blank en Random) is er echter niet de differentiatie tussen Pos+ en Pos- binnen A, waar we juist aan waren gewend geraakt. Bij de B-score in SET+ is er echter een significant verschil tussen Pos+ en Pos- in tegenstelling tot SET-, dat sterk pleit voor het tweede verklaringsniveau, dat in het begin van deze paragraaf werd genoemd. Het feit dat er ook tussen Pos+ en Pos- een verschil is in de condities ID en SET+ (A + B), terwijl ID echter niet beter is dan SET+, pleit daarentegen voor de eerste verklaring. Ook in dit geval dus nogal verwarrende resultaten. Overigens wordt ook hier weer duidelijk dat in geval van een relatief sterke en gestruktureerde A, de B-score lager wordt dan in het geval, waarin deze "hulp" niet wordt geboden. Fraai is echter wel de relatieve hulp van Pos+ en de relatieve storing van Pos- te zien als een vergelijking wordt gemaakt van de B-identifikatie in deze gevallen met Random (althans voor de conditie SET+). Hetzelfde kan worden gezegd van de vergelijking van de (A + B)- scores voor alle drie de identiteitscondities ten opzichte van Blank.

Het experiment met dichoptische presentatie biedt een nog verwarrender beeld omdat het enige significante verschil, dat hier consistent werd gevonden betrekking had op de conditie ID zowel voor Pos+ als Pos-. Tegen alle verwachting in bleek dit resultaat echter slechter dan dat in alle andere condities met inbegrip van Blank en Random. Na middeling (zie figuur 14) bleek er overigens evenals voor de resultaten afgebeeld in figuur 13, een duidelijke tendens te zijn in de richting van hogere scores voor SET+ ten opzichte van SET-. Nu gold echter voor Pos+ (meer in de lijn van de verwachting) bij vergelijking van de (A + B)- score: SET+ > SET-. Bij de A-scores vonden we deze (niet significante trend echter zowel bij Pos+ als Pos-. Gezien de hoogte van de A-scores en het gebrek aan differentiatie tussen Blank en Random was $t_A$ = 5 ms voor de dichoptische presentatie mogelijk evenzeer te laag als $t_A$ = 1 ms voor de binoculaire presentatie. Als we de verhouding van $t_A$ : $t_B$ gemiddeld = 5 : 10, vergelijken met de verhouding 5 : 1 uit de presentatie, waarvan de resultaten zijn vermeld in figuur 13, is eveneens de veronderstelling gewettigd dat behalve de absolute duur van A ook de verhouding $t_A$ : $t_B$ een rol speelt.

Een overeenstemming van alle drie de grafieken is gelegen in de relatief hoge scores bij SET+ of lage scores bij ID (dat SET- laag scoort, lag in de lijn der verwachting). Bij uitputtende data exploraties rees gaandeweg het besef dat er naast de individuele aanpassing van presentatietijden en de specifieke (on)bekendheid van de fotomodellen, twee hoofdredenen zijn voor de onduidelijkheid in de resultaten.

1. Bij de samenstelling van de series zijn we uitgegaan van de impliciete veronderstelling dat verschillende foto's van hetzelfde individu, die onder sterk gelijkende omstandigheden zijn opgenomen, ongeveer even gemakkelijk zijn te herkennen. We hebben dan ook alleen zorggedragen voor een evenredige vertegenwoordiging van elk fotomodel in alle condities, of alle modellen in elke conditie. Elke conditie bevatte echter specifieke foto's.

   Het bleek nu dat er tussen de foto's van verschillende individuen in de ene conditie veel grotere verschillen optraden dan tussen andere foto's van dezelfde individuen in een andere conditie. Met andere woorden de contaminatie van foto- en conditie-effecten, die in onze eerdere experimenten een alles vertroebelende faktor bleek, lijkt nog steeds aanwezig. Omdat we natuurlijk niet rechtstreeks in onze data konden zien, of bepaalde foto's van hetzelfde model moeilijker waren dan andere (omdat ze in verschillende condities gepaard zijn met andere stimuli), voerden we een klein controleonderzoek uit.

   We presenteerden daartoe aan enkele mensen die de modellen goed kenden, de foto's afzonderlijk met behulp van de tachistoscoop en bepaalde identifikatiescores. Inmiddels geheel in de lijn van de verwachting, werden inderdaad verschillen gevonden. Deze verschillen waren echter tevens aanzienlijk groter dan verwacht. Voor de ene foto van een bepaald individu bleek soms tien maal zoveel aanbiedingsenergie vereist om tot een correcte benoeming te kunnen komen dan voor een andere van hetzelfde individu. Tevens bleek daarbij een grote overeenstemming te bestaan tussen verschillende proefpersonen. Het verschil bleek echter te verdwijnen na een zekere leerperiode.

In geval in verschillende condities dus verschillende foto's worden gebruikt, kunnen zeker in het begin, specifieke foto-effecten optreden, die interfereren met de conditie-effecten. In volgende experimenten zullen we daarom vanaf nu altijd dezelfde foto's in verschillende condities gebruiken.

2. Er zijn bij de verschillende condities verschillende kansprocessen werkzaam, die een rol spelen bij de uitkomsten. Aan een oplossing van dit probleem is paragraaf 5.2 gewijd.

CONCLUSIE:

We putten enige hoop (vooral uit het onderzoek met $t_A : t_B$ = 5 : 1) dat de gebruikte methode van dubbelstimulaties ook geschikt is voor het demonstreren van meer subtiele hiërarchische processen. Aangezien we tot nu toe geen duidelijke aanwijzingen kregen dat de identificatieprocessen na dichoptische stimulatie anders zouden verlopen dan na binoculaire stimulatie, pleit veel voor een voortgezet gebruik van de veel efficiëntere 6K-tachistoscoop.

Allereerst dient echter toch weer aandacht te worden gegeven aan de alternatieve hypothese. In het volgende onderzoek willen we - in het licht van de voorafgaande ervaringen wat beter toegerust - dan ook opnieuw het oude dilemma overwegen. We zullen daarbij trachten een definitieve oplossing te vinden voor de interpretatiemoeilijkheden in verband met de verzamelde data. Met name aan de mogelijkheid van set-reduktie ten gevolge van een gedeeltelijke identifikatie van de A-stimulus, zal aandacht worden geschonken. Maar ook allerlei specifiek bevoordelende kansprocessen zullen worden bezien.

Hoofdstuk V

VOORLOPIGE TOETSING VAN DE HIERARCHIE-HYPOTHESE VIA DICHOPTISCHE DUBBELSTIMULATIE

## 5.1 INLEIDING EN PROBLEEMSTELLING (TEVENS SAMENVATTING HOOFDSTUK III EN IV)

ALGEMEEN:

Alles wat in hoofdstuk IV is besproken, kan worden beschouwd als de chronologische neerslag van een ketting van exploraties met het paradigma van dubbel-stimulatie, dat werd ontwikkeld in hoofdstuk III. Het verslag van deze conceptuele en experimentele lijdensweg door een soort oerwoud van hypothesen en theorieën uit vaak min of meer verwante onderzoeksgebieden kan op de lezer ontmoedigend werken. Misschien is dit verslag alleen zinvol voor degene, die zelf experimenteel onderzoek wil doen aan de hand van ons paradigma, of die om een of andere reden alles wil weten van de exploratieve fase van dit onderzoek. Dit verslag is dan ook in de eerste plaats opgenomen voor degenen, die ons onderzoeksparadigma willen corrigeren, uitbreiden en vooral variëren voor verder onderzoek. In de tweede plaats zijn deze experimenten vermeld omdat hier en daar wel degelijk ondersteuning kan worden gevonden voor de onderzochte hypothese, vooral tegen de achtergrond van de hierna besproken resultaten. In de derde plaats zijn deze soms voor ons minder bruikbare resultaten vermeld, omdat ze zouden kunnen bijdragen aan de vorming van nieuwe hypothesen op andere terreinen van onderzoek. We denken hier met name aan het onderzoek rond de zogenaamde visuele maskering. In de vierde en laatste plaats werd dit verslag opgenomen om de suggestie te vermijden, dat de naar onze mening meer cruciale experimenten die hierna worden besproken, (althans door ons) konden worden opgezet op basis van enig konsekwent nadenken vanuit de gemakkelijke stoel.

Zoals uiteengezet in de samenvatting (tevens algemene inleiding) aan het begin van deze studie, kan de lezer, die efficiënt kennis wil nemen van het uiteindelijke onderzoeksresultaat, eventueel hoofdstuk III en hoofdstuk IV overslaan. Omdat hij mogelijk ook de algemene beschouwingen uit hoofdstuk I kan missen en genoegen wil nemen met de konstatering in hoofdstuk II, dat de min of meer klassieke aktualgenetische onderzoeksprocedure niet geschikt lijkt voor het bereiken van het gestelde doel, is het hierna volgende uitgewerkt als een relatief zelfstandig gedeelte, dat men zonder meer in aansluiting op de samenvatting (tevens algemene inleiding) kan lezen. In dit volgende gedeelte kan hij dan ook nog paragraaf 5.3, die terugverwijst naar eerder onderzoek, overslaan.

THEORIEVORMING:

In het voorgaande ontwikkelden wij de hypothese dat er in de eerste fase van het zien van een objekt, onmiddellijk nadat dit in het "blikveld is beland", sprake is van een identifikatieproces, dat een grote formele overeenkomst vertoont met een hypothetico-deductief redeneerproces en dat daarenboven het karakter heeft van een hiërarchisch sekwentiele klassifikatieprocedure. De visuele objektidentifikatie moet daarom worden beschouwd als de "eindterm" van een dergelijk proces. Op elk niveau van deze sekwentie bepaalt de zojuist gemaakte klassifikatie welke kenmerken nu moeten worden gezocht en gevonden voor een volgende, meer specifieke of individuele klassifikatie.

IN EERSTE INSTANTIE ZAL ER IN DE WAARNEMING DUS EEN VERLOOP ZIJN, DAT WORDT GEDIRIGEERD VAN ALGEMEEN NAAR BIJZONDER. MEER IS MET DE TERM HIERARCHISCH-SEKWENTIEEL NIET BEDOELD.

Het is b.v. niet noodzakelijk en ook niet waarschijnlijk dat na presentatie van een bepaald objekt steeds één en dezelfde klassifikatieboom wordt doorlopen. B.v.: iets.... -dier-vogel-zangvogel-lijsterachtige-nachtegaal. In plaats van bij "dier" zou het proces eventueel ook bij "snavel" kunnen beginnen als we tenminste aannemen, dat de snavel zelf het gespecificeerde resultaat is uit een eerder hiërarchisch identifikatieproces. Het verloop kan dus vele vormen aannemen, maar de volgorde van de stappen volgens een hiërarchisch principe is niet omkeerbaar, zoals bij een eenvoudig sekwentieel proces, waar dit zonder verlies aan efficiëntie wel mogelijk is. Als we b.v. denken aan een "20-vragenspel" voor de lokalisatie van een vlak op een dambord, dan zou de vraagvolgorde in eerste instantie evengoed kunnen zijn: bovenste helft? linkerhelft? als omgekeerd.

Indien we ons, zoals steeds in deze studie, richten op de herkenning van portretten, zouden zich b.v. de volgende situaties kunnen voordoen:

a. De identifikatie van een globale ovaalvorm roept de hypothese "gezicht" op.
In funktie daarvan zal nu mogelijk evidentie worden gezocht voor een gezicht. Met name de condities waaronder het gezicht wordt gepresenteerd, zoals de ruimtelijke oriëntatie ten opzichte van de waarnemer, de belichting in verband met de schaduwwerking e.d., zullen daarbij aan de orde komen. Op grond van de nu beschikbare gegevens kan in de afbeelding effectief worden gezocht naar kenmerken zoals, de neuslengte, de haardracht e.d., om dit portret als van een bepaald individu te identificeren.

b. Men kan zich voorstellen dat op soortgelijke wijze als het "gezicht" in het voorgaande, een detailstruktuur in de foto b.v. als "mond" wordt herkend.
Bij een mond horen andere gezichtsdelen die vervolgens worden gezocht, zodat een specifikatie of uitbreiding van de reeds gemaakte klassifikatie wordt bereikt. Op deze wijze wordt als het ware weer een kompleet gezicht gelokaliseerd dat vervolgens kan worden geïdentificeerd; dat is verder gespecificeerd.

c. Er zijn tenslotte ook situaties denkbaar waarin, zonder dat een kompleet gezicht behoeft te worden gelokaliseerd, kan worden geïdentificeerd. Een detail als een haardracht (denk aan een Hitlerlok op een voorhoofd) of zekere kledingstukken (de pet van De Gaulle b.v.) "bevatten" na een algemene klassifikatie - waardoor de hypothese "Hitlerlok" of "De Gaullepet" wordt opgeroepen - soms voldoende kenmerken om de afbeelding, waarop overigens eventueel ook nog een gezicht kan zijn afgebeeld, al een bepaalde persoons-identiteit te verlenen.

Ondanks de schijnbare tegenspraak (in relatie tot een klassifikatie die begint met een detail en eindigt met een geheel !) is er in deze gevallen steeds een algemene klassifikatie, die aanleiding geeft tot een meer specifieke identifi-katieprocedure. Dat b.v. een Hitlerlok onmiddellijk, zonder dergelijke meer algemene tussenstappen, het relevante identifikatieprogramma, dat we geheugen noemen, zou kunnen aanroepen, lijkt zeer onwaarschijnlijk, omdat in dat geval een ogenschijnlijk onoplosbare kapaciteitsproblematiek met betrekking tot het waarnemingssyteem ontstaat. Maar natuurlijk zullen er aan het allereerste begin van het identifikatieproces wèl bepaalde onmiddellijke klassifikaties moeten plaatsvinden, waardoor een eerste selektiviteit tot stand kan worden gebracht. Er is immers altijd een beginmoment in de identifikatieprocedure na de onverwachte presentatie van een objekt, waarop nog in het geheel niets bekend is. Het lijkt ons echter niet zinvol over deze universele aanvangsklassifikaties, die bij elke stimulatie, hetzij op deel- hetzij op geheelstrukturen plaatsvinden, op deze plaats verder te speculeren. Kernpunt is dat volgens onze hypothese de visuele objekt-identifikatie zal zijn gekenmerkt door een hiërarchische procesgang van algemeen (relatief onbepaald) naar specifiek (relatief bepaald). Indien de identifikatie eenmaal tot stand is gekomen bestaat een bewustzijn van een bepaalde min of meer stabiele of "identieke" werkelijkheid, waarbij nu mogelijk een heel nieuw complex van geheugen(kennis)- programma's (b.v. verbale) raakt betrokken (vgl Frijda, 1972). De alledaagse werkelijkheidsperceptie, die nu zijn loop kan vinden als een dialektisch (eventueel sensomotorisch) proces, kan vanuit een dergelijk programmacomplex worden beïnvloed en krijgt daarmee een veel meer "vrij", of minder automatisch karakter dan de objektidentifikatie. Als ik mijn ogen open kan ik immers meestal niet anders dan het getoonde objekt herkennen (in zoverre ik het ken), maar ik kan me vervolgens wel willekeurig op allerlei (eventueel nieuwe) details of aspekten concentreren.

PROBLEEMSTELLING:
Ons probleem is exclusieve evidentie te vinden voor deze hiërarchiehypothese. We ontwikkelden daarvoor een paradigma van dubbelstimulatie, waarbij twee identificeerbare portretten, resp. A en B, snel na elkaar worden gepresenteerd. Als we aannemen dat het "sensorische (dat is het nog niet geïdentificeerde) beeld" van A min of meer continu "overvloeit" in het beeld van B, dan kan de hiërarchiehypothese als volgt worden geformuleerd:

I.      Naarmate er meer algemene, maar wel voor de B-identifikatie adekwate, klassifikatiestappen worden uitgevoerd op het iets eerder gepresenteerde A-portret, is de kans groter op een uiteindelijke correcte identifikatie van B, omdat deze "recenter" is.

II.    Indien de eerste klassifikatiestappen niet adekwaat zijn voor B, zal mogelijk de identifikatie van A nog kunnen worden voltooid of het klassifikatieproces ontsporen en opnieuw moeten beginnen, waarna, alsnog (in verband met de recentheid) B zal worden geïdentificeerd.

Indien nu de aanbiedingsenergie van B kritisch is (op drempelniveau) zullen we bij een adekwate relatie een hoger percentage correcte B-identifikaties moeten vinden en bij een inadekwate relatie mogelijk een hoger percentage correcte A-identifikaties. De experimentele situatie bleek in ieder geval in de praktijk al enigszins aan deze kenschetsing te voldoen. We stelden vast dat het subjekt het als een zeer hinderlijke (en ook praktisch onmogelijke) opdracht ondervond om bij de gebruikte wijze van stimuluspresentatie beide portretten te moeten identificeren. We zullen daarom ook in het volgende onderzoek aan het subjekt slechts vragen dat portret te identificeren dat hij het meest duidelijk meende te hebben gezien. Om een vergelijkbaarheid van scores te verkrijgen zullen we hierbij wel weer de procedure van gedwongen keuze hanteren. Ook als de proefpersoon niets zou zien moet hij dus de naam van een fotomodel uit de serie waarmee hij door het experiment vertrouwd is, kiezen. In de gegeven experimentele situatie zijn nu nog slechts de volgende responsiekategorieën te onderscheiden:

$I_A$ of $I_B$:    Correcte identifikatie van de naam van één van beide portretten. In het geval hetzelfde fotomodel op beide foto's is afgebeeld, kan door de aard van de taak niet meer worden uitgemaakt welke foto werd gezien, resp. of ze misschien beide werden herkend.

$S_A$ of $S_B$:    Er is geen correcte naam maar de antwoordkeuze getuigt misschien toch wel van een zekere inperking van mogelijkheden. In dat geval werd een keuze gemaakt uit een subklasse van de totale verzameling van namen.
Er werd b.v. een naam genoemd van iemand met een soortgelijke haardracht als één der (of als beide) geportretteerden. Indien we een dergelijke subklasse van te voren zouden definiëren, zou er weliswaar sprake zijn van een incorrecte naam maar tevens mogelijk van de correcte identifikatie van de grotere subklasse, waartoe één of beide foto's behoren. In het geval beide foto's uit dezelfde subklasse afkomstig zijn, is echter niet meer uit te maken op grond van welke foto werd geïdentificeerd, resp. of er misschien twee identifikaties waren.

F    :    Incorrecte identifikaties van zowel de naam als de subklasse. In het geval A uit een andere subklasse is genomen dan B, kan het zijn dat eenzelfde responsie voor A moet worden beschouwd als een F-antwoord en voor B als een S-antwoord of omgekeerd.

Wij zullen de volgende twee onafhankelijke variabelen hanteren:

| Positie | Pos- | A en B staan in verschillende posities, de neuspunt van A wijst b.v. naar links, die van B naar rechts. |
|---|---|---|
| | Pos+ | A en B staan in dezelfde positie. |

| Identiteit | Set- | A en B zijn genomen uit verschillende subklassen. We zullen slechts twee subklassen hanteren: brildragers en niet-brildragers. |
|---|---|---|
| | Set+ | A en B zijn genomen uit dezelfde subklasse, dus dragen beiden een bril of beiden geen bril. |
| | ID | A en B zijn bovendien foto's van hetzelfde fotomodel. |

VERWACHTING VOLGENS DE HIERARCHIEHYPOTHESE:

We kunnen nu door combinatie van identiteit- en positierelatie 6 experimentele condities onderscheiden, die grafisch zijn weer te geven zoals hierna (voor de mate van correcte B-identifikatie) wordt gedemonstreerd. Een identifikatieproces, dat aanvangt op een A-foto, die in een andere positie staat dan de B-foto, zal zeer waarschijnlijk eenvoudig "vastlopen". Aangezien het proces dan opnieuw moet beginnen, zal er wat betreft de mate van correcte B-identifikatie, hoe verder de identiteitsrelaties tussen A en B ook mogen zijn, bij Pos- geen verschil bestaan. Mogelijk zullen bij Pos- wel voor alle identiteitsrelaties meer correcte A-identifikaties worden gevonden. Indien echter de positie van beide foto's overeenstemt, kunnen allerlei zoekstrategieën, die stammen uit de A-verwerking met meer of minder succes worden voltooid op de B-foto. De effectiviteit van A, samenhangend met de aanbiedingsenergie of -tijd ($t_A$) zal natuurlijk van belang zijn. In het geval Pos+ SET- bestaat de kans dat het identifikatieproces in een zeer laat stadium ontspoort. In dat geval zal een zeer slecht resultaat worden verkregen. Deze kans is kleiner bij Pos+ SET+ en afwezig bij Pos+ ID. We kunnen nu de volgende mogelijkheden onderscheiden:

1. $t_A$ te kort, dus zonder effect; alle condities zullen dan gelijke resultaten opleveren:

2. Alleen de positie van A is geidentificeerd. Pos+ zal dan over de gehele linie beter zijn dan Pos-:

3. Er zijn ook reeds meerdere identiteitskenmerken in A vastgesteld. Nu zal derhalve een interaktie van de faktoren Positie en Identiteit optreden, waarbij binnen Pos+ moet gelden: SET-<SET+<ID en binnen Pos-: SET- = SET+ = ID. In ieder geval binnen ID moet gelden. Pos+>Pos-. Er zijn hier derhalve meerdere mogelijkheden, zoals hiernaast gedemonstreerd. Is alleen het al of niet brildragend zijn van A gezien, dan geldt b.v. :

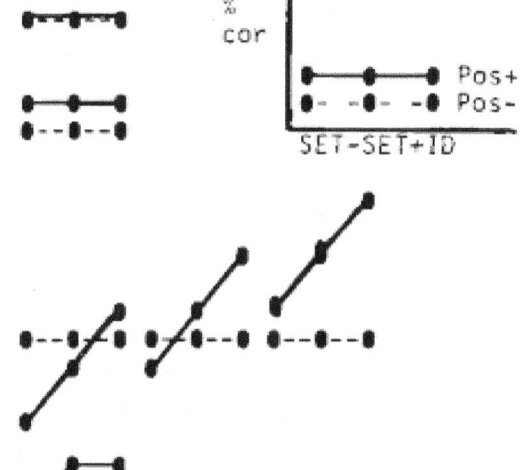

Het verwerkingsniveau van A zal ten gevolge van de subtiliteit van het waarnemingsproces waarschijnlijk voortdurend fluctueren. Bij curven die gebaseerd zijn op gemiddelden, is dan sprake van een middeling van de strukturen van 1, 2 en 3.

# VERWACHTINGEN VOLGENS ALTERNATIEVE HYPOTHESEN.

Na onze ervaringen in het voorafgaande en gegeven de nu voorgestelde wijze van presentatie van twee herkenbare stimuli, kunnen we in een soort natuurlijke volgorde nog de volgende alternatieve hypothesen onderscheiden:

a. DE SUMMATIEHYPOTHESE:
A en B zouden eenvoudig simultaan kunnen worden verwerkt als een sensorisch gesuperponeerd "beeld" (analoog aan twee fotografisch over elkaar afgedrukte portretten). We zullen dergelijke verklaringsmogelijkheden summatiehypothese noemen. Er lijken vele, vaak nogal gecompliceerde, denkwijzen mogelijk om aan deze summatiehypothese inhoud te geven. We zullen hier alleen trachten een zodanige en plausibele denkwijze te ontwikkelen dat eenzelfde voorspelling wordt verkregen als op basis van onze hierarchiehypothese.
Met betrekking tot Pos- kan b.v. bij alle identiteitsrelaties worden geargumenteerd dat er sprake is van een soort "Januskop", waardoor binnen Pos- tussen de verschillende identiteitsrelaties geen verschil zal worden gevonden.
Met betrekking tot Pos+ ID (in de volgende experimenten gaat het hierbij om twee volkomen identieke foto's) kan worden gesteld, dat er eenvoudig een "verbetering van de beeldkwaliteit" optreedt door de dubbele belichting (lumi-nantiesummatie), óf eenvoudig een "langere kijktijd" doordat twee identieke beelden elkaar opvolgen. Deze conditie lijkt inderdaad op zichzelf geen evidentie te kunnen bieden voor de hierarchiehypothese. We nemen deze conditie dan ook alleen op om te zien of er, hoe dan ook, differentiatie optreedt tussen verschillende condities. Als er zelfs in deze conditie geen verbetering zou optreden, hanteren we kennelijk een onvoldoende sterke aanbiedingsenergie. Met betrekking tot Pos+ SET- en Pos+ SET+ wordt de situatie iets gecompliceerder. Indien de foto's echter worden gesuperponeerd draagt het resulterende portret in Pos+ SET- als het ware altijd een bril. Deze bril is door de gebezigde contrabalancering van fotocombinaties (zie methode) de ene maal afkomstig van de A-foto en de andere maal van de B-foto. Indien de proefpersoon nu b.v. voornamelijk een B-foto zou zien van een niet-brildrager, zou hij door de nu wel aanwezige bril in verwarring kunnen worden gebracht en daardoor toch een andere naam noemen. In dat geval zal de score voor de identifikatie van B derhalve lager worden. In de situatie Pos+ SET+ zal deze mogelijkheid niet bestaan waardoor de score hoger is.
Met behulp van de SUMMATIEHYPOTHESE kan dus een SOORTGELIJK GEMIDDELD VERWACHTINGSDIAGRAM worden samengesteld als hiervoor via de HIERARCHIEHYPOTHESE.
In het volgende onderzoek zullen we trachten deze summatiehypothese te controleren door variaties in de tijd die verloopt tussen het begin van de A- en dat van de B-stimulus (dit is de zogenaamde "stimulus onset asynchrony" of SOA, een onafhankelijke variabele die tegenwoordig steeds meer het "interstimulus

interval" of ISI - dat is de tijd tussen het einde van de eerste en het begin van de tweede stimulus - vervangt in het onderzoek van temporele faktoren in de waarneming).

Toename van het SOA leidt tot een geringer summerend of "opdringerig" effect van A, vergelijkbaar met het effect van een relatieve verzwakking van de aanbiedingsenergie van A. De summatie is maximaal bij SOA = 0; als A en B dus tegelijkertijd worden gepresenteerd, omdat er in dit geval bijna automatisch sensorische summatie moet optreden. Het effect van A wordt geringer naarmate het SOA toeneemt, omdat de A-sterkte, gezien als een effect van A op B, afneemt ten gevolge van "verval" van A. De balans in het gesummeerde beeld slaat derhalve ook steeds meer door ten gunste van B.

In het algemeen zal de differentiatie in de B-identifikaties tussen verschillende condities dus kleiner moeten worden met de toename van het SOA. De B-identifikatie neemt toe en de A-identifikatie daalt. Meer in het bijzonder zal de "storing" van de A-bril (of A-niet-bril) in Pos+ SET- op de B-identifikatie, evenals de "hulp" van de A-bril (of A-niet-bril) in Pos+ SET+ afnemen bij een groter SOA.

Voor een zekere overzichtelijkheid grijpen we hier terug (en lopen we alvast vooruit) op enkele resultaten. In het algemeen blijkt in de eerste plaats de differentiatie in de B-identifikatie juist groter te worden in plaats van af te nemen (zie vooral figuur 11 links). B neemt inderdaad toe en A daalt. De daling van A in Pos+ lijkt echter sneller plaats te vinden dan in Pos-. In figuur 18 zien we bovendien dat met de toename van het SOA ook nog een versterking van de A-storing (grafiek links boven) en van de A-hulp (grafiek midden boven) op de B-identifikaties gaat gepaard. Ook al zal er ongetwijfeld een zekere luminantiesummatie optreden onder deze presentatiecondities, deze kan dit geheel van resultaten toch niet verklaren. Al deze resultaten pleiten daarentegen wel in de richting van de hierarchiehypothese.

b. DE ONAFHANKELIJKHEIDS- OF PARALLELITEITSHYPOTHESE:

Deze hypothese luidt in de eerste versie dat A en B afzonderlijk worden verwerkt als complete foto. In dit geval is er dus een identifikatie van één der foto's, onafhankelijk van de andere foto. Indien deze situatie inderdaad optreedt, zal er geen verschil worden gevonden tussen onze condities. In alle condities is immers zowel de A- als de B-foto identificeerbaar. Om deze mogelijkheid behoeven we ons dus niet verder te bekommeren, omdat deze automatisch wordt verworpen als er wel differentiaties optreden.

De tweede versie is dat de identifikatie plaats vindt op een verzameling van kenmerken, die is afgeleid uit een onafhankelijke verwerking van A en B. Hier zou, in tegenstelling tot bij de summatieverklaring, een toename van het SOA, binnen bepaalde tijdslimieten, juist kunnen leiden tot een groter summerend effect, vergelijkbaar met een relatieve versterking van de aanbiedingsenergie van A. De reden zou zijn dat het waarnemingssysteem nu meer tijd krijgt om de kenmerken van A afzonderlijk te verwerken en deze vervolgens toe te voegen aan de kenmerken van B, waarna tot slot de beslissing kan worden genomen op basis van de nu gegeven kenmerken. Als we deze redenering konsekwent volgen, zou er opnieuw geen verschil mogen zijn tussen de condities Pos- en Pos+, zij het dat nu wel b.v. zou zijn te verwachten: ID>SET+>SET-. Twee brillen zijn twee brillen of ze nu op elkaar passen of niet. Willen we het nu eenmaal wel gevonden verschil tussen Pos+ en Pos- toch verklaren, dan zijn we genoodzaakt bovendien een vorm van spatiele interaktie of summatie te veronderstellen. In dit geval is er echter geen echte parallelle verwerking meer. Aan een dergelijke argumentatie kunnen nog vele andere deel redeneringen worden toegevoegd. Dit type hypothesen krijgt daarmee echter een nogal geforceerd en ad hoc karakter.

Het moge duidelijk zijn dat de redenering die hier werd gevolgd een zekere overeenkomst vertoont met de verklaringswijze van de z.g. U-curven bij visuele maskering, waarbij het maskeringseffect pas bij het SOA van een zekere omvang maximaal wordt. Op dezelfde wijze vertoonde onze redenering met betrekking tot de summatie-verklaring een overeenkomst met de verklaringswijze van de z.g. monotone maskeringsfunkties, waarbij het maskeringseffect afneemt met de toename van het SOA. Indien we de verklaringen van U-funkties analyseren blijkt er meestal reeds een soort hierarchisch-sekwentieel moment in te zijn verdisconteerd.
Het lijkt er daarom veel op, dat we met een dergelijke uitgebreide paralleli-teitshypothese uiteindelijk via een onelegante omweg op hetzelfde punt uitkomen als de hierarchiehypothese onmiddellijk en elegant stelt.

Er dringt zich nu echter wel een nieuwe verklaring op. Het is weliswaar niet goed in te zien hoe de versterking of extra aanwezigheid van een kenmerk als "bril" in het geval Pos+ SET+ via een parallelle identifikatieprocedure (of via summatie), de identifikatie van B als zodanig zou kunnen bevorderen; het is echter wel goed denkbaar, dat door dergelijke processen bij de waarnemer met grotere zekerheid de kennis is ontstaan dat de foto in ieder geval afkomstig was van een brildrager. Op grond hiervan zal hij bij zijn naamkeuze een grotere voorkeur vertonen voor deze subklasse en derhalve de A- of de B-foto die behoort tot deze subklasse in meerdere mate goed kunnen raden. We zullen daarom nu deze hypothese aan de orde stellen.

C. DE HYPOTHESE VAN "PART-CUE: CHARACTERISTIC VIEW":
Correcte naamidentifikaties kunnen - zoals beschreven - resulteren uit een voltooide procedure voor een naamidentifikatie, of uit een gelukkige keuze op basis van een of andere deel- of aspektidentifikatie. Recentelijk wijdt b.v. Erdelyi (1974) aandacht aan deze "part cue hypothesis" in verband met een opleving van de belangstelling rond het thema "subliminale perceptie". In ons geval is het mogelijk dat de waarnemer b.v. van óf de A- óf de B-foto heeft gezien dat er sprake was van een bril. Maar het is ook denkbaar dat ten gevolge van de luminantiesummatie van A én B een gedifferentieerd beeld van een gezicht wordt geformeerd, dat weliswaar niet langer als individu identificeerbaar is, maar wel

zeer goed in termen van een subklasse. Als twee foto's van verschillende (maar b.v. wel beide brildragende) individuen in een gelijke opnamepositie via een eenvoudige fotografische afdrukprocedure worden gesuperponeerd, ontstaat een vergelijkbare situatie. Men kan zonder enige moeite zien dat het om een brildrager gaat; de identiteit is echter moeilijk te bepalen. Indien de proefpersoon een dergelijke subklasse wel kan identificeren, zal hij echter voor zijn "gok" een keuze maken uit een kleiner aantal alternatieven, dan wanneer hij deze klassifikatie nog niet kan maken.

Willen we een bepaalde naamidentifikatie nu kunnen beschouwen als "eindterm" van een sekwentieel proces, dan moet worden aangetoond dat deze naamkeuze berustte op een maximale waarschijnlijkheid van juist deze naam en bovendien dat die waarschijnlijkheid resultante is van een procedure die op gang werd gebracht door een eerdere identifikatie (van b.v. de subklasse).

De wezenlijke vraag met betrekking tot de relatie tussen identifikaties van subklassen en namen is in ons onderzoek derhalve of een eventuele verbetering van de naamidentifikatie tot stand kwam doordat ten gevolge van de eerste MET SUCCES de tweede werd geïnitieerd.

Nu zijn de alternatieven van een subklasse geen individuele namen maar groepen van namen of andere subklassen. Gegarandeerd dient derhalve te zijn dat niet blindelings werd gekozen uit - een weliswaar beperkt aantal van echter nog steeds meer dan één - even waarschijnlijke alternatieven van een subklasse, maar dat de keuze berustte op een bereikte waarschijnlijkheids- ordening van de alternatieven uit de subklasse. Indien we pogen voor de verschillende condities gedifferentieerde voorspellingen op te stellen in verband met deze mogelijkheid, belanden we in een onontwarbaar netwerk van problemen en mogelijkheden. We zoeken derhalve een correctieprocedure die voor alle mogelijke deelidentifikaties toepasbaar is. Deze procedure zal na behandeling van de laatste hypothese, worden ontwikkeld.

d. ANDERE KANSHYPOTHESEN:

Tot slot zullen er echter ook nog goede treffers worden gevonden in het geval in het geheel niets werd gezien. Dergelijk geheel blind raadgedrag is door de gedwongen keuze het complement van de andere gedragswijzen (correcte identifikatie of raden op basis van SET-reduktie) en kan dus variëren met elk van deze. Naarmate de condities meer of minder effectief zijn zal dus minder of meer blind worden geraden.

Behalve variaties in de identifikatiescores als gevolg van raadgedrag, kunnen deze scores ook variëren door verschillende raadkansen in verschillende condities. Indien foto's van twee verschillende individuen uit een bepaalde verzameling worden aangeboden, is de kans om één van beide goed te raden natuurlijk groter dan indien twee foto's van hetzelfde individu worden getoond. De raadkansen hangen dus samen met de aard van de fotocombinatie in een conditie.

Om de verschillende experimentele condities met betrekking tot de "werkelijke" naamidentifikaties adekwaat te kunnen vergelijken, dient bij de bepaling van een naamidentifikatiescore dus een bepaalde data-bewerking vooraf te gaan. Deze moet zodanig zijn dat de scores voor geobserveerde identifikaties worden gecorrigeerd voor conditiespecifieke tendenties, die het gevolg zijn van "relatief onzekere" antwoordkeuzen. Hieronder vallen zowel geheel blinde keuzen als blinde keuzen uit een bekende subklasse. Het doel van deze databewerking is natuurlijk er voor te zorgen dat de hypothese niet ten onrechte wordt bevestigd of verworpen.

N.B. KERNPUNT VOOR DE CORRECTIE VAN SET-REDUCTIE ZAL MOETEN ZIJN DAT WIJ DE "HULP" VOOR DE B-IDENTIFIKATIE, DIE WIJ HEBBEN GEBODEN VIA ONZE A-STIMULUS, ALS HET WARE ACHTERAF WEER TERUGNEMEN. ALLEEN INDIEN DE PROEFPERSOON ONZE HULP HEEFT GEBRUIKT ALS "SPRINGPLANK OM EEN HIERARCHISCHE STAP VOORUIT TE KOMEN", ZAL HIJ DUS EEN VOORDEEL OVERHOUDEN!

## 5.2 FORMALISERING EN UITWERKING VAN EEN PROCEDURE VOOR CORRECTIE VAN SET-REDUCTIES EN ANDERE KANSPROCESSEN

Indien in een bepaalde conditie N maal moet worden gekozen, kan de gewenste correctie worden geformaliseerd als:

(1) $$PI_{cfs} = \frac{\Sigma I - \Sigma I_f - \Sigma I_s^*}{N}$$

waar $PI_{cfs}$ = de proportie van correcte naamidentifikaties gecorrigeerd voor blind raden en raden op basis van subklasseidentifikaties.

en $\Sigma I$ = de som van de geobserveerde correcte naamidentifikaties.

en $\Sigma I_f$ = idem, die puur toevallige keuzen zijn.

en $\Sigma I_s$ = idem, die toevallige keuzen zijn als alleen de subklasse op een of andere wijze bekend is geworden.

$\Sigma I_f$ en $\Sigma I_s$ moeten nu worden uitgewerkt .

Beschouwen we nu allereerst de F-responsie als een aanwijzing dat volkomen blind werd geraden. Indien dit gebeurt bestaat er natuurlijk ook een kans op toevallig goede S- of I-responsie (verborgen F-responsie), die afhangt van het aantal alternatieven van de desbetreffende responsiekategorieen. Indien nu telkens wordt gekozen uit n alternatieve namen ($n = n_I + n_S + n_F$) dan vormen de "zichtbare" F-antwoorden (opgeteld $\Sigma F$) het $n_F/n$ deel van het eigenlijke aantal volko-

---

* om de formules overzichtelijk te houden wordt het summatieteken gebruikt zonder vermelding van de range waarover moet worden gesummeerd. $\Sigma I$ zou anders b.v. moeten worden geschreven als $\sum\limits_{i=1}^{N_I} I$

volkomen blinde kanskeuzen. Dit aantal is derhalve $\sum F / (n_F / n)$.

Het aantal I-antwoorden dat verklaard kan worden door "blindgeluk" is dan:

$$(2) \qquad \sum I_f = \frac{\dfrac{n_I \sum F}{n}}{\dfrac{n_F}{n}} \qquad \text{of} \qquad \frac{n_I \sum F}{n_F}$$

Op grond van dezelfde gedachtengang is het aantal door pure kans te verklaren S-antwoorden:

$$(3) \qquad \sum S_f = \frac{n_S \sum F}{n_F}$$

De proportie van I-antwoorden gecorrigeerd voor volkomen blind raden kan met behulp van de vergelijkingsterm uit (2) worden genoteerd als:

$$(4) \qquad PI_{cf} = \frac{\sum I - \dfrac{n_I \sum F}{n_F}}{N}$$

Het aantal I-antwoorden dat een gelukkige toevalstreffer is op basis van een niet-toevallige S-identifikatie kan worden bepaald als:

$$(5) \qquad \sum I_s = \frac{n_I (\sum S - \sum S_f)}{n_S} \qquad \text{of} \qquad \frac{n_I (\sum S - \dfrac{n_S \sum F}{n_F})}{n_S}$$

door substitutie van (3).

Substitueren we nu in formule (1) voor $\sum I_f$ en $\sum I_s$ de gevonden vergelijkingstermen uit (2) en (5) en vereenvoudigen we dan geldt:

$$(6) \qquad PI_{cfs} = \frac{\sum I - \dfrac{n_I}{n_S} \sum S}{N}$$

De voorafgaande redenering blijkt bij nader inzien een "tweetraps" versie van – en dient daarom niet verward te worden met – de vaak toegepaste berekeningswijze van een genormeerd experimenteel effect, dat is gecorrigeerd voor een kans- of controleconditie. De daarbij gebruikte formules vertonen veelal weinig uiterlijke overeenkomst, waardoor de identiteit niet altijd eenvoudig is te zien.

De traditionele formule uit de oude detectietheorie

Pc = (P hits - P false alarms) /(I - P false alarms)

of de minder bekende formule

Rel. T = (E - C)/(Max - C)

uit het transferonderzoek zijn voorbeelden (vgl Kling & Riggs, 1971, p 34 en p 1026). Deze berekening kan meer algemeen worden geformaliseerd als

(Po - Pe)/(1 - Pe).

Po en Pe staan dan voor resp. de geobserveerde correcte responsie en voor de kans daarop als de experimentele variabele geen effect heeft. Pe kan betrekking hebben op een theoretische a-priori af te leiden kans, maar ook op het empirisch vastgestelde resultaat van een controletaak, die met uitzondering van een manipulatie van een cruciale variabele gelijk is aan de experimentele taak.

Vertaald in onze notatie luidt deze formule als volgt:

$$(7) \qquad Pc \quad = \frac{\Sigma I - \frac{n_I}{n} N}{N - \frac{n_I}{n} N} \qquad \text{of} \qquad \frac{\Sigma I - \frac{n_I}{n} N}{N(1 - \frac{n_I}{n})}$$

Deze blijkt echter alleen een andere schrijfwijze van (6) in het geval geen effectief onderscheid zou worden gemaakt tussen S- en F-antwoorden. Alle antwoorden die geen juiste identifikaties zijn worden dan even zwaar geteld en in "een stap" gebruikt voor een correctie. De formule zou zijn:

$$(8) \qquad Pc \quad = \frac{\Sigma I - \frac{n_I}{n_S + n_F}(\Sigma S + \Sigma F)}{N}$$

Het bewijs is eenvoudig te leveren. Aangezien $N = \Sigma I + \Sigma S + \Sigma F$ en $n = n_I + n_S + n_F$ kan de vereenvoudigde versie van (7) ook geschreven worden als:

$$(9) \qquad = \frac{\Sigma I - \frac{n_I}{n}(\Sigma I + \Sigma S + \Sigma F)}{\frac{N(n_S + n_F)}{n}} \qquad \text{of} \qquad \frac{\frac{n_S + n_F}{n}\Sigma I - \frac{n_I}{n}(\Sigma S + \Sigma F)}{\frac{N(n_S + n_F)}{n}}$$

Door nu de vereenvoudigde versie van (9) en (8) in een vergelijking te rangschikken en het verschillende deel van de noemer over te brengen is het bewijs geleverd, immers:

$$\frac{n_S + n_F}{n}\{\Sigma I - \frac{n_I}{n_S + n_F}(\Sigma S + \Sigma F)\} = \frac{n_S + n_F}{n}\Sigma I - \frac{n_I}{n}(\Sigma S + \Sigma F)$$

Onze correctie wijkt dus alleen af van de "klassieke" doordat de correctieterm, in tegenstelling tot de klassieke, een som is van verschillend gewogen kanseffecten. Deze differentiale weging is echter van wezenlijk belang voor een werkelijke toetsing van de hypothese.

$$\text{Toepassing van de voorgestelde formule (6): } PI_{cfs} = \frac{\Sigma I - \frac{n_I}{n_S} \Sigma S}{N}$$

op verschillende experimentele condities bewerkt ook een normering zodat de resultaten zonder verdere transformaties kunnen worden vergeleken. Alvorens de berekening kan worden uitgevoerd moeten allereerst nog twee vragen worden beantwoord:

1.    Voor welke conditievergelijkingen kan of moet de $PI_{cfs}$-score worden bepaald voor A, resp. voor B, en welke voor (A + B)?
2.    Hoe moeten bij verschillende condities getalswaarden worden bepaald voor de gebruikte termen?

Voor een beantwoording onderscheiden we als uitgangspunt uitsluitend de volgende experimentele condities[1],

ID          A en B zijn beide herkenbare afbeeldingen van hetzelfde individu.
SET+       A en B zijn beide herkenbare afbeeldingen van verschillende individuen, die echter wel uit dezelfde subklasse zijn genomen,
SET-       idem, die uit verschillende subklassen zijn genomen,
Blank/     is een zuivere controleconditie, waarin A of B een blank veld, resp.
Random    een niet-gezichtsfoto is en de andere een herkenbare afbeelding.

ad 1.

In de conditie ID is er slechts één correcte naam. Er is dus statistisch geen verschil met de conditie BLANK, waarin slechts één foto wordt gepresenteerd. (Volgens de oorspronkelijke hypothese zou er perceptueel natuurlijk wel verschil moeten zijn!) De konsekwentie is dat $PI_{cfs}$ in de conditie ID alleen kan worden berekend voor beide foto's tegelijk, voor (A + B) dus. Willen we ID zinvol kunnen vergelijken met andere condities, dan dient voor die condities in dit geval dus ook $PI_{cfs}$(A + B) te worden bepaald. In de condities SET+ en SET- kan het afzonderlijk effect van de A- en de B-foto in de responsie worden onderscheiden, waardoor binnen en tussen deze condities een meer gedetailleerde analyse mogelijk is. In dat geval dient $PI_{cfs}$ dus voor beide afbeeldingen gescheiden te worden bepaald.

Deze redenering geldt natuurlijk ook met betrekking tot het ongecorrigeerde percentage correcte identifikaties. Bij het vorige onderzoek werden dan ook alleen vergelijkingen gemaakt op basis van deze principes.

---

[1] Condities met niet identificeerbare gelaatsinformatie, blijven hier buiten beschouwing. Door toepassing van niet identificeerbare afbeeldingen lijkt het overigens denkbaar in een bepaald opzicht neutrale set-condities te scheppen. Door b.v. een schematisch gezicht te gebruiken is het mogelijk een A- of B-afbeelding alles mee te geven behalve de sexe.

153

Nu is Pl$_{cfs}$(A +B) niet eenvoudig de som van de scores, die voor A en B afzonderlijk werden bepaald. Het is namelijk ongebruikelijk bij dit type correcties ook negatieve waarden te vermelden, omdat deze niet inter- preteerbaar zijn. Een aantal Pl$_{cfs}$ -waarden, die rekentechnisch negatief zijn, worden "omdat men niet minder kan zien dan niets", bij gevolg gescored als .00. Combineert men nu A en B, dan wordt een eigenlijk negatieve .00-score van A of B wel degelijk als negatieve waarde verrekend. Pl$_{cfs}$ (A + B)-scores zullen daarom in het algemeen lager zijn dan Pl$_{cfs}$ A + Pl$_{cfs}$ B. Deze constatering is van belang omdat anders de conditie ID om zuiver rekenkundige redenen te lage scores zou opleveren in vergelijking met andere condities.

Indien we afspreken dat in de conditie BLANK, A het blanke veld is, moge het duidelijk zijn dat Pl$_{cfs}$ (A) - ook indien in feite $\sum I_A$ zou kunnen worden bepaald door te veronderstellen dat wel steeds een of andere A-foto werd gepresenteerd - kanstheoretisch altijd gelijk is aan .00. Om dezelfde reden zal Pl$_{cfs}$ (A + B) in de conditie BLANK altijd gelijk zijn aan Pl$_{cfs}$ (B). De voor BLANK berekende score kan daarom zowel worden vergeleken met de B- als met de (A + B)- scores uit de andere condities.

ad 2.

Laat S$_r$ het aantal alternatieven zijn van de responsielijst, dat betrekking heeft op een door een bepaald kriterium omschreven Subklasse. Zijn er in een namenlijst groepen onderscheiden (b.v. mannen-vrouwen) en zijn er M mannen dan is S$_r$ voor deze deelverzameling dus M. Wil men voor een uniforme rekenprocedure en overzichtelijke experimentele condities steeds één bepaalde waarde voor S$_r$ hanteren, dan zullen alle Subklassen even groot moeten zijn. In dat geval zijn er dus ook M vrouwen. Bovendien zullen de subklassekriteria elkaar dan moeten uitsluiten. Er zouden b.v. tussen de M mannen en vrouwen ook M -stel evenveel mannelijke als vrouwelijke - brildragers kunnen zijn. Op deze wijze zouden echter de nieuwe subklassen "brildragende man en -vrouw" ontstaan waarvan S$_r$ = 1/2 M. Omdat aldus nogal complexe condities ontstaan, hanteren wij in de volgende redenering en ook bij onze experimenten alleen enkelvoudige elkaar uitsluitende subklassen met een gelijke S$_r$ .(Zie voor de experimentele moeilijkheden in verband met deze eis ook de argumenten voor de keuze van fotocombinaties in de volgende paragraaf.)

In deze paragraaf wordt voortdurend uitgegaan van een correspondentie tussen naamalternatieven en visuele stimuli, op basis waarvan de naamkeuze na presentatie van de stimulus als min of meer correct kan worden omschreven. We besluiten nu dat met elk naamalternatief van de responsielijst ook foto's van die naam zullen corresponderen. (S$_r$ is dan zowel van toepassing op de naamkeuzelijst als op de fotoserie. Dit betekent overigens niet dat het aantal gebruikte foto's even groot zou zijn als het aantal namen. Er kunnen namelijk meerdere - zelfs qua opname - verschillende foto's van hetzelfde individu worden gebruikt).

Indien nu de naamkeuze identiek is met de fotonaam geldt de keuze als een I-keuze; keuze van één der overblijvende namen uit de Subklasse, waartoe de gepresenteerde foto behoort, geldt als een S-keuze. Sommering van alle I- en van alle S-keuzen levert voor een bepaalde conditie resp. $\sum I$ en $\sum S$. $n_S$ Is derhalve $S_r$ minus het aantal alternatieven, dat indien bij een bepaalde presentatie gekozen, als I-keuze wordt beschouwd. De waarde van $S_r$ wordt evenals de waarde van N en n door het gekozen experimentele design bepaald.

De waarde $n_I$ voor A óf B is altijd 1 met uitzondering van het geval waarin een blank veld wordt gepresenteerd. In de conditie ID heeft het echter - zoals reeds betoogd - geen zin van A óf B te spreken maar alleen van A + B. De waarde $n_I$ voor A + B is eveneens 1 in de condities BLANK en ID, bij SET- en SET+ wordt deze waarde 2.
Schematisch:

| | ID (A + B) | SET-<br>A of B | SET-<br>(A + B) | SET+<br>A of B | SET+<br>(A + B) | BLANK<br>B=(A + B) |
|---|---|---|---|---|---|---|
| $n_1$ | 1 | 1 | 2 | 1 | 2 | 1 |
| $n_S$ | $S_r - 1$ | $S_r - 2$ | $S_r - 2$ | $S_r - 1$ | $2S_r - 2$ | $S_r - 1$ |

## 5.3 TOEPASSING VAN DE CORRECTIEFORMULE OP VOORGAANDE RESULTATEN
(Bij de wens tot exclusive bestudering van hoofdstuk 5 eventueel overslaan)

Als we de ontwikkelde formule willen toepassen op de resultaten van de proeven vermeld in paragraaf 4.2.3., blijken er subtiele moeilijkheden te zijn in verband met de eis van exclusiviteit van subklassekriteria, die werd ontwikkeld in paragraaf 5.2 ad 2. In de definitie van de deelverzamelingen werden namelijk meerdere kriteria toegepast en wel de verwarringsmatrijs naast de faktor bril. Als we voor de desbetreffende proeven stellen dat $S_r = 4$, moet voor een adekwate toepassing worden gewaakt dat deelverzamelingen met een kleinere omvang van $S_r$ niet kunnen interfereren.

Nu is uit de verwarringsmatrijs af te leiden dat er in ieder geval dergelijke deelverzamelingen zijn. Elke twee modellen, die vaak verward worden vormen al een dergelijke verzameling. Het experimentele ontwerp zal daarom zo moeten zijn, dat alle effecten die resulteren uit andere verzamelingen dan die in de correctieberekening worden gebruikt, zijn uitgeschakeld.

De condities ID en SET- uit de voorgaande onderzoeken voldoen aan die eis. Immers heeft de proefpersoon in die condities van de A-of B-stimulus slechts zoveel gezien, dat hij kan besluiten dat óf deze óf die naam correct is, dan zal hij in deze condities evenveel goede (A of B) antwoorden geven. Geheel anders ligt dit in de conditie SET+. Gezien de paring van foto's, die vaker met elkaar verward worden dan met andere foto's uit dezelfde deelverzameling, is er bij een dergelijke combinatie een grotere kans op "toevallig" goede keuzen van A of B dan in de andere condities.

Er dient dus een zodanige contrabalancering te worden ingevoegd in de conditie SET+, dat indien de proefpersoon is gevorderd tot een keuzedilemma, waarvan de omvang kleiner is dan de gehanteerde $S_r$, in alle condities een even grote kans op goede keuzen is gerealiseerd. Dit nu kan gebeuren door in de conditie SET+ slechts één identiteitsrelatie te hanteren bij de definitie van $S_r$. Is b.v. de faktor bril het kriterium, dan mogen dus geen foto's van verschillende individuen worden gebruikt, die op grond van andere verwantschappen kunnen worden verward. Natuurlijk zijn dergelijke verwarringsvoordelen op basis van niet expliciet gemanipuleerde verwantschappen nooit met absolute zekerheid geheel uit te sluiten, al was het alleen maar omdat elke waarnemer een idiosyncrasie van indelingskriteria kan hanteren. Het enige dat we kunnen nastreven is deze voordelen zo gelijkelijk mogelijk over verschillende condities te verdelen.

Om illustratieve redenen passen we de correctie toch toe op de voorgaande resultaten, waarbij we Sr dan stellen op een grootte van 4, terwijl er sprake is van twee deelverzamelingen: brildragers en niet-brildragers. S- en F-keuzen zijn hierdoor dus tevens gedefinieerd. Het effect van de correctieberekening is afgebeeld in de figuren 12-II, 13-II en 14-II in paragraaf 4.2.3. Dit effect beantwoordt - met inachtneming van de genoemde bezwaren - in grote mate aan onze verwachting:

In alle drie de figuren is uiteraard sprake van een algemene daling van de resultaten, die echter relatief sterk is voor SET+ en relatief klein voor ID, zodat in meerdere mate het "natuurlijke" continuüm SET-<SET+<ID zichtbaar wordt dan zonder correctie.

In de figuren 12 en 14 worden overigens de effecten van een weinig differentiërende $t_A$ nog beter zichtbaar omdat hier de scores van de A-identifikatie praktisch geheel worden "weggecorrigeerd". Desondanks lijkt het verschil bij de B-identifikatie tussen Pos+ en Pos- in de conditie SET+ iets groter te worden. Bijzonder duidelijk is het effect van de correctie in de (A + B)-scores van de Pos+ curve in figuur 13. Tegelijkertijd echter lijkt de correctie te sterk te zijn in de conditie SET+ Pos-. Inspektie van individuele prestaties maakt het aannemelijk dat hier sprake is van enkele moeilijk identificeerbare foto's, waarbij echter wel duidelijk de bril is te zien. Het subjekt gaat derhalve veel S-antwoorden geven. Een toch al lage score wordt daardoor in relatief sterke mate naar beneden gedrukt.


## 5.4. EXPLORATIES EN TOETSINGEN MET INTENSIEF GETRAINDE SUBJEKTEN

METHODE

FOTOPORTRETTEN:
Op basis van de voorafgaande ervaringen en overwegingen werd een serie portretten samengesteld van 8 collega-stafleden (mnl ± 30 jaar oud), die aan

de proefpersonen zeer goed bekend waren. Voor deze serie fotografeerden we alle modellen tegen een witte achtergrond in slechts twee rechte en-profil standen "links" en "rechts". Het model werd gefotografeerd in een zwart lijstkader, dat evenals de camera in een gefixeerde positie was geplaatst. In dit lijstkader werd het model aan de hand van een 2-dimensioneel draadkader (dat tijdens de opname werd verwijderd) zodanig gemanipuleerd dat diens neuspunt en oogpupil een voor alle modellen gelijke waarde hadden op de desbetreffende coördinaten van het kader. Het ware konsekwent geweest b.v. midden (in verband met variërende schedel-breedtes) op het voorhoofd een referentiepunt aan te brengen voor een controle van rotaties in de diepte-dimensie. Dit gaf echter aanleiding tot zeer krampachtige opnameposities en is dus niet goed te realiseren. Een perfekte ruimtelijke overlap van verschillende gezichten is overigens per definitie niet te bereiken. Het is b.v. duidelijk dat bij kleine variaties in de neuslengte met onze methode geen volkomen - en mogelijk zelfs geen optimale - overlap van de totale profiellijn wordt verkregen. We besloten daarom de diepterotaties schattenderwijze te controleren en kleine verschillen te tolereren. Tenzij men het model fotografeert met ontbloot bovenlichaam, zijn op portretten doorgaans ook kledingdelen zichtbaar. Om het ontstaan van niet-faciale identifikatiekenmerken te vermijden, droegen alle modellen bij de opname daarom hetzelfde shirt.

Om redenen van efficiëntie (snelle en betrouwbare afwerking in automatische ontwikkelcentrale) maakten we de opnamen rechtstreeks op kleurpositieffilm. Elke opname werd meerdere malen herhaald om eventuele missers te kunnen vervangen.

Na ontwikkeling werden de opnamen zorgvuldig gecontroleerd op aanwezigheid van toevallige identifikatiekenmerken zoals een geloken ooglid, een toevallig uitspringende haarlok, een van neutraliteit afwijkende expressie etc. Alleen opnamen zonder dergelijke kenmerken werden gebruikt bij de samenstelling van de eindserie. Zonodig werd een toevallige haarkrul weggeretoucheerd. De eindserie bestaande uit 16 opnamen, twee van elk model, werd vervolgens een groot aantal malen door de ontwikkelcentrale gecopieerd. Alleen deze copieën, die dus alle een gelijke dekking vertoonden, werden in het verdere onderzoek gebruikt.

BALANCERING VAN FOTO'S EN CONDITIES:
Om tot een adekwate vergelijking van conditieresultaten te kunnen komen, besloten we zowel voor de A- als voor de B-stimuli in elke conditie dezelfde opnamen te gebruiken. De A-serie en de B-serie binnen elke conditie telden derhalve 16 foto's. Binnen elke serie werd een contrabalancering van foto-combinaties gehanteerd (Als de foto van model X als A- stimulus fungeerde voor een foto van model Y, die als B-stimulus werd beschouwd, was er altijd ook de combinatie waarin deze foto van Y fungeerde als A-stimulus voor de foto van X, die nu B-stimulus was). Op dezelfde wijze waren binnen alle condities de beide opnamenrichtingen (links en rechts) gecontrabalanceerd, zodat geen richtingsvoorkeuren konden optreden. De condities werden tot slot via

het abba-schema gecontrabalanceerd in de aanbiedingsvolgorde. Tevens was hierbij zodanig "geschud" dat geen repeterende naamsekwenties ontstonden. De kans op seriële leereffecten - ook na een groot aantal ronden - wordt hierdoor geminimaliseerd, zeker als de serie tevens op een willekeurige plaats wordt gestart.

Als experimentele condities hanteerden we in de proeven, die hierna worden beschreven, uitsluitend SET-, SET+ en ID voor de identiteitsrelaties en binnen elke van deze Pos+ en Pos- voor de conditierelaties en later, ter vergelijking ook nog de conditie "Blank". We onderscheidden twee subklassen: brildragers en niet-brildragers, waarvan $S_r$ = 4. Ook binnen de conditie SET+ kiezen we derhalve combinaties van fotomodellen, die volgens een verwarringsmatrijs slechts in relatief geringe mate werden verward. Een bepaalde foto werd dus in elke complete aanbiedingsronde (omvattende 6 condities van elk 16 fotoparen) zesmaal gebruikt; éénmaal als A- en éénmaal als B-stimulus in elke conditie. Derhalve geldt voor elke conditie N = 16 voor één aanbiedingsronde. Bij meerdere ronden kan deze waarde worden vermenigvuldigd met het aantal van die ronden. Het enige verschil tussen condities is nu derhalve nog slechts de typische combinatie van A en B, die tevens de definitie vormt van de desbetreffende conditie.

APPARATUUR EN INSTRUKTIE:

Het opnameveld binnen het lijstkader was evenals bij het vorige onderzoek 15 x 15 mm groot. In de tachistoscoop was de visuele hoek van dit veld 3°, terwijl het portret midden in dit veld ongeveer 1,5° meet. (De luminanties en aanbiedingstijden zullen bij de desbetreffende onderzoeken worden vermeld). Ook bij het volgende onderzoek wordt gebruik gemaakt van een 6 Kanaals Stereotachistoscoop (Scientific Prototype, type GB voor dia's) en (tenzij anders vermeld) een vaste dichoptische aanbiedingsvolgorde: linker oog A, rechter oog B. De apparatuur was zo geschakeld dat de proefpersoon via een drukknop zelf de stimuluspresentatie tot stand kon brengen. Hierna wisselde het apparaat automatisch de dia's, zodat onmiddellijk een volgende presentatie mogelijk was. Het subjekt kreeg de opdracht na elke presentatie de naam te noemen van het model dat hij het meest duidelijk had gezien. Had hij te weinig of niets gezien dan diende hij naar eigen inzicht een keuze te doen uit één van de 8 namen uit de hem bekende serie. De antwoordkeuzen werden door de proefleider schriftelijk genoteerd op speciale verzamelformulieren, waardoor onmiddellijk na een aanbiedingsronde het resultaat kon worden bezien. Bovendien werd de responsie vastgelegd op de band.

PROEFPERSONEN:

Ongetrainde proefpersonen, zeker als deze de fotomodellen minder goed kennen, vertonen sterk wisselende resultaten. Daarbij komt dat zij soms gedurende langere tijd bepaalde foto's konsekwent van dezelfde onjuiste naam voorzien. Getrainde proefpersonen hebben soms fotokenmerken ontdekt, die niet relevant zijn voor een identifikatie van het afgebeelde model, maar op basis waarvan in de gegeven experimentele situatie wel de juiste naam kan worden gekozen. Een opvallend lichtcontrast in de achtergrond kon een dergelijk effect hebben in ons vroegere onderzoek; een kledingrest, haarkrul of zelfs specifieke hoofdstand in het latere.

Weliswaar was er geen reden om aan te nemen dat dergelijke effecten conditiespecifiek waren; ze hebben natuurlijk wel tot gevolg dat het effect van de onafhankelijke variabele wordt uitgeschakeld, waardoor verschillen tussen condities worden verkleind. Bij de nu vervaardigde fotoserie zijn irrelevante kenmerken naar alle waarschijnlijkheid grotendeels afwezig. Alles pleit derhalve voor getrainde proefpersonen. Als deze bovendien de modellen goed kennen, kunnen snel en gemakkelijk namen worden genoemd, waardoor een hoog presentatietempo mogelijk is.

RESULTATEN
a. EXPLORATIES MET DICHOPTISCHE STIMULATIE: DE ROL VAN DE TWEE VERSCHILLENDE OGEN
De resultaten die hierna worden besproken zijn afkomstig van drie getrainde proefpersonen. Deze proefpersonen ontvingen over een periode van verschillende maanden elk ongeveer 100 ronden (dat is ± 10.000 dubbelstimulaties) onder de meest uiteenlopende presentatiecondities. De aanbiedingsduur van A en B varieerde van onderdelen van milliseconden bij sterke donkeradaptatie tot 500 ms bij een hoge lichtadaptatie. De diabelichting varieerde van minimaal tot maximaal op de tachistoscoopschaal en voorts werden SOA-tijden van 0 tot 500 ms beproefd. De bedoeling was een bepaalde presentatieconditie te vinden, waarbij het veronderstelde proces zeer duidelijk in de resultaten tot uitdrukking zou komen.

Een bepaalde optimale presentatiewijze kon echter niet worden gevonden; er bleken vele presentatievarianten te zijn, die al naar gelang de ervaring van de proefpersoon ongeveer hetzelfde beeld opleverden.

Een feit, dat bij alle drie de proefpersonen kon worden geconstateerd was dat gedurende zeer lange tijd leereffecten zichtbaar zijn. Na duizenden aanbiedingen zagen de subjekten kennelijk nog steeds kans nieuwe kriteria te ontdekken voor een betere identifikatie. Overigens was er niets te vinden dat er op wees dat dit leereffect gepaard ging met een toenemend of afnemend verschil van de prestaties in de verschillende condities.

Afgezien van leereffecten, bleken overigens niet alleen tussen proefpersonenen maar ook binnen proefpersonen zeer grote verschillen op te treden. Soms rapporteerden proefpersonen bij dezelfde stimulatiecondities overwegend A-identifikaties om dan weer voor kortere of langere tijd een voorkeur voor B te ontwikkelen. Tussen proefpersonen was er sprake van een specifiek verschil in voorkeur voor A of B dat het beste kan worden aangeduid als een meer permanente "oogdominantie". Dergelijke effecten behoeven echter niet desastreus te zijn voor het onderzoek van de gestelde hypothese omdat relatieve verschillen tussen A- en Bkeuzen, die samenhangen met de condities, gehandhaafd kunnen blijven ondanks een verschuiving van de voorkeur voor A of B op zich.

Wij kregen echter de indruk dat er af en toe bepaalde voorkeurseffecten optraden, waarvoor dit argument niet geldt. Het leek dan alsof de proefpersoon een keuze maakte voor A of B, die weliswaar samen scheen te hangen met identiteits- en/of conditierelaties en bovendien met de presentatievolgorde, echter in geheel andere zin als door ons geschetst. Gezien de keuzen, kwamen wij tot de veronderstelling dat in deze gevallen een voorkeur optrad voor het secondair gestimuleerde oog, naarmate er sprake was van spatiele-of contourverschillen in het desbetreffende stimulatiepatroon ten opzichte van het stimulatiepatroon van het eerste oog. Als verklaring valt te denken aan een "ogenschijnlijke" beweging van iets dat nog slechts globaal geïdentificeerd was en waarvan vervolgens alleen de laatste fase bewust wordt uitgewerkt, of eenvoudig aan een "verschuiving van de aandacht", die samenhangt met de vaststelling van een stimulatieverandering. In dit kader lijkt ook Levelt's (1965 a, b en 1966) meer perifeer sensorische verklaring van alternaties bij binoculaire rivaliteit toepasselijk: Door introduktie van een spatio-temporele contour in het tweede oog zou het "contour-mechanisme" de "wegingscoëfficiënt" van dit oog kunnen verhogen, waardoor volgens " de wet van complementaire aandelen" die in het eerste oog wordt verlaagd.

Bij onze presentatiewijze zou een en ander betekenen dat het subjekt in de condities van Pos- en ook in de conditie SET-Pos+, waarbij de tweede foto van een brildrager is, een grotere voorkeur heeft voor de B-stimulus in het rechter oog, omdat er in deze gevallen meer sprake is van extra contouren in dat oog.

Bij SET+ Pos+ zou de voorkeur andersom moeten liggen omdat er minder verandert.

Dit nu was inderdaad wat van tijd tot tijd leek te gebeuren en het gaat hierbij dus kennelijk om een proces, dat aan onze verwachtingen volkomen tegengestelde resultaten oplevert. Immers wij verwachten in de conditie SET+ Pos+ een relatief grote voorkeur voor B en bij Pos- juist een grotere voorkeur voor A. Indien een proces, als hiervoor gesignaleerd, een grote rol speelt zullen de verwachte verschillen in de resultaten bij dichoptische presentatie van A en B derhalve worden genivelleerd of mogelijk zelfs omgekeerd.

Wij deden enkele (onderzoektechnisch nauwelijks uitgewerkte) pogingen om dit interfererend proces te isoleren. Hiervoor diende de presentatiewijze natuurlijk anders te zijn dan de gevolgde. Een dergelijke presentatiewijze was permanente aanbieding van een bepaalde stimulus, gepaard met een zeer korte aanbieding van een andere. Deze situatie is vergelijkbaar met die van het eerste onderzoek dat in de eerste helft van hoofdstuk IV werd beschreven. We hebben dus ook hier een stabiele waarneming, die bij het vroegere onderzoek een demonstratie van hiërarchie doorkruiste. Nu presenteerden we aan één oog permanent een bepaald portret en aan het andere oog gedurende korte tijd (tot 200 ms) een ander, dat in verschillende opzichten kon verschillen van het permanent gepresenteerde portret. Tijdens deze korte presentatie werd overigens - in tegenstelling tot het vroegere onderzoek - de langdurende stimulatie niet onderbroken. Het bleek nu dat alle waarnemers (ook andere dan de drie getrainde proefpersonen) "overschakelden" naar het kort gepresenteerde portret in het andere oog. De proef was te grof opgezet om daarbij verschil te kunnen opmerken tussen variaties in de mate van overeenkomst tussen beide portretten.

Nadat de korte stimulatie was beëindigd deed zich tot onze verrassing een spectaculair maskeringsfenomeen voor. De proefpersoon zag namelijk enige tijd - ondanks de nog steeds voortdurende stimulatie van het eerste oog- in het geheel niets meer. Soms duurde deze periode tot 5 seconden en het leek alsof de proefpersoon even met de ogen moest knipperen om weer "beeld" te krijgen. Het effect doet in dit opzicht - maar ook fenomenaal - denken aan het effect van een gestabiliseerd netvliesbeeld. Overigens bleek dat dit verschijnsel ook kon worden opgeroepen met een kortdurende presentatie van lijnstimuli aan het andere oog en zelfs met een kortdurende verandering van het verlichtingsniveau van het blanke veld in dat oog. Alleen indien het kort gepresenteerde portret gelijk was aan het permanent gepresenteerde, trad nauwelijks of geen "verdwijning" op. Gegeven een stimuluspresentatie aan één oog kan dus gesteld worden dat deze in de waarneming verloren gaat bij veranderingen in de stimulatie (behalve als het patroon daardoor identiek wordt met dat in het eerste oog) van het andere oog, zelfs als er sprake was van een stabiele waarneming ten gevolge van de eerste presentatie.

Het is zeer wel denkbaar dat dit principe ook geldt in geval ook de eerste presentatie kort was en waarschijnlijk nog niet kon leiden tot een stabiele waarneming. De algemene (niet de specifieke!) voorkeur voor de tweede (B) stimulus bij onze presentaties zou natuurlijk ook grotendeels op dit principe kunnen worden teruggevoerd. Overigens dringt zich nu de vraag op of dit verschijnsel samenhangt met het feit dat successievelijk verschillende retina's verschillend werden gestimuleerd of met het verschil tussen twee successievelijke stimulaties op zich. Immers ook bij successievelijke binoculaire presentatie vonden wij een duidelijke voorkeur voor de tweede stimulus (B).

Met gebruikmaking van kortdurende binoculaire presentaties van "andere" stimuli bleek het ons echter op geen enkele wijze mogelijk een tegelijkertijd binoculair gepresenteerd portret te laten "verdwijnen". Er is dus wel een duidelijk verschil tussen dichoptische en binoculaire presentaties.

Met de verandering van stimulatie als verklaringsprincipe is in het dichoptische geval zowel het aanvankelijk verdwijnen als het weer terugkomen van een stimulatie-effect te verklaren. Immers nadat de waarnemer op grond van een verandering is overgeschakeld naar het kort gepresenteerde beeld, verandert er niets in het eerste stimulatiepatroon. Dit laatste gebeurt natuurlijk wel zodra met de ogen wordt geknipperd. Levelt's (1966) verklaring voor alternaties (waarbij overigens twee stimuli permanent aanwezig zijn) op basis van de "stimulus- of contoursterkte in het contralaterale oog", lijkt voor het aanvankelijk verdwijnen van het permanente beeld wel, maar voor het terugkomen van dat beeld minder bruikbaar. Immers als de beelden gelijk zijn treedt geen verdwijning op, terwijl er toch een spatio-temporele contour in het contralaterale oog werd aangebracht. Het moge echter duidelijk zijn dat aanvullend meer specifiek onderzoek nodig is om deze conclusie hard te maken. Voorlopig is er dus alleen sprake van een hypothese. Kortom dichoptische presentatie compliceert het onderzoek doordat daarmee tevens de hele problematiek van de binoculaire rivaliteit binnen komt. Het feit dat wij dichoptische presentaties verkozen boven binoculaire, omdat retinale interakties zouden worden voorkomen (en om dat de dichoptische apparatuur efficiënter was), zou dus uiteindelijk weer andere problemen kunnen oproepen.

Aangezien de resultaten echter in het algemeen niet omgekeerd blijken te zijn aan de verwachting, menen we dat andere (b.v. hierarchisch successieve) processen meer gewicht in de schaal leggen dan spatieel retinale vergelijkings-processen. In zekere zin komt de hypothese dus sterker te staan als we de veronderstelde effecten zelfs bij dichoptische stimulatie kunnen aantonen.

## b. RESULTATEN VAN SUCCESSIEVE PRESENTATIE (SOA ± 50 MS) EN VARIATIES VAN $t_A : t_B$

Zoals gemeld gebruikten we vele stimulatiecondities. In vele van deze condities werden echter niet voldoende data vergaard om tot een verantwoorde conclusie te kunnen komen. Met name door leereffecten, waarvoor geen contrabalancering had plaatsgevonden, konden vele relaties tussen aanbiedingstijden en identifikatiescores, niet meer worden onderscheiden. Een uitzondering geldt voor de gegevens, die zijn afgebeeld in de drie volgende figuren 15, 16 en 17. In figuur 15 gaat het om een verhouding $t_A : t_B$ van 5 ms : resp. 1, 2, 3, 4 of 5 ms. Tussen A en B was er een ISI van 50 ms, gedurende welke tijd het blanke veld, dat ook diende als pré- en post-adaptatieveld, terugkeerde. De belichting van A-, B- en Adaptatie-kanalen was maximaal waardoor een "clear field luminance" van ongeveer 175 c/m² voor al deze kanalen resulteerde.

Elk subjekt ontving twee aanbiedingsronden per tijdcombinatie. Er zijn derhalve 2 x 3 x 16 = 96 observaties vertegenwoordigd in elk meetpunt van de bovenste en middelste twee grafieken van figuur 15 en 480 in de onderste grafiek. In figuur 16 zijn een groot aantal observaties op vergelijkbare wijze als in figuur 15 samengevat. Het gaat hier om aanbiedingen van A en B met resp. een gemiddelde duur van 50 ms (range 40 ms) zonder dat er sprake was van een ISI.

(SOA is derhalve gelijk aan de duur van A). De observaties zijn zo gegroepeerd dat een continuüm ontstond in de verhouding $T_B : t_A$ zonder dat daarbij tevens de som $t_A + t_B$ mee varieerde. Dit geschiedde door in de proportie .80 b.v. resultaten van tijdsverhoudingen als 40/50 en 50/60 te combineren en in de proportie 1.20 verhoudingen als 50/40 en 60/50. In de proportie 1.00 werden derhalve alleen resultaten bij gelijke aanbiedingstijden van A en B genomen. In elke ra-

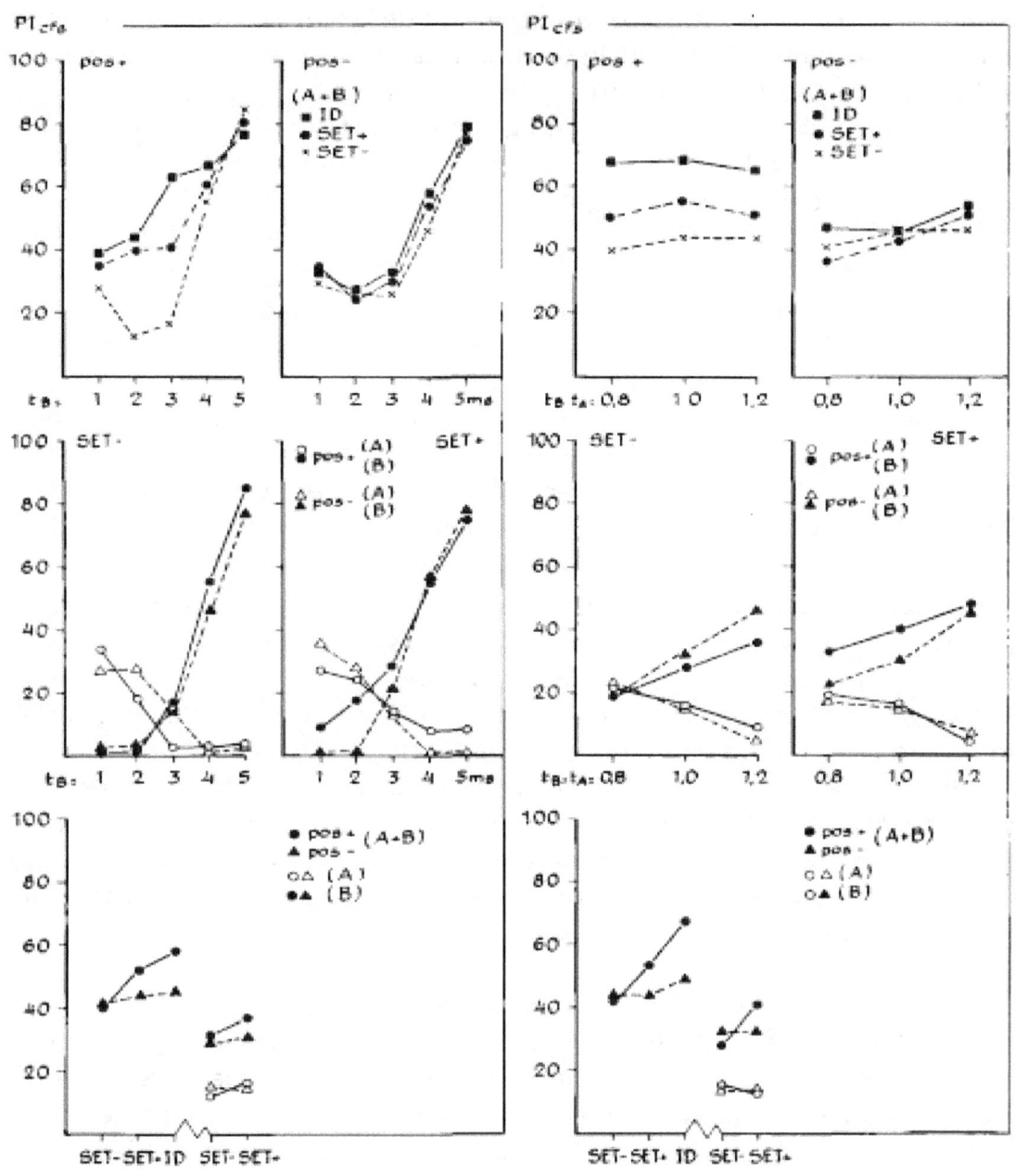

FIGUUR 15

boven: $PI_{cfs}(A+B)$ bij verschillende identiteits-
en conditierelaties in funktie van de ra-
tio $t_A/t_B$, waarbij $t_A + t_B$ eveneens toeneemt.

midden: idem voor A en B afzonderlijk.

onder : $PI_{cfs}$ van A, B en A+B voor Pos+ en Pos-
in funktie van een toenemende identiteitsrelatie.

FIGUUR 16
idem, waarbij $t_A + t_B$
constant blijft.

idem

idem

163

tio zijn van elke proefpersoon 12 aanbiedingsronden verwerkt, dat is derhalve 12 x 3 x 16 = 576 observaties per meetpunt in de bovenste en middelste twee grafieken van figuur 16 en 1728 in de onderste grafiek. De belichting van het blanke veld (ISI en pré- en postadaptatieveld) was gelijk aan die van de situatie weergegeven in figuur 15. De belichting van de portretdia's was nu echter minimaal, waardoor de "clear field luminance" van de A- en B-stimuli tien maal kleiner was dan die van het adaptatieveld.

INTERPRETATIE:

De resultaten van de successieve presentaties, afgebeeld in de figuren 15 en 16, voldoen in sterke mate aan de verwachting. Vooral in de verzamel-grafieken (onder) is dit goed zichtbaar. Natuurlijk is het mogelijk een soortgelijke afbeelding te maken van elke combinatie van aanbiedingstijden. In dat geval zijn goed de fluctuaties te zien, die kennelijk samenhangen met het verwerkingsniveau van A. Dit verwerkingsniveau wordt overigens duidelijk niet alleen bepaald door de aanbiedingstijd van A, maar ook door de verhouding $t_A : t_B$.

In figuur 16 (midden) lijkt het er op dat bij een relatieve afname van A, de identifikatie van B bij SET- en SET+ een tegengesteld effect ondergaat. Als dit verschijnsel niet op toeval zou berusten, hebben we met name moeite een verklaring te vinden voor een toenemende differentiatie bij de identifikatie van B in de conditie SET- (midden links) terwijl A relatief zwakker wordt. Alle A-cur-ven vertonen onderling weinig verschil. In dit opzicht vertonen de figuren 15 en 16 overeenkomst met de figuren 12, 13 en 14 en nog steeds verschillen met de effecten die eerder werden gevonden (figuur 10 en 11). De verzamelgrafieken van de drie proefpersonen vertoonden een hoge mate van overeenstemming in vorm van de curven, zij het dat de lijnen wel op zeer verschillende niveau's verliepen.

Ook in het niveauverschil van de A- en B-curven waren tussen de proefpersonen grote verschillen. Deze hangen naar alle waarschijnlijkheid samen met relatieve oogdominanties. Gezien het aantal proefpersonen en de grote mate van overeenstemming gevoelden wij geen behoefte aan een verdere analyse resp. aan een toetsing binnen proefpersonen, omdat dan wel zeer veel replicaties vereist zouden zijn. (Een toetsing van het verschil in identifikatiefrekwentie van dezelfde foto in verschillende condities is door de vorm van de correctieberekening niet mogelijk). Wij verkozen de weg van een experimentele replicatie, die in de volgende paragraaf wordt besproken.

C. RESULTATEN VAN LICHTZWAKKE EN -STERKE SIMULTAANPRESENTATIES (SOA = 0 MS):

In figuur 17 zijn resultaten samengevat van de identifikatiescores bij SOA = 0 ms. In de linker grafiek geldt: $t_A = t_B = 50$ ms. De "clear field luminances" van portretkanalen en adaptatiekanalen verhouden zich als 20 c/m² : 175 c/m² . De portretten waren dus met een relatief geringe lichtsterkte aangeboden op een relatief helder verlicht adaptatieveld. Voor de rechter grafiek geldt opnieuw $t_A = t_B$, nu 30 ms. De luminantie was nu echter voor alle kanalen maximaal ( i.c.

175 c/m² ). In beide gevallen werden voor elk meetpunt de resultaten verwerkt van 10 aanbiedingsronden per proefpersoon; dat is dus 480 observaties.

INTERPRETATIE:

De resultaten bij simultaanpresentaties vertonen een veel geringere overeenstemming tussen de proefpersonen, althans bij een geringe portret-luminantie (figuur 17 linker grafiek). Gezien de sterke verschillen tussen de scores van het linker oog (A) en het rechter oog (B) bij de verschillende proefpersonen was de oogdominantie hier een allesoverheersende faktor. Zoals in het gemiddelde te zien is verwisselen de A- en B-scores van niveau (zie rechterhelft grafieken) in vergelijking met de relatieve niveau's bij successieve presentatie (zie rechterhelft verzamel grafieken van figuur 15 en 16 onder). Aangezien we dit feit bij simultaanpresentaties voortdurend constateerden, ook bij eerder en bij later onderzoek, zou dit kunnen wijzen op het gemiddeld dominanter zijn van het linker oog in deze experimentele situatie. Bij lichtzwakke portret- presentaties zien we in de conditie Pos+ SET+ een merkwaardige dip. Misschien dat hier ten gevolge van sensorische summatie sprake is van een verlaagde discriminabiliteit van verschillende portretten. Ten gevolge van een dergelijk proces zouden b.v. meer kenmerken kunnen worden "weggemiddeld". De proefpersoon ziet dan mogelijk nog wel een globaal type i.c. "een brildrager", geeft derhalve veel S-antwoorden en loopt daardoor een grote correctie van de identifikatiescore op. Wordt de luminantie echter verhoogd (figuur 17 rechter grafiek) dan ontstaat ook bij simultaan presentaties, althans in de (A + B)-scores een totaalbeeld dat in hoge mate overeenstemt met de resultaten van successieve presentaties. ALLEEN BLIJKEN NU A EN B (hier zouden we eigenlijk moeten spreken van links en rechts) IN GELIJKE MATE BIJ TE DRAGEN AAN DE TOTAALCURVE, TERWIJL DE VORM VAN DEZE CURVE BIJ SUCCESSIEVE PRESENTATIES VOORNAMELIJK DOOR DE B-IDENTIFIKATIES WORDT BEPAALD. HET RESULTAAT VAN SIMULTAAN-PRESENTATIE PLEIT DUS MOGELIJK VOOR DE SUMMATIE-HYPOTHESE.

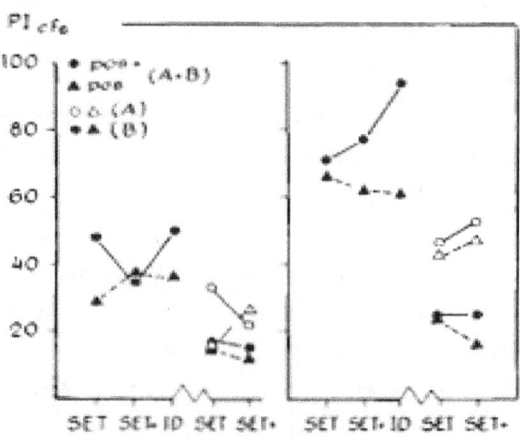

FIGUUR 17
PI$_{cf}$s van A, B en A+B voor Pos+ en Pos- in funktie van een toenemende identiteitsrelatie en bij simultaanpresentaties van A en B (SOA = 0). Linker grafiek: lage lichtsterkte van de portretfoto's. Rechter grafiek: hoge lichtsterkte van de portretfoto's.

Enig aanvullend onderzoek met langer durende simultaanpresentaties compliceerde onze summatiehypothese (die er na de exploratie met dichoptische interakties, gerapporteerd in paragraaf 5,4 a., toch al niet eenvoudiger op is geworden) nog meer. Vanaf een aanbiedingsduur van 100 ms krijgen de proefpersonen in het geval Pos- een onweerstaanbare behoefte om twee namen te noemen. Vanaf simultaanpresentaties met een duur van 500 ms zijn deze identifikaties praktisch 100% correct voor zowel de A- als de B-foto. In het geval Pos+ noemt de proefpersoon nog overwegend één naam en maakt daarbij relatief veel fouten behalve natuurlijk in het geval ID, waar het immers om twee identieke foto's gaat. Men zou hieruit kunnen afleiden dat bij simultaanpresentatie (behalve in het geval Pos+ ID) ten gevolge van sensorische summatie een soort wederzijdse vermomming moet plaats vinden van de A- en de B-foto. De in geval van verschil van positie inderdaad vaak gepercipieerde Januskop, waarvan beide zijden echter de unieke kenmerken van de samenstellende individuen behouden, geeft dus nu kennelijk aanleiding tot een geringere verwarring dan bij Pos+ zowel optreedt voor SET- als SET+. Dit betekent dat de (A+B)-curven er bij langere simultaanpresentaties ongeveer als volgt gaan uitzien:

Misschien dat de reeds genoemde mogelijkheid van een splitsing van het binoculaire waarnemingssysteem in twee relatief onafhankelijke monoculaire systemen een oplossing kan bieden voor het verschil tussen kortere en langere presentatieduren. Mogelijk is het verschil te verklaren als het produkt van een verschillend aantal alternaties in een situatie van binoculaire rivaliteit. Hierdoor zou b.v. bij kortdurende simultaan-presentaties toch een successief proces kunnen ontstaan dat verloopt volgens de hierarchiehypothese. Alleen is de rol van A en B nu symmetrisch. De waarneming zou kunnen beginnen met een willekeurig oog om dan in funktie van bepaalde gezochte evidenties "over te springen" naar het andere oog. Indien dit juist is zal er bij binoculaire kortdurende simultaanpresentaties mogelijk een ander resultaat worden gevonden, dan bij de dichoptische presentaties, die wij hier gebruikten. Hier liggen dus mogelijk nieuwe hypothesen voor het onderzoek van de binoculaire rivaliteit bij tachistoscopische presentaties. Voor ons onderzoek betekent een en ander echter dat de situatie onnodig wordt gecompliceerd. Het is immers ook denkbaar dat de beschreven effecten (eventueel nog tezamen, of in interaktie met oogdominanties) een rol spelen bij successieve presentaties. Voor ons onderzoek betekent dit dat wij eigenlijk terug zouden moeten naar de vroeger gebruikte binoculaire presentatie! Het leek ons op dit moment van onze onderzoekscyclus echter allereerst gewenst een replikatie uit te voeren bij nieuwe proefpersonen om vast te stellen in hoeverre er sprake was van betrouwbare uitkomsten vooral bij successieve presentaties. Bovendien lag het, zoals reeds vermeld, in onze bedoeling nog een continue variatie van het SOA in te bouwen. In de volgende paragraaf zal dit onderzoek worden besproken, terwijl aan het slot van deze studie (als aanhangsel) nog melding zal worden gemaakt van een poging tot controle van oogdominanties.

## 5.5 EEN REPLIKATIE MET MINDER GETRAINDE SUBJEKTEN

METHODE:
Voor de replicatie kozen we voor een aanbiedingsduur van 30 ms van A en B bij een maximale luminantie van A en B alsook van het blanke veld, dat (vóór en na de A-B aanbieding en bij bepaalde successieve presentaties tijdens het ISI) werd aangeboden. Op deze wijze ontstond niet de wat hinderlijke flikkering als bij langere aanbiedingsduren van een lage luminantie tegen een achtergrond van relatief hoge luminantie. Bovendien kunnen we met deze presentatiewijze - gezien het voorafgaande - ook een maximale differentiatie verwachten bij simultaanpresentatie. Als extra conditie voerden we een tweede SOA in doordat behalve een onmiddellijke successie van A en B ook een ISI van 30 ms werd gehanteerd. SOA is derhalve 0, 30 of 60 ms. Als proefpersonen fungeerden ditmaal 15 stafleden en ouderejaarsstudenten, die de stafleden uit de dagelijkse omgang zeer goed kenden. Als training ontvingen deze proefpersonen één complete aanbiedingsronde, die niet in de resultaten werd verwerkt. Vervolgens ontvingen zij één aanbiedingsronde van 288 presentaties, waarin was gecontrabalanceerd voor alle aanbiedingscondities.

RESULTATEN EN DISCUSSIE:
De resultaten zijn afgebeeld in figuur 18. In elk van de meetpunten van de bovenste drie grafieken zijn 15 x 16 (proefpersonen x foto's per identiteitsconditie) = 240 observaties verwerkt. In de onderste grafieken gelden nu dezelfde aantallen, omdat er van elke aanbiedingsconditie één verzamel grafiek is gemaakt.
De over proefpersonen gemiddelde resultaten vertonen een grote overeenkomst met die van de vorige paragraaf. Twee identieke foto's gaven in alle aanbiedingscondities betere (toets voor gekoppelde paren α = .05) resultaten dan twee foto's van hetzelfde individu in een verschillende opnamepositie. Ondanks de fenomenale continuïteit in de figuren van SET+ Pos+ met ID Pos+ vonden wij binnen SET+ voor de (A + B)-scores echter niet dat Pos+ significant hoger was dan Pos-. Voor de B-scores bij SET+ daarentegen vonden we - althans bij successieve presentatie - wel significant hogere scores voor Pos+. Ook bleek de B-score bij SET+ significant beter dan de B-score van SET- bij een vergelijking binnen Pos+, doch ook weer alleen bij successieve presentatie. Duidelijk is te zien dat dit verschil groter wordt naarmate het SOA toeneemt. Binnen de Pos+-curve (A + B) konden we bij SOA 0 en 30 alleen significante verschillen vinden tussen ID en SET-. Weliswaar vol-

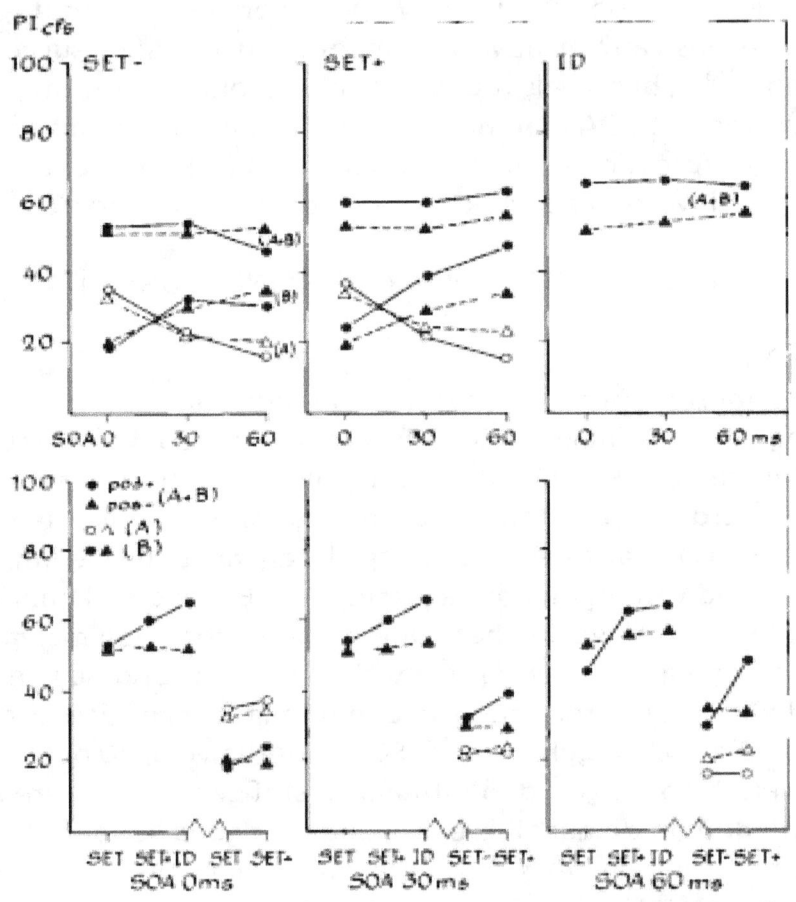

FIGUUR 18
boven:

PI$_{cfs}$ voor A + B, alsmede A en B afzonderlijk bij verschillende identiteits- en conditierelaties in funktie van SOA.

onder:

PI$_{cfs}$ van A, B en A+B voor Pos+ en Pos- in funktie van een
toenemende identiteitsrelatie, linkergrafiek SOA = 0, midden-
grafiek SOA = 30 ms, rechtergrafiek SOA = 60 ms.

doen de curven visueel aan de verwachting omdat SET+ zich tussen beide in
bevindt de differentiatie is kennelijk nog te gering om drie verschillende
stappen significant te kunnen onderscheiden. Bij SOA = 60 vinden we binnen de
Pos+-curve van A + B wel een significant verschil tussen SET- en SET+. Het is
duidelijk dat dit verschil is ontstaan door de sterk toegenomen B-identifikatie.
Merkwaardig is dat er nu geen verschil meer is met de score ID Pos+. Het is
alsof SET+ Pos+ naar een maximum is geklommen. Dit maximum is aangegeven
door ID Pos+ , want het zou natuurlijk onwaarschijnlijk zijn als de verwerking
van een qua identiteit verschillende foto een meer bruikbaar voorstadium zou
zijn in het identifikatieproces dan een voorbewerking op dezelfde foto.
Bij SOA = 60 treedt ook een (nu

overigens niet significante) differentiatie op in de A-identifikatie, die we kennen uit eerder onderzoek (zie figuur 10 en 11).

Ofschoon de gemiddelde beelden voor de (A + B)-scores bij de verschillende SOA's sterk overeen blijven stemmen, zien we vooral bij inspektie van de afzonderlijke A- en B-identifikatie dus een geheel van samenhangende veranderingen optreden. Vooral binnen SET+ maar ook in SET+ ten opzichte van SET- is er sprake van een toenemende differentiatie, die samenhangt met de toename van het SOA.

Uit de gegevens vermeld in figuur 11, was reeds af te leiden, dat bij een toename van het SOA de B-identifikatie bij SET+ Pos+ steeds beter wordt ten opzichte van SET+ Pos-, terwijl voor de A-identifikatie precies het omgekeerde geldt. Voor de A-identifikatie bij SET- vinden we nu hetzelfde. In de conditie SET- Pos+ blijkt de B-identifikatie echter niet beter dan in de conditie SET- Pos-. Bij een groter wordend SOA is er zelfs sprake van een relatieve verslechtering. De algemene stijging van de A-identifikatie bij Pos- naarmate het SOA toeneemt, heeft tot gevolg dat ook de (A + B)-scores voor Pos- toenemen. In de verzamelgrafiek van SOA 60 is dit al enigszins te zien. Naarmate het SOA langer wordt zal derhalve in de (A + B)-scores de differentiatie tussen Pos+ en Pos- verloren kunnen gaan. Indien de A- en B-scores niet afzonderlijk bekend zijn, kunnen (A + B)- scores derhalve een misleidend beeld geven, omdat de suggestie wordt gewekt dat er geen verschil zou zijn tussen Pos+ en Pos-. DE TOENAME IN DIFFERENTIATIE TUSSEN A- EN B-IDENTIFIKATIES BIJ TOENAME VAN HET SOA KUNNEN NIET GOED WORDEN VERKLAARD OP BASIS VAN EEN SENSORISCHE SUMMATIE, RESP. OP BASIS VAN EEN DAARMEE SAMENHANGENDE MATE VAN VERWARRING BIJ DE WAARNEMER, OMDAT WE IMMERS ZOUDEN KUNNEN STELLEN DAT DE RELATIEVE A-STERKTE IS AFGENOMEN NAARMATE HET SOA TOENAM. MEER ADEKWAAT LIJKT HET DAN OOK OM AAN TE NEMEN DAT IN FEITE DE VERWERKINGSTIJD VAN A IS TOEGENOMEN NAARMATE HET SOA TOENAM. WIJ MENEN: DAAROM DAT DE HYPOTHESE VAN EEN HIERARCHISCH SUCCESSIEVE VERWERKING STERKER IS KOMEN TE STAAN.

## 5.6 AANHANGSEL: POGING TOT CORRECTIE VOOR OOGDOMINANTIES

### PROBLEEMSTELLING EN METHODE:

Bij dichoptische presentaties van A en B vonden we in de A-scores minder gemakkelijk verschillen tussen Pos+ en Pos- dan bij binoculaire aanbieding van beide stimuli. Gaandeweg het onderzoek zijn wij ons gaan afvragen of dit samen zou kunnen hangen met interakties van oogdominantie met eigenschappen van fotocombinaties. Er zou b.v. sprake kunnen zijn van een nivellerend effect op de A-identifikatie, doordat sommige proefpersonen sterk rechtsdominant zijn. Bij deze proefpersonen zou de kans op een onafhankelijke A- identifikatie (ook in het geval Pos-) zeer klein zijn, waardoor ook het gemiddelde verschil kleiner wordt. Een analoge situatie ontstaat als subjekten zich op grond van een eventuele verwarring (b.v. na de B-presentatie in Pos-) altijd op hun rechter oog zouden concentreren omdat dit hun "handige" oog is, zoals b.v.

rechtshandigen hun rechterhand kiezen voor moeilijke manuele taken. Zou de presentatievolgorde niet zijn geweest A : linkeroog, B : rechteroog, maar omgekeerd, dan zouden we voor deze proefpersonen juist een relatief sterke differentiatie binnen A mogen verwachten. We besloten daarom een tweede replikatie uit te voeren waarbij ook de aanbiedingsvolgorde met betrekking tot beide ogen was gebalanceerd. Elke AB-sekwentie zou dan zowel "van links naar rechts" als van "rechts naar links" moeten worden gepresenteerd.

Het moge duidelijk zijn dat een dergelijke balancering niet de eerder beschreven mogelijkheden uitschakelt van een "oogkeuze" op basis van spatiele verschillen bij successieve presentaties, of van een "hierarchisch overstapje" bij simultaan-presentaties op basis van gezochte evidentie. Dergelijke mogelijkheden staan op zichzelf los van de hiervoor beschreven oogdominantie, al kan men zich wel voorstellen dat ook hier weer interakties kunnen optreden. Omdat de argumentatie met betrekking tot een nivellerend effect van oogdominantie ook van toepassing kan zijn in het geval de A-stimulus een blank veld is, besloten we in de laatste replikatie ook de conditie BLANK nogmaals in te voeren. Na het voorgaande is de aandacht nu vooral gericht op de A-identifikatie bij dichoptische presentatie. We besloten daarom niet langer drie verschillende identiteitsrelaties in te voeren, maar slechts één, maar dan wel aan elke proefpersoon binnen deze conditie zoveel mogelijk aanbiedingen te geven als maar mogelijk was. Hierdoor kan de betrouwbaarheid van een gemiddelde per proefpersoon worden vergroot. We kozen daarom naast de conditie BLANK voor een simultane en successieve presentatie van SET+ Pos+ en SET+ Pos-. Bij successieve presentaties van twee foto's en ook bij BLANK werd elke concrete A-B-combinatie volgens een zorgvuldig gebalanceerd schema, zowel van links naar rechts als van rechts naar links aangeboden.

Met betrekking tot de simultaanpresentaties voerden we een soort-gelijke procedure uit. Elke stimuluscombinatie (b.v. X linkeroog, Y rechteroog), die successief in twee richtingen werd aangeboden, werd simultaan twee maal aangeboden. Bij de ene presentatie beschouwden we daarbij de stimulus in het linkeroog als A en die in het rechteroog als B, terwijl bij de andere presentatie de rollen werden omgedraaid. Het moge duidelijk zijn dat hierdoor en door de gebruikte balancering (ook X rechteroog en Y linkeroog) de A- en B-identifi-katies bij simultaan-presentatie binnen een bepaalde conditie geheel samen moeten vallen, zelfs al zou één tachistoscoopkanaal systematisch lichtsterker zijn. Behalve oogdominantie wordt in dit geval dus ook "kanaaldominantie" uitgeschakeld.

In het vorige onderzoek vonden we bij een SOA van 60 ms wel differentiatie in de A-identifikatie echter nog niet bij SOA = 30 ms. We besloten daarom nu juist SOA = 30 ms toe te passen bij successieve presentaties, omdat bij deze tijd in het vroegere binoculaire onderzoek (waar oogdominantie geen rol speelde; zie figuur 11) de differentiatie zich begon af te tekenen. SOA valt derhalve samen met de aanbiedingsduur van A en er is geen ISI. De proefpersoon ontving zes aanbiedingsronden in elke "aanbiedingsrichting", voor elke conditie. We maakten gebruik van zes proefpersonen. De resultaten van één proefpersoon bleken echter niet geschikt voor verdere analyse omdat deze proefpersoon - naar zijn zeggen waarschijnlijk ten gevolge van een te korte nachtrust - over de gehele linie ongeveer op kansniveau scoorde.

Nadat dit onderzoek was uitgevoerd, deden we ter vergelijking nog een klein aanvullend onderzoek met drie nieuwe proefpersonen, die evenals de eerste, de fotomodellen zeer goed kenden. Zij kregen alleen successieve presentaties en bovendien werd slechts gebruik gemaakt van één aanbiedings-volgorde A-linkeroog, B- rechteroog. Er waren twaalf aanbiedingsronden.

RESULTATEN EN DISCUSSIE:

Aangezien in het eerste onderzoek over de aanbiedingsrichtingen wordt gemiddeld, zijn er 2 x 6 x 16 observaties per proefpersoon vertegenwoordigd in elk meetpunt. In figuur 19 zijn de resultaten weergegeven van de vijf subjekten SI tot S5. Bovendien is het gemiddelde resultaat M vermeld (960 observaties per meetpunt). Om redenen van overzichtelijkheid hebben we de (A + B)-waarden voor de Pos+ en Pos- curven gedeeld door twee. In de conditie BLANK is er natuurlijk geen positieeffect, waardoor beide lijnen hier per definitie moeten samenvallen. Zoals eerder vastgesteld geldt in de conditie BLANK ook: A + B = B.

In het vergelijkingsonderzoek zijn er 12 x 16, dus eveneens 192 observaties van elke proefpersoon voor elk meetpunt. Hier is het gemiddelde derhalve gebaseerd op 576 observaties per meetpunt. Deze resultaten zijn afgebeeld in figuur 20. Evenals bij vroeger onderzoek (zie eventueel par. 4.2.2) wordt duidelijk, dat de introduktie van een onafhankelijk identificeerbare (SET+) A-stimulus nauwelijks andere resultaten oplevert, indien men A- en B-identifikaties samentelt, dan wanneer geen A-stimulus (i.c. BLANK) wordt gepresenteerd. Telt men alleen B-identifikaties, dan is de score voor BLANK bij iedereen zelfs hoger dan voor SET+ Pos+.

Noch bij simultane noch bij successieve presentatie van een onafhankelijk identificeerbare A- en B-stimulus blijkt in het geval SET+ het effect van Pos+ en Pos- voor alle proefpersonen tot eenzelfde relatie tussen de (A + B)-scores te leiden. Bij simultane presentatie zijn er drie proefpersonen waarbij Pos+ een hogere score oplevert dan Pos- (in twee gevallen zelfs aanzienlijk hoger).
Er zijn echter ook twee proefpersonen, die een iets hogere score hebben voor Pos-. Bij successieve presentaties zijn de verschillen tussen Pos+ en Pos- gemiddeld kleiner dan bij simultane presentatie, bovendien is er ook hier nog één subjekt dat voor Pos- een hogere (A + B)-score behaalt dan voor Pos+. Evenals uit het vorige onderzoek, waar wij met betrekking tot de (A + B)-scores geen significant verschil binnen SET+ tussen Pos+ en Pos- konden vinden, blijkt hier dus opnieuw dat zeker bij SET+ de (A + B)-scores geen geschikte afhankelijke variabele

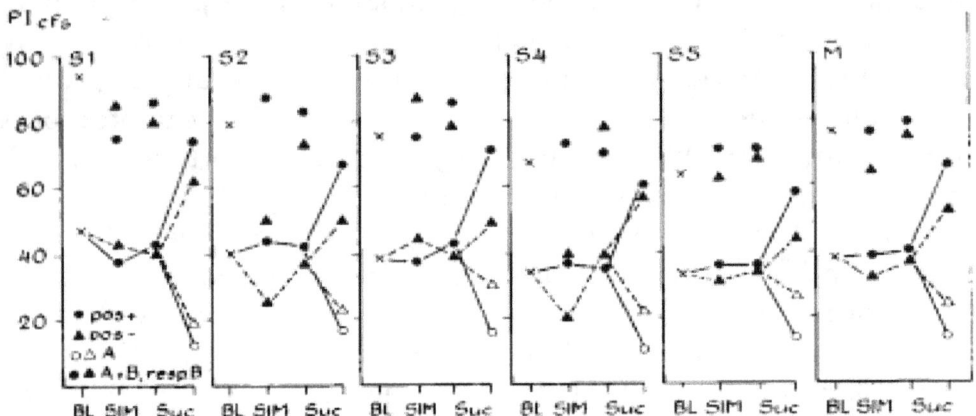

FIGUUR 19
PIcfs(A+B) voor de identiteitsrelatie SET+ bij de aanbiedingscondities Blank,
Simultaan en Successief, alsmede PIcfs voor A en B afzonderlijk bij successieve presentatie. Elk meetpunt is gecorrigeerd voor oogdominantie. SI t/m S5,
subjektprestaties; M, gemiddelde prestatie.

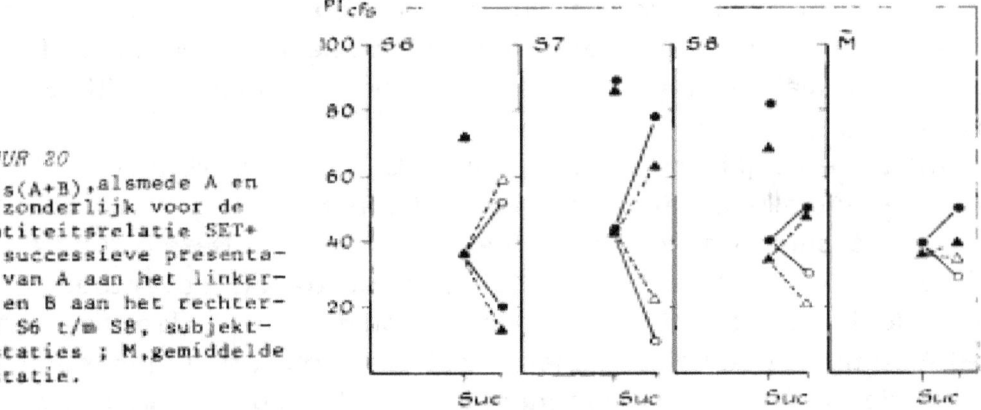

FIGUUR 20
PIcfs(A+B),alsmede A en
B afzonderlijk voor de
identiteitsrelatie SET+
bij successieve presenta-
tie van A aan het linker-
oog en B aan het rechter-
oog. S6 t/m S8, subjekt-
prestaties ; M,gemiddelde
prestatie.

FIGUUR 19
PIcfs(A+B) voor de identiteitsrelatie SET+ bij de aanbiedingscondities Blank, Simultaan en Successief, alsmede PIcfs voor A en B afzonderlijk bij successieve presentatie. Elk meetpunt is gecorrigeerd voor oogdominantie. SI t/m S5, subjektprestaties; M, gemiddelde prestatie.
FIGUUR 20
PIcfs(A+B).alsmede A en B afzonderlijk voor de identiteitsrelatie SET+ bij successieve presentatie van A aan het linkeroog en B aan het rechteroog. S6 t/m S8, subjektprestaties; M,gemiddelde prestatie.

zijn. Misschien is het zelfs mogelijk door een meer op elk subjekt afgestemde presentatie te bereiken, dat de complementaire effecten van de A- en B-stimulatie in de condities Pos+ en Pos- een volledig samenvallende (A + B )-score tot gevolg hebben.

Bezien we de afzonderlijke A- en B-scores voor successieve presentatie bij de verschillende subjekten, dan valt onmiddellijk en onmiskenbaar een grote mate van overeenstemming te zien in het specifieke effect van de A- en B-stimulus. Zonder enige uitzondering geldt B Pos+ > B Pos-. Dit verschil was ook in het vorige onderzoek significant. Hoe de relaties van B- ten opzichte van A-identifikaties in dat onderzoek konden liggen, wordt echter duidelijk gedemonstreerd in figuur 20, waar één proefpersoon aanzienlijk meer A- dan B-identifikaties geeft. Na de contrabalancering voor aanbiedingsrichtingen geldt voor alle subjekten ook bij SOA = 30 ms al dat A Pos+ < A Pos-. Na deze correctie voor oogdominantie blijkt bovendien dat alle proefpersonen meer B- dan A-identifikaties geven. In de grafiek van het gemiddelde leidt dit tot een aanzienlijk grotere spreiding, omdat b.v. niet de hoge B-score van de ene proefpersoon wordt genivelleerd door de lage B-score van een andere. In een vergelijking van de gemiddelden van figuur 19 en 20 is dit goed te zien.

CONCLUSIE :

Dichoptische presentatie zonder balancering voor aanbiedingsrichting leidt tot een nivellering van verschillen tussen condities, die met name in de A-scores tot uitdrukking komt. Juist omdat ook opnieuw eerdere gevolg-trekkingen worden bevestigd, kunnen we dus vaststellen, dat oogdominanties en mogelijk ook binoculaire rivaliteit de vroegere resultaten wat hebben vertroebeld.

Het verdient daarom aanbeveling bij een continuering van dit onderzoek " de individualiteit" van de beide ogen niet te veronachtzamen. Nu betekent de beschreven balancering bij dichoptische presentaties een verdubbeling van het aantal aanbiedingen, waardoor het praktisch onmogelijk wordt om binnen één zitting nog een voldoende aantal observaties te doen voor een adekwate vergelijking van verschillende experimentele condities. Door een spreiding over meerdere zittingen ontstaat ook een grotere spreiding in de resultaten, waardoor de betrouwbaarheid zakt, bijgevolg weer meer observaties zijn vereist etc.

Te overwegen valt of daarom toch weer niet beter kan worden overgeschakeld op binoculaire presentatie, mede omdat bij de nu gebruikte langere presentatietijden het effect van storende perifeer retinale interakties niet zo groot meer kan zijn. Behalve aan een automatische binoculaire tachistoscoop, valt voor verder onderzoek te denken aan computergestuurde beeldpresentatie met behulp van snelle elektronische schermen of tachistoscopische projectors. Bij een dergelijke presentatiewijze kunnen ook de antwoorden automatisch worden geregistreerd en verwerkt, op basis waarvan mogelijk voor iedere waarnemer op ideale wijze kan worden teruggekoppeld naar de aanbiedingsenergie voor A en B en naar het SOA. De inmiddels zeer interessant geworden simultaanpresentatie kan bovendien in de binoculaire vorm pas adekwaat worden geïsoleerd en bestudeerd. Tot slot zou een dergelijke procedure mogelijk voldoende data kunnen opleveren voor een betere psychofysische analyse en een mathematische beschrijving van funkties.

Tot we de uitkomst van een dergelijk onderzoek kennen, zijn we van mening, dat de tot nu toe verkregen resultaten bij successieve dubbelstimulaties, zowel wat betreft de identifikaties OP HET EERSTE GEZICHT als wat betreft de identifikaties OP HET TWEEDE GEZICHT (misschien kunnen we die ook "bij nader inzien" noemen) het meeste pleiten voor een hiërarchisch-sekwentieel karakter van de zogenaamde onmiddellijke visuele objektidentifikatie.

SUMMARY

Chapter I introduces the notion of "immediate perception". Starting point is the question how the perceiver is able to see more or less invariant things (i.e. can assign meaning, recognize patterns, etc.), this in spite of continuous variations of the retinal image. A first variant of the notion of immediate perception is the idea of an immediate mirroring of the outside world. This notion is present in all naive (i.e. not further probing) conceptions that make a perceptual distinction between mental knowledge and sensory images.

A further reflection on the concepts of consciousness and reality leads to a now rather common replacement of these naive conceptions. It is not any longer maintained that a sensory image is formed which must nevertheless be subsequently perceived, but immediate perception is taken to consist of the perceptual operations themselves. If one wants to speak of a "perceptual image", then this is nothing else but a moment in a dialectic process. It is then concluded that this more recent way of thinking is especially apparent in perception theories where the perceiver is considered to be an information processing system which is programmed in such a way that it can adaptively reprogram itself (by means of feed-back and hypothesis testing procedures). What was formerly considered as a more or less photographic sensory process, is now more adequately conceptualized as heuristic activity which is hierarchically organized and which "creatively" classifies or "constitutes" the objects. Seeing is now more and more considered as a cognitive process which at any moment can be characterized by a certain degree of "knowing".

The first phase in this process, immediately after presentation of the stimulus object (and this entails a third reading of "immediate", viz. as "initial" and "fast") is what we call "object identification".

We next discuss how such (very fast) identification is feasible in view of the virtual unlimited number of possible object configurations, which can be projected on the retina. The astronomical requirements on capacity which should be fulfilled in the case of exhaustive and blind search and comparison strategies make it very likely that it is precisely here that hierarchical-sequential processes of classification operate. Our use of the term hierarchical-sequential implies therefore more than mere comparison of retinal image with memory contents resulting in an identification of the object. Though the latter procedure might already be called hierarchical-sequential, it should be clear, that our use of the term implies a sequence of classifications leading from general to more specific: In each phase the previous classification determines which features have to be searched for in order to obtain a more specific classification.

The experimental demonstration of the existence of such hierarchical-sequential principles in immediate object classification is the aim of this study. As experimental material facial photographs were used, since they do not easily give rise to verbal reasoning which could result in all sorts of experimental artefacts.

Chapter II is the report of efforts to demonstrate hierarchical principles in immediate perception by means of Microgenetic procedures. Microgenetic research actually was one of the first efforts to unravel the temporal nature of immediate perception (in the sense of object identification). In our procedure portraits were exposed by means of a tachistoscope and a method of ascending limits. Protocol was made of the increasingly detailed and adequate perception. Despite several interesting observations we had to conclude however that this technique was not appropriate for our purpose. The interrupted stimuluspresentation leads to ever more specific and often verbalizable expectations which cannot play a role in normal immediate perception. It is moreover impossible to distinguish in the protocols between aspects of knowledge that constitute the identification or are inferred from identification.

Chapter III therefore discusses a new paradigm by which the supposed hierarchical processes can be directly manipulated. The essence of it is that two stimuli are successively presented within a tenth of a second (this explains the term "double stimulation"). The second stimulus is always the photograph of a recognizable face The underlying reasoning is that during the hierarchical process of immediate object identification some more general classification steps are made on the first stimulus and that subsequently, as a result of these, is being looked for additional evidence in the second stimulus. In case the second stimulus is very briefly presented it can be identified more successfully if the classification steps performed on the first stimulus, are also adequate with respect to the second stimulus.

In view of experiences with double stimulation paradigms, such as in studies of "subliminal perception" and of "visual masking" we tried to chose stimulus combinations in such a way that alternative explanations for expected results could be excluded. The major alternatives are independent identifications of the first stimulus and the identification of a summated double image.

Chapter IV contains a series of explorations by means of this paradigm. Initially no confirmative evidence is found, but after various adaptations of the paradigm positive results were obtained. At the same time however it became obvious that the paradigm as developed in chapter III was not watertight. Alternative explanations were still possible. Identification of aspects of the first stimulus without any recognition of the second stimulus could explain the results, especially the effect of an increase in stimulusenergy of the first photograph. Also one could assume the existence of a summation process. This so called "summation hypothesis" says that in double stimulation experiments with ultrashort "Stimulus Onset Asynchronies" (SOA) only double images can result.

In a new experiment however it is shown that increase of relative stimulus- energy, keeping SOA constant, can have an effect which is comparable to an increase of SOA with constant energy of the first stimulus. These latter results contradict an explanation of the summation hypothesis. They agree however with the hierarchy hypothesis since in both cases the first stimulus can be processed more effectively. With respect to the earlier mentioned other alternative hypothesis: that one can only be definitively rejected by means of statistical correction procedures, which is developed in chapter V.

Chapter V finally reports more definitive experiments which could only be designed on the basis of the previous experiences. All sorts of specifications were necessary in order to prevent explanation of the expected results in terms of condition specific effects caused by procedural artefacts or in terms of alternative hypotheses, concerning the perceptual process. We mention

1.  pure response bias whether or not caused by chance in relation to specific conditions.
2.  responses biases caused by a partly or completely independent identification of the first or the second stimulus (in this chapter both stimuli were always recognizable portraits).
3.  stimulusinteractions which could be explained by a summation hypothesis or hypothesis of parallel processing.
4.  decision interactions resulting from successive identification of both the first and the second face.

Under these experimental controls we were able to obtain conclusive evidence for the correctness of the hierarchy hypothesis. An explanation of immediate perception in terms of hierarchical-successive processes therefore became more likely than its most common sense counterpart: parallel or "Gestaltlike" processing.

Literature

ALLPORT, F. (1955). "Theories of perception and the concept of structure", New York: Wiley.

ALPERN, M. (1953). Metacontrast. Journal of the Optical Society of America, 43, 640-657.

ARBIB, M. A, (1964). "Brains, machines and mathematics", New York: McGraw-Hill.

ASHBY, W. R. (1960). "Design for a Bram", 2nd. Ed., London: Chapman & Hall.

ATTNEAVE, F, (1954). Some informational aspects of Visual perception. Psychological Review, 61, 183-193.

ATTNEAVE, F. (1957). Physical determinants of the judged complexity of shapes. Journal of Experimental Psychology, 53, 221-227.

ATTNEAVE, F. (1967). Criteria for a tenable theory of form perception. In "Models for the Perception of Speech and Visual Form" (Wathen-Dunn, W., ed.), pp 56-67, Cambridge, Mass.: M.I.T. Press.

ATTNEAVE, F. & ARNOULT, M.D. (1956). The quantitative study of shape and pattern perception. Psychological Bulletin, 53, 452-471.

AVERBACH, E. & CORIELL, A.S. (1961). Short-term memory in Vision. Bell System Technical Journal, 40, 309-328.

BACH, S. & KLEIN, G.S. (1957). The effects of prolonged subliminal exposures of words. American Psychologist, 12, 397-398.

BANRÉTI FUCHS, K.M. (1964). "Problemen der Subliminale Perceptie", Assen: v. Gorcum.

BEMMEL, J.H. van. (1973). "Leren, Kennen en Herkennen", Amsterdam: Vrije Universiteit.

BEYN, E.S. & KNYAZEVA, G.R. (1962). The problem of prosopagnosia. Journal of Neurology, Neurosurgery and Psychiatry, 25, 154-158.

BEZEMBINDER, Th. G. G. (1970). "Van Rangorde naar Continuüm", Deventer: Van Loghum Slaterus.

BLACKWELL, H.R. (1953). "Psychophysical Thresholds: experimental studies of methods of measurement", Ann Arbor: University of Michigan Press.

BLOCH, A.M. (1885). Expériences sur la Vision. Comptes Rendus hebdomadaires des Séances et Mémoires de la Societé de Biologie, 37, 493-496.

BOKANDER, I. (1964). Tachistoscopic Technique and Perception of facial photo-graphs. Psychological Research Bulletin, IV, 1, Lund University,

BOKANDER, I. (1965). Precognitive perception of facial photographs. Scandinavian Journal of Psychology, 6, 103-108.

BORING, E.G., LANGFELD, H.S. & Weid, H.P. (1948). "Foundations of Psychology", New York: Wiley.

BOYNTON, R.M. (1961). Some temporal factors in Vision. In "Sensory Communication" (Rosenblith, W.A., ed.), pp 739-756, New York: Wiley.

BOYNTON, R.M., (1973). Toward the understanding and explanation of perception. Contemporary Psychology, 18, 4-5.

BRADSHAW, J. L. & WALLACE, G. (1971). Models for the processing and Identification of faces. Perception and Psychophysics, 9, 443-447.

BREMERMANN, H.J. (1970). What mathematics can and cannot do for pattern recognition. In "Zeichenerkennung durch biologische und technische Systeme" (Grusser, O.-J. & Klinke, R., eds.), pp 31-45, Berlin: Springer-Verlag.

BRIDGEMAN, B. (1971). Metacontrast and lateral inhibition. Psychological Review, 78, 528-539.

BROADBENT, D. E. (1971). "Decision and Stress", London: Academic Press.

BROWN, D. R., & OWEN, D. H. (1967). The metrics of visual form: methodological
dyspepsia. Psychological Bulletin, 68, 243-259.

BRUNER, J. S. (1957). On perceptual Readiness. Psychological Review, 64, 123-151.

BRUNER, J.S. & POTTER, M.C. (1964), Interference in Visual recognition. Science, 144, 424-425.

BRUNSWIK, E. (1952)."The conceptual framework of psychology", Chicago: University of Chicago Press.

BRUNSWIK, E, & KAMIYA, J. (1953). Ecological cue-validity of 'proximity' and of other Gestalt factors. American Journal of Psychology, 66, 20-32.

BRUNSWIK, E. & REITER, L. (1937). Eindruckscharactere Schematisierte Gesichter. Zeitschrift fur Psychologie, 142, 67-134.

BUYTENDIJK, F. J. J. (1957). "Algemene theorie der menselijke houding en beweging". Utrecht: Het Spectrum.

BUYTENDIJK, F. J. J. (1965). "Prolegomena van een antropologische fysiologie", Utrecht: Het Spectrum.

CALIS, G.J.J. (1969-1970). Vormwaarneming: Gezichtswaarneming. Funktiepsychologisch Informatiebulletin, l(a) 13 pp, 2, 20-23.

CARNAP, R. (1928, 2e. druk 1966). "Scheinprobleme in der Philosophie. Das Fremd- psychische und der Realismusstreit", Frankfurt a.M.: Suhrkamp Verlag.

CHOMSKY, N. (1957). "Syntactic structures", "s-Gravenhage: Mouton.

CHOMSKY, N. (1939). Review of Skinner's Verbal Behavior. Language, 35, 26-58.

CORCORAN, D. W. J. (1971). "Pattern recognition", Harmondsworth: Penguin.

CORNSWEET, T. N. (1970). 'Visual perception", New York: Academic Press.

CRAWFORD, B. H. (1947). Visual adaptation in relation to brief conditioning stimuli. Proceedings of the Royal Society (London), 134 B, 283-300.

DELFGAUW, B. (1959). "Beknopte geschiedenis der wijsbegeerte", Baarn: Wereldvenster.

DEMBER, W. N. (1960). "The Psychology of Perception", New York: Holt, Rinehart & Winston,

DIXON, N. F. (1971). "Subliminal perception: The nature of a controversy", London: McGraw-Hill.

DODWELL, P.C. (1970). "Visual pattern recognition", New York: Holt, Rinehart & Winston.

DODWELL, P.C. (1970, b.) "Perceptual learning and adaptation", Harmondsworth: Penguin.

DOHERTY, M.E. & KEELEY, S. M. (1972). On the identification of repeatedly presented, brief visual stimuli. Psychological Bulletin, 78, 142-154.

DUNCKER, K. (1935), "Zur Psychologie des Produktiven Denkens", Berlin: Springer Verlag.

EAGLE, M. (1959). The effects of subliminal stimuli of aggressive content upon conscious cognition. Journal of Personality and Social Psychology, 727,578-600.

EFRON, R, (1967). The duration of the present. Annals of the New York Academy of Science, 138 713-729.

EGETH, H.E. (1966). Parallel versus serial processes in multidimensional stimulus discrimination. Perception and Psychophysics, 1, 245-252.

ERDELYI, M. H. A. (1974). A new look at the new look: perceptual defense and vigilance, Psychological Review 813 1-25.

ERIKSEN, C. W. (1966). Temporal luminance summation effects in backward and forward masking. Perception and Psychophysics, 1, 87-92.

ERIKSEN, C. W., BECKER, B. B. & HOFFMAN, J.E. (1970). Safari to masking land: A hunt for the elusive U. Perception and Psychophysics, 8, 245-250.

ERIKSEN, C. W. & COLLINS, J. F. (1965). Reinterpretation of one form of backward and forward masking in visual perception. Journal of Experimental Psychology, 70, 343-351.

FEHRER, E. & BIEDERMAN, I. (1962). A comparison of reaction time and verbal report in the detection of masked stimuli, Journal of Experimental Psychology, 64, 126-130.

FEHRER, E. & RAAB, D. (1962). Reaction time to stimuli masked by metacontrast. Journal of Experimental Psychology, 63, 143-147.

FEIGENBAUM, E. A. (1963). The simulation of verbal learning behavior. In "Computers and thought" (Feigenbaum, E. A. & Feldman, J., eds.), New York: McGraw-Hill.

FEIGL, H. (1958). "Concepts, theories, and the mind-body problem". (Feigl, H. ed.), Minneapolis: University of Minnesota Press,

FISCHLER, M.A. & ELSCHLAGER, R.A. (1973). The Representation and Matching of Pictural Structures. IEEE Transactions on Computers, c-22, 67-92.

FLAVELL, J. H. & DRAGUNS, J. (1957). A microgenetic approach to perception and thought. Psychological Bulletin, 54, 197-217.

FOX, C. (1959). Modification of perceptual and associative response by sub-threshold stimuli. Unpublished doctoral dissertation. Yale University.

FREEDMAN, J. & HABER, R.N. (1972). Why we never forget a face: The role of organization in perceptual memory. Unpublished paper. University of Rochester.

FRIEDMAN, M. P., REED, S. K. & CARTERETTE, E. C. (1971). Feature saliency and recognition memory for schematic faces. Perception and Psychophysics, 10, 47-50.

FRIJDA, N. H. (1958). Facial expression and situational cues. Journal of Abnormal and Social Psychology, 57, 149-154.

FRIJDA, N. H. (1965). Heuristische programmering en psychologie van het denken. In "Mens en Computer", pp 77-93, Utrecht: Het Spectrum.

FRIJDA, N. H. (1970). Emotion and Recognition of Emotion. In "Feelings and Emotions": The Loyola symposium. (Arnold, M. B., ed.), New York: Academic Press.

FRIJDA, N. H. (1972). Simulation of human long term memory. Psychol. Bull., 77, 1-31.

FRIJDA, N. H, & Van de GEER, J. P. (1961). Codability and Recognition: An experiment with facial expressions. Acta Psychologica, 29, 360-367.

FUHRER, M. J. & ERIKSON, C. W., (1960). The unconscious perception of the meaning of verbal stimuli. Journal of Abnormal and Social Psychology, 62, 432-439.

GALEN, G.P. van, (1974). "Ambient versus focal information processing and single-channelness", Nijmegen: Universiteit, Psychologisch Laboratorium.

GALLOWAY, D.W. (1948). An experimental investigation of structural lag in perception. American Psychologist, 1, 450 (abstract).

GIBSON, E.J. (1969). "Principles of Perceptual Learning and Development", New York: Appleton-Century-Crofts.

GIBSON, J.J. (1950). "The perception of the visual world", Boston, Mass,: Houghton-Mifflin.

GIBSON, J.J. (1951). What is a form? Psychological Review, 58, 403-412,

GIBSON, J.J. (1966). "The senses considered as perceptual systems", Boston, Mass.: Houghton-Mifflin.

GIBSON, J.J. & GIBSON, E.J. (1955). Perceptual learning: Differentiation or enrichment? Psychological Review), 62, 32-41.

GOLDSTEIN, A.J., HARMON", L.D. & LESK, A.B. (1971). Identification of Human Faces. Proceedings of the IEEE, 59, 748-760.

GOLDSTEIN, A.J., HARMON, L.D. & LESK, A.B. (1972). Man-Machine Interaction in Human-Face Identification. The Bell System Technical Journal, 51, 399-427.

GRAUMANN, C.-F. (1959). Aktualgenese. Zeitschrift für experimentelle und angewandte Psychologie, 6, 410-447.

GREEN, R.T. & COURTIS, M.C, (1966). Information theory and figure perception: the metaphor that failed. Acta Psychologica, 25, 12-36.

GREGORY, R.L. (1966). "Eye and brain", London: Weidenfeld & Nicolson.

GUTHRIE, G. & WIENER, M. (1966). Subliminal perception or perception of partial cue, with pictorial stimuli. Journal of Personality and Social Psychology, 3, 619-628.

GUZMAN, A. (1969). Decomposition of a visual scene into three-dimensional bodies. In "Automatic interpretation and Classification of Images" (Grasselli, A., ed.), New York: Academic Press.

GYR, J.W., BROWN, J.S., WILLEY, R. & ZIVIAN, A. (1966). Computer simulation and psychological theories of perception. Psychological Bulletin, 65, 174-192.

HABER, R.N. (1966). Nature of the effect of set on perception. Psychological Review, 73, 335-351.

HABER, R.N. & HERSHENSON, M. (1965). Effects of repeated brief exposures on the growth of a percept. Journal of Experimental Psychology, 69, 40-46.

HABER, R.N. & HERSHENSON, M. (1973). "The Psychology of Visual Perception", New York: Holt, Rinehart & Winston.

HAKE, H.W. (1957). "Contributions of Psychology to the study of Pattern Vision", technical report 57-621, Wright Air Development Centre.

HALLE, M. & STEVENS, K.N. (1959). Analysis by Synthesis. In "Proceedings of the seminar on speech compression and processing" (Wathen-Dunn, W. & Woods, L.E., eds.). Bedford Massachusetts: Cambridge Airforce Laboratories.

HALLE, M. & STEVENS, K.N. (1964). Speech recognition: A model and a program for research. In "The structure of language: Readings in the philosophy of language" (Fodor, J.A. & Katz, J.J., eds.), Englewood Cliffs: N.J.: Prentice-Hall.

HARMON, L.D. & MURRAY HILL, N.J. (1971). Some aspects of Recognition of human faces. In "Zeichenerkennung durch biologische und technische Systeme" (Grüsser, O.-J. & Klinke, R., eds.), pp 196-219, Berlin: Springer-Verlag.

HEBB, D.O. (1949). "The organization of behavior", New York: Wiley.

HECKENMULLER, E.G. (1965). Stabilization of the retinal image: A review of method, effects, and theory, Psychological Bulletin, 63, 157-169.

HEIDEGGER, M. (1927). "Sein und Zeit", Tilbbingen: Max Niemeyer Verlag.

HICK, W.E. (1952). On the rate of gain and information. Quarterly Journal of Experimental Psychology, 4, 11-26.

HOCHBERG, J. (1968). In the mind's eye. In "Contemporary theory and research in visual perception" (Haber, R.N., ed.), New York: Holt, Rinehart & Winston.

HOCHBERG, J. & McALISTER, E. (1953). A quantitative approach to figural "goodness", Journal of Experimental Psychology, 46, 361-364.

HOFSTÄTTER, P.R. (1957). "Psychologie", Frankfurt am Main: Fischer.

HUBEL, D.H. (1959). Single Unit activity in striate cortex of unrestrained cats. Journal of Physiology, 247, 226-238.

HUBEL, D.H. (1963). The visual Cortex of the Brain. Scientific American, 209, 52-62.

HUBEL, D.H. & WIESEL, T.N. (1959). Receptive fields of single neurones in the cat's striate cortex. Journal of Physiology, 148, 574-591.

HUBEL, D.H. & WIESEL, T.N. (1960). Receptive fields of optic nerve fibers in the spider monkey. Journal of Physiology, 154, 572-580.

HUBEL, D.H. & WIESEL, T.N. (1963). Receptive fields of cells in striate cortex of very young, visually inexperienced kittens. Journal of Neurophysiology, 26, 994-1002.

HUBEL, D.H. & WIESEL, T.N. (1965). Receptive fields and functional architecture in two non-striate visual areas (18 and 19) of the cat. Journal of Neurophysiology, 28, 229-289.

HUBEL, D.H. & WIESEL, T.N. (1968). Receptive fields and functional architecture of monkey striate cortex. Journal of Physiology, 195, 215-243.

HUSSERL, E. (1901, 2e. herziene druk 1913). "Logische Untersuchungen". Bd. II: Untersuchungen zur Phanomenologie und Theorie der Erkenntnis. 1, Halle a.d. Saai: Max Niemeyer Verlag.

IPSEN, G. (1926). Zur Theorie des Erkennens. Neue Psychologische Studien, 1, 279-472.

JOHNSON, S.C. (1967). Hierarchical clustering schemes. Psychometrica, 32, 241-254.

JULESZ, B. (1960). Binocular depth perception without familiarity cues. Science, 145, 356-362.

JULESZ, B. (1971). "Foundations of cyclopean perception", Chicago: The University of Chicago Press.

KAHNEMAN, D. (1967). An onset-onset law for one case of apparent motion and metacontrast. Perception and Psychophysics, 2, 577-583.

KAHNEMAN, D. (1968). Method, findings, and theory in studies of visual masking. Psychological Bulletin, 70, 404-425.

KANDEL, G.L. (1958). "A psychophysical study of some monocular and binocular factors in early adaptation", unpublished doctoral dissertation. University of Rochester.

KAYA, Y & KOBAYASHI, K. (1973). A basic study on human face recognition. In "Frontiers of pattern recognition" (International conference Honolulu, University of Hawaii, 1971), pp 265-287.

KLEIN, G.S. (1954). Perspectives to a research program on the organization of personality. Paper read at Psychological Association, New York.

KLING, J.W. & RIGGS, L.A. (eds.) (1971). "Woodworth and Schlosberg's Experimental Psychology, (3 nd. ed.), New York: Holt, Rinehart & Winston.

KOFFKA, K, (1935). "Principles of Gestalt Psychology", New York: Harcourt.

KOLERS, P.A. (1962). Intensity and contour effects in visual masking. Vision Research, 2, 277-294.

KRAGH, U. (1955). "The actual-genetic model of perception-personality", Copenhagen: Munksgaard.

KRECHEVSKY, I. (1932). "Hypothesis" in rats. Psychological Review, 39, 516-532.

KUFFLER, S. (1953). Discharge patterns and functional organization of mammalian retina. Journal of Neurophysiology, 16, 37-68.

KUHN, T. (1962). "The structure of scientific revolutions", Chicago: The University of Chicago Press.

KÜLPE, O. (1904). Versuche über Abstraktion. Bericht über den I. Kongresz für Experimentelle Psychologie, 1, 56-68.

KWAAITAAL, T. & ROSKAM, E. (1968). Analysis of Variance Psylab. Varian/01, Nijmegen University.

LAZARUS, R.S. & McCLEARY, R.A, (1951). Autonomie discrimination without awareness: A study of subception. Psychological Review, 58, 113-122.

LEEPER, R. (1935).A study of a neglected portion of the field of learning-the development of sensory organization. Journal of Genetic Psychology, 46, 41-75.

LEEUWENBERG, E.L.J. (1968). "Structural information of visual patterns", The Hague: Mouton.

LEEUWENBERG, E.L.J. (1971). A perceptual coding language for visual and auditory patterns. American Journal of Psychology, 84, 307-349.

LEFTON, L.A. (1973).Metacontrast: A review. Perception and Psychophysics, 13, 161-171.

LETTVIN, J.Y., MATURANA, H.R., McCULLOCH, W.S. & PITTS, W.H. (1959). What the frog's eye tells the frog's brain. Proceedings of the Institute of Radio Engineers, 47, 1940-1951.

LEVELT, W.J.M. (1965 a.).- "On binocular rivalry", Den Haag: Mouton.

LEVELT, W.J.M. (1965 b.). Binocular brightness averaging and contour information. British Journal of Psychology, 56, 1-13.

LEVELT, W.J.M. (1966). The alternation process in binocular rivalry. British Journal of Psychology, 57, 225-238.

LEVELT, W.J.M. (1970). Hierarchical chunking in sentence processing. Perception and Psychophysics, 8, 99-103.

LINDSAY, P.H, & NORMAN, D.A. (1972). "Human Information Processing", New York: Academic Press.

LINSCHOTEN, J. (1959). Aktualgenese und Heuristisches Prinzip. Zeitschrift für experimentelle und angewandte Psychologie, 6, 449-473.

LINSCHOTEN, J. (1959). Op weg naar een fenomenologische psychologie". De psychologie van William James, Utrecht: Bijleveld.

LINSCHOTEN, J. (1964). "Idolen van de Psycholoog", Utrecht: Bijleveld.

LOFTUS, G.R. (1972). Eye fixations and recognition memory for pictures. Cognitive Psychology, 3, 525-551.

LUCE, R.D. (1972). What sort of measurement is psychophysical measurement? American Psychologist, 27, 96-106.

LUYPEN, W. (1971). "Nieuwe inleiding tot de existentiële fenomenologie", Utrecht: Het Spectrum.

MALPASS, R.S., LAVIGUEUR, H. & WELDON, D.E. (1973). Verbal and visual training in face recognition. Perception and Psychophysics, 14, 285-292.

MAYZNER, M.S. & TRESSELT, M.E. (1970). Visual information processing with sequential inputs: A general model for sequential blanking, displacement, and over- printing phenomena. Annals of the New York Academy of Sciences, 169,599-619.

McFARLAND, J.H. (1965). Sequential part presentation: a method of studying visual form perception. Journal of British Psychology, 56, 439-446.

McFARLAND, J.H. (1973). "Perception of line forms", Chicago: University Press.

McGINNIES, E. (1949). Emotionality and perceptual defense. Psychological Review, 56, 244-251.

McKay, D.M. (1971). The Human Touch. In "Zeichenerkennung durch biologische und technische Systeme" (Grüsser, O.-J. & Klinke, R., eds.), pp 20-30, Berlin: Springer-Verlag.

McKELVIE, S.J. (1973). The meaningfulness and meaning of schematic faces. Perception and Psychophysics, 14, 343-348.

MELSEN, A.G.M. van. (1955). "Natuurfilosofie", Amsterdam: Standaard.

MERLEAU-PONTY, M. (1945). "Phénoménologie de la Perception", Paris: Gallimard.

MERLEAU-PONTY, M. (1964). "Le Visible et l'Invisible", Paris: Gallimard.

MEY, M.T.M. de. (1970). "Paradigma's in de Psychologie", Gent: dissertatie.

MICHELS, K.M. & ZUSNE, L. (1965). Metrics of visual form. Psychological Bulletin, 63, 74-86.

MILLER, G.A., GALANTER, E. & PRIBRAM, K. (1960). "Plans and the structure of behavior", New York: Holt.

NEISSER, U. (1963). Decision-time without reaction-time: Experiments in visual scanning. American Journal of Psychology, 76, 376-385.

NEISSER, U. (1967). "Cognitive Psychology", New York: Appleton-Century-Crofts.

NEWELL, A., SHAW, J.C. & SIMON, H.A. (1958). Elements of a theory of human problem solving. Psychological Review, 65, I51-166.

PEURSEN, C.A. van. (1967). "Fenomenologie en werkelijkheid". Utrecht: Het Spectrum.

PIAGET, J. (1951). "Introduction a l'epistémologie génétique", Paris: P.U.F.

PIAGET, J. (1967). "Biologie et connaissance, essai sur les relations entre les rigulations organiques et les processus cognitifs", Paris: Gallimard.

PIAGET, J. (1968). "Le Structuralisme", Paris. P.U.F.

PIAGET, J. (1970). "Psychologie et epistemologie". Hoofdstuk 5. Paris: Denoël.

PIÉRON, H. (1925). Recherches expérimentales sur la marge de variation du temps de latence de la sensation lumineuse (par une méthode de masquage). Année Psychologique, 26, 1-30.

POSTMAN, L. (1955). Association theory and perceptual learning. Psychological Review, 62, 438-446.

POSTMAN, L. (1971). Transfer, interference and forgetting. In "Woodworth & Schlosberg's Experimental Psychology" (Kling, J.W. & Riggs, L.A., eds.), New York: Holt, Rinehart & Winston.

PRITCHARD, R.M. (1961). Stabilized images on the retina. Scientific American, 204, 72-78.

PRITCHARD, R.M., HERON, W, & HEBB, D.O. (1960). Visual perception approached by the method of stabilized images. Canadian Journal of Psychology, 14, 67-77.

PURCELL, D.G., STEWART, A.L. & DEMBER, W.N. (1968). Spatial effectiveness of the mask: Lateral inhibition in Visual backward masking. Perception and Psycho-physics, 4, 344-346.

RAAB, D. (1963). Backward masking. Psychological Bulletin, 60, 118-129.

REES, W.J. (1971). On the terms "Subliminal Perception" and "Subception". British Journal of Psychology, 62, 501-504.

ROBINSON, D.N. (1966). Disinhibition of visually masked stimuli. Science, 154, 157-158.

ROBINSON, D.N. (1967). Visual discrimination of temporal order, Science, 156, 1263-1264.

ROBINSON, D. N. (1968). Visual disinhibition with binocular and interocular presentations. Journal of the Optical Society of America, 58, 254-257.

ROBINSON, D.N. (1971). Backward masking, disinhibition, and hypothesized neural networks. Perception and Psychophysics, 10, 33-35.

ROSENBLATT, F. (1958). The perceptron: A probabilistic model for Information storage and organization in the brain. Psychological Review, 65, 386-408.

ROSKAM, E. E. Ch. I. (1964). De invloed van onopgemerkte prikkels op de beoordeling van ambigue figuren. Rapport Technische Hogeschool, Eindhoven.

ROTHFJELL, E. (1973). Anonymous over, Computer verifies ID from photos. Electronics Review, 34.

RYLE, G. (1949). "The concept of mind", London. Hutchinson.

SANDER, F. (1926). Über raumliche Rhytmik. Neue Psychologische Studiën, 1, 123-158.

SANDER, F. (1927). Über Gestaltqualitaten. Proceedings of the 8th. international Congress of Psychology, Groningen, 183-189.

SANDERS, C. (1972). "De behavioristische revolutie in de psychologie", Deventer: Van Loghum Slaterus.

SARTRE, J. P. (1943). "L'Être et le Néant", Paris: Gallimard.

SCHILLER, P.H. (1965). Monoptic and dichoptic Visual masking by patterns and flashes. Journal of Experimental Psychology, 69, 193-199.

SCHLOSBERG, H. (1954). Three dimensions of emotion. The Psychological Review, 61, 81-87.

SELFRIDGE, O.G, & NEISSER, U. (1960). Pattern recognition by machine. Scientific American, 203, 60-68.

SHAFFER, W.O. & SHIFFRIN, R.M. (1972). Rehearsal and storage of Visual Information. Journal of Experimental Psychology, 92, 292-296.

SHEPARD, R.N. (1967). Recognition memory for words, sentences and pictures. Journal of Verbal beaming and Verbal Behavior, 6, 156-163.

SHERIF, M. (1936). "The psychology of social norms", New York: Harper.

SIMON, H.A. & NEWELL, A. (1970). Human problem solving: The state of the theory in 1970. American Psychologist, 145-159.

SMITH, E.E. (1968). Choice Reaction Time: An analysis of the major theoretical positions. Psychological Bulletin, 69, 77-110.

SMITH, G.J.W. (1957). Visual perception: an event over time. Psychological Review, 64, 306-313.

SMITH, G.J.W. & HENRIKSSON, M. (1955). The effect on an established percept of a perceptual process beyond awareness. Acta Psychologica, 11, 346-355.

SMITH, G.J.W., SPENCE, D.P. & KLEIN, G.S. (1959). Subliminal effects of verbal stimuli. Journal of Abnormal and Social Psychology, 59, 167-177.

SMITH, M.C. (1967). Theories of the psychological refractory period. Psychological Bulletin, 67, 202-213.

SPANJERSBERG, A.A. (1971). A method for the automatic reading of postal giro orders. Het P.T.T.-bedrijf, deel XVII.

SPERLING, G. (1960). The Information available in brief Visual presentations. Psychological Monographs, 74,

SPERLING, G. (1963). A model for Visual memory tasks. Human Factors, 5, 19-31.

SPERLING, G. (1971). Information retrieval from two rapidly consecutive stimuli A new analysis. Perception and Psychophysics, 9, 89-91.

SPIEGELBERG, H. (1965)."The Phenomenological Movement", vol. 1, The Hague: Martinus Nijhoff.

STANDING, L., CONEZIO, J. & HABER, R, N. (1970). Perception and memory for pictures: Single trial learning of 2500 Visual stimuli. Psychonomie Science, 19 73-74.

STERNBERG, S. (1969). Memory-scanning: mental processes revealed by reaction- time experiments. American Scientist, 57, 421-457.

STIGLER, R. (1910). Chronophotische Studiën über den Umgebungskontrast. Pflugers Archiv fur die gesamte Physiologie, 134, 365-435.

STÖRIG, H.J. (1959). "Geschiedenis van de Filosofie", Utrecht: Het Spectrum.

STRASSER, S. (1956). "Das Gemut", Utrecht: Het Spectrum,

STRASSER, S. (1970). "Fenomenologie en empirische menskende", Deventer: Van Loghum Slaterus.

STROUD, J. (1956). The fine structure of psychological time. In "Information theory in psychology" (Quastler, H., ed.), Glencoe, 111,. Free Press.

STRUYKER BOUDIER, C.E.M, (1970). Enkele aspekten van Merleau-Ponty's wetenschapskritiek. Gawein, 18, 147-169.

SUTHERLAND, N.S. (1968). Outlines of a theory of visual pattern recognition in animals and man. Proceedings of the Royal Society, 171, 297-317.

SUTHERLAND, N.S. (1974 in press). Intelligent picture processing. In "Tutorial essays in psychology", vol. I, Washington: Erlbaum.

TEICHNER, W.H. & KREBS, M.J. (1974). Laws of visual choice reaction time. Psychological Review, 81, 75-98.

TOLMAN, E.C. (1932). "Purposive behavior in animals and men", New York: Appleton-Century-Crofts.

TREISMAN, A.M. (1969). Strategies and models of selective attention. Psychological Review, 76, 282-299.

TURVEY, M.T. (1973). On peripheral and central processes in Vision: inferences from an information-processing analysis of masking with patterned stimuli. Psychological Review, 80, 1-52.

UHR, L. (1963). "Pattern recognition" computers as models for form perception. Psychological Bulletin, 60, 40-73.

UHR, L. (1966). Computer Simulations of Complex Models. In "Pattern Recognition (Uhr, L., ed.), New York: Wiley.

VERHAGEN, C.J.M. (1972). Patroonherkennen in de toekomst. Voordracht voor de Werkgemeenschap Patroonherkenning, Nederlandse Stichting voor Psychonomie.

WAGENAAR, W.A. (1972). Sequential Response Bias, A study on choice and chance. Dissertatie, Leiden.

WEISSTEIN, N. (1968). Rashevsky-Landahl Neural Net for simulation of metacontrast. Psychological Review, 75, 494-521.

WEISSTEIN, N. (1969). What the frog's eye tells the human brain: single cell analyzers in the human visual system. Psychological Bulletin, 72, 157-175.

WEISSTEIN, N. & GROWNEY, R.L. (1969). Apparent movement and metacontrast: A note on Kahneman's formulation. Perception and Psychophysics, 5, 321-327.

WEISSTEIN, N. & HABER, R.N.A. (1965). U-shaped backward masking function in vision. Psychonomic Science, 2, 75-76.

WEISSTEIN, N., JURKENS, T. & ONDERISIN, T. (1970). Effect of forced choice versus magnitude-estimation measures on the wave form of metacontrast functions. Journal of the Optical Society of America, 60, 1978-1980.

WEISZ, A.Z., LICKLIDER, SWETS, J.A. & WILSON, J.P. (1962). "Human pattern recognition procedures as related to military recognition problems". Air Force Cambridge Research Laboratories, report 62-387, Cambridge, Mass.: Bolt, Beranek & Newman.

WEIZSÄCKER, V. von. (1940). "Der Gestaltkreis". Theorie der Einheit von Wahr-nehmen und Bewegen. Stuttgart: Tieme Verlag.

WERKER, H. (1926). Uber Mikromelodik und Mikroharmonik. Zeitschrift für Psychologie, 98, 74-89.

WERKER, H. (1935). Studies on contour: I. Qualitative analyses. American Journal of Psychology, 47, 40-64.

WERNER, H. (1953). "Einführung in die Entwicklungspsychologie", München: Barth.

WISEMAN, S. & NEISSER, U. (1972). Perceptual organization as a determinant of visual recognition memory. Paper presented at: the meeting of the Eastern Psychological Association, Boston.

WITTGENSTEIN, L. (1953). "Philosophical Investigations", Oxford: Blackwell & Mott.

WYATT, D.F. & CAMPBELL, D.T. (1951). On the liability of stereotype or hypothesis. Journal of Abnormal and Social Psychology, 46, 496-500.

YARBUS. A.L. (1967). "Eve movements and vision". New York: Plenum Press.

YARMEY, A.D. (1973). I recognize your face but I can't remember your name: Further evidence on the tip-of-the tongue phenomenon. Memory and Cognition, 1, 287-290.

YIN, R.K. (1970). Face Recognition by brain-injured patients: A dissociable Ability? Neuropsychologia, 8, 395-402.

ZUSNE, L. (1970). "Visual perception of form", New York: Academic Press.

Curriculum Vitae

Gerardus Johannes Joseph Calis werd geboren te Laren (N.H.) op 4 maart 1937,
Studeerde psychologie te Nijmegen, waar hij in 1964 het doctoraal examen
aflegde met als hoofdrichting Sociale- en Bedrijfspsychologie (Prof. Rutten). In
dit verband verrichtte hij voor de AKU testresearch m.b.t. een test voor
handvaardigheid; en attitude-onderzoek bij jongeren m.b.t. hun belangstelling
voor productiewerk. Bijvakken waren Natuurfilosofie en Experimentele
Psychologie. In het kader van het laatste onderdeel deed hij onderzoek naar de
betrouwbaarheid van de "semantische differentiaal". Zijn bijvakkenkeuze hing
samen met een interesse voor kentheoretische vragen en de wijze waarop deze
worden aangepakt in de experimentele en met name in de z.g. cognitieve
psychologie (ook de dissertatie is voortgekomen uit deze interesse). Na zijn
doctoraal examen gevraagd als wetenschappelijk medewerker, koos hij dan
ook voor de juist in oprichting zijnde Afdeling Funktieleer (Prof. Kremers). Hij
werd echter opgeroepen in militaire dienst en vervulde daarom eerst als
"officier-psycholoog" zijn dienstplicht bij de Psychologische Selectie van de
luchtmacht op het Ministerie van Defensie. Hield zich hier bezig met testresearch voor de selectie van jachtvliegers en daarnaast met individueel
selectie-onderzoek voor diverse luchtmacht-kaderfunkties. Vanaf 1965 is hij
binnen de Afdeling Funktieleer van het Psychologisch Laboratorium van de
Universiteit van Nijmegen betrokken bij onderwijs, onderzoek en organisatie. In
neventaken werkte hij samen met stafleden van de Universiteit van
Amsterdam aan een opdracht tot evaluatie van onderzoeken op het gebied van
de Justitiële Kinderbescherming. Deze evaluatie resulteerde in een boek.
Voorts werkte hij als docent enkele jaren mee aan een opleiding voor
groepsleiders en sociaal-therapeutische medewerkers in het penitentiair
trainingskamp "de Corridor". De promovendus had zitting in verschillende
commissies en was enige jaren plaatsvervangend lid van de Subfakulteit en
later lid van de Subfakulteitsraad der Psychologie.

# STELLINGEN

## I

In de intentionaliteitsgedachte legde Husserl de grondslag voor een cybernetische analyse van het bewustzijn.

## II

Indien men het probleem van de Patroonherkenning omschrijft als het genereren van een invariante kenmerkende output bij een variabele input, dan lijken onderzoeken waarbij de input met betrekking tot kardinale punten reeds invariant werd gemaakt, weinig adekwaat.

## III

De perceptuele Aktualgenese of Objectidentifikatie kan worden omschreven als een hiërarchisch sekwentieel klassifikatieproces.

## IV

In waarnemingsonderzoek waarbij een grote nauwkeurigheid is vereist, is het gebruik van ongetrainde proefpersonen een verspilling van tijd.

## V

Het tijdens ons onderzoek toevallig ontdekte fenomeen waarbij het aan één oog gepresenteerde beeld tijdelijk uit de waarneming "verdwijnt" door een intermitterende stimulatie van het andere oog (vgl p 160), biedt nieuwe mogelijkheden voor het onderzoek van de binoculaire rivaliteit en de selectieve attentie.

## VI

Het idee van min of meer adekwate "procesrelaties" tussen twee opeenvolgende stimuli A en B dat in dit proefschrift werd ontwikkeld, zou ook een verklaring kunnen betekenen van de mysterieuze U-functies die worden gevonden bij het onderzoek van de zogenaamde visuele raaskering. Bij nieuw onderzoek dient dan echter, behalve aan de waarneming (resp. niet-waarneming) van de test-stimulus, simultaan aandacht te worden geschonken aan de waarneming (resp. niet-waarneming) van de maskerings-stimulus.

## VII

De wijze waarop in lopende Tv-series, na een onvermijdelijke vervanging van hoofdrolspelers, veelal wordt getracht een continuïteit te handhaven in de belevingswereld van de kijkers, levert een interessante mogelijkheid om manipulaties van de sociale perceptie te bestuderen.

## VIII

Het voor vele psychologiestudenten ontmoedigende gebrek aan samenhang tussen de onderdelen van hun prekandidaatsprogramma is grotendeels het gevolg van het feit dat men, vanuit de onderscheiding geesteswetenschappelijk – natuurwetenschappelijk, ten onrechte verschillende los van elkaar staande opvattingen van het vak psychologie is gaan hanteren.

## IX

Het verdient aanbeveling na te gaan in hoeverre de vele conflicten in het inrichtingswerk het gevolg zijn van een specifieke aanleg of ontwikkeling tot (resp. van een specifieke gevoeligheid voor) autoritair handelen van mensen die kiezen voor een of ander beroep in een organisatie waarin typisch dwingende beslissingen worden genomen over het persoonlijke leven van niet-familieleden.

## X

Termen als "Gestalt", "Cognitief" en in mindere mate "Gedrag", lijken in combinatie met het begrip "therapie" meer te zijn bedoeld om de desbetreffende therapie een respectabele wetenschappelijke status te verlenen, dan om de inhoud van die therapieën te omschrijven.

## XI

Ook wie geëngageerd psychologisch onderzoek wil doen, zal eerst moeten leren onderzoeken. Het getuigt echter van weinig engagement om de hulp vragende medemens te gebruiken als eerste looprek.

## XII

De momenteel in de gezondheidzorg vaak gehoorde stelling dat de technologie de humaniteit dreigt te verdringen, is niet in de laatste plaats beangstigend, omdat zij een aansporing lijkt in te houden het omgekeerde na te streven.

## XIII

Het alternatieve gebruik van de gevelteksten "BEZET" en "BEVRIJD", dat recentelijk viel te constateren bij bezetters-bevrijders van Nijmeegse universiteitsgebouwen, weerspreekt het hardnekkige gerucht dat binnen hun ideologie de zaak slechts vanuit één standpunt wordt bezien.

Nijmegen, 21 juni 1974

Boek gedrukt en verkrijgbaar bij: www.lulu.com
Mei 2017
Gescande versie 1.1.2
ISBN: 978-0-244-63871-9
Middels OCR omgezet en gecontroleerd door
Jan Sterenborg


Er is ook een facsimile van het oorspronkelijke
werk uit 1974 in A4 formaat beschikbaar.